Multipurpose Water S[torage] Essential Elements and Emerging Trends

Les Retenues d'Eau Multi-Usages Éléments Essentiels et Tendances Émergentes

The bulletin is structured to present the global and local role of water storage in the modern world and provide the basis for multi-purpose developments in the context of the hydrological cycle, the water-energy nexus, stakeholder engagement and environmental assessments.

The bulletin explores the economic and financial prospects of multi-purpose projects and the need for long-term planning, including reservoir conservation, as well as the challenges of forecasting long-term scenarios. It deals with the institutional and procurement aspects of infrastructure development and management, also addressing water governance and its interface with corporate governance. Drawing on case studies, the bulletin then presents structural and non-structural solutions to improve development, operation and management, and illustrates how water conservation and adaptive management are essential to obtaining the "social license to operate" reservoirs and their ancillary infrastructure. The bulletin concludes with a presentation of essential elements and emerging trends, as well as a technique for assessing the relative criticality of essential elements as they evolve throughout a reservoir's life cycle.

Le présent bulletin a pour objectif de fournir une perspective approfondie sur la dynamique des Systèmes Multiples de Production d'Eau. L'accent de ce bulletin n'est donc pas mis sur ce qui devrait être fait, mais sur ce qui est actuellement entrepris, ainsi que sur les méthodes et les acteurs impliqués. C'est pour cette raison que les conclusions et réflexions issues de l'examen des études de cas ne sont pas présentées sous forme de directives, mais sous forme d'« éléments essentiels » et de « tendances émergentes » recommandés.

Le bulletin est structuré de manière à présenter le rôle global et local du stockage d'eau dans le monde moderne et fournir les bases des développements polyvalents dans le contexte du cycle hydrologique, du lien entre l'eau et l'énergie, de l'engagement des parties prenantes et des évaluations environnementales. Le bulletin explore les perspectives économiques et financières des projets polyvalents et la nécessité d'une planification à long terme, y compris la conservation des réservoirs, ainsi que les défis de la prévision des scénarios à long terme. Il traite les aspects institutionnels et les marchés publics liés au développement et à la gestion des infrastructures, en abordant également la gouvernance de l'eau et son interface avec la gouvernance d'entreprise. S'appuyant sur des études de cas, le bulletin présente ensuite des solutions structurelles et non-structurelles afin d'améliorer le développement, l'exploitation et la gestion, et illustre comment la conservation de l'eau et la gestion adaptative sont essentielles pour obtenir le "permis social d'exploiter" les réservoirs et leurs infrastructures annexes. Le bulletin conclut par une présentation des éléments essentiels et des tendances émergentes, ainsi qu'une technique pour évaluer la criticité relative des éléments essentiels au fur et à mesure de leur évolution tout au long du cycle de vie d'un réservoir.

MULTIPURPOSE WATER STORAGE ESSENTIAL ELEMENTS AND EMERGING TRENDS

LES RETENUES D'EAU MULTI-USAGES ÉLÉMENTS ESSENTIELS ET TENDANCES ÉMERGENTES

INTERNATIONAL COMMISSION ON LARGE DAMS
COMMISSION INTERNATIONALE DES GRANDS BARRAGES
6 QUAI WATIER – 78500 CHATOU (FRANCE)
Telephone : + 33 6 60 53 07 31
http://www.icold-cigb.org.

CRC Press/Balkema is an imprint of the Taylor & Francis Group, an informa business

© 2025 ICOLD/CIGB, Paris, France

Typeset by CodeMantra

Published by CRC Press/Balkema
4 Park Square, Milton Park, Abingdon, Oxon, OX14 4RN
and by CRC Press/Balkema
2385 NW Executive Center Drive, Suite 320, Boca Raton FL 33431

Original text in English
French translation by by the CFBR
Layout by Nathalie Schauner

Texte original en anglaise
Traduction en français par le CFBR
Mise en page par Nathalie Schauner

ISBN: 978-1-041-07174-7 (Pbk)
ISBN: 978-1-003-64003-5 (eBook)

SOMMAIRE	CONTENTS

TABLE DES MATIÈRES

TABLE OF CONTENTS

TABLEAUX & FIGURES

TABLES & FIGURES

TABLES

FIGURES

REMERCIEMENTS

Ce bulletin a été réalisé sous la supervision d'Alessandro Palmieri, avec l'appui de Li Wenxue en tant que vice-président.

Les membres de la CIGB des pays suivants ont rejoint le comité MSSE :

Pays	Représentants
Brésil	Fabio De Gennaro Castro
Canada	Herb Hawson
Chine	Li Wenxue (Vice-président)
Éthiopie	Michael Abebe
France	Emmanuel Branche
Iran	Yaghoub Darabi
Italie	Alessandro Palmieri (Chairperson)
Japon	Hiroyuki Shindou
Nouvelle-Zélande	Rebecca Knott
Nigeria	Offie Okey
République de Corée	Byoung-Han Choi
Russie	Tim Ivanov
Afrique du Sud	Beason Mwanka
Turquie	Dingergok Tuncer
États Unis	Larry Stephens

L'équipe primaire qui a analysé et collecté ces études de cas est constituée de : Craig Scott, Rebecca Knott et Juan Liu. Le bulletin tire une grande partie de son contenu des études de cas et le comité est particulièrement reconnaissant envers Craig Scott pour son travail méticuleux dans l'harmonisation de la base de données.

Le comité a été soutenu tout au long du processus et a pris un bon départ grâce à trois groupes de travail composés de professionnels des organisations suivantes : Groupe 1 : l'entreprise Yellow River Engineering (Chine) ; Groupe 2 : l'entreprise mondiale Montgomery Watson Harza (MWH) ; Groupe 3 : l'entreprise Damwatch Engineering (Nouvelle-Zélande).

Un examen approfondi par les pairs a accompagné la préparation du bulletin depuis le début :

- De mai 2014 à février 2015 : des extraits des examens ont été sollicités pour anticiper la préparation du bulletin.

- De janvier à avril 2015 : préparation de l'ébauche finale du bulletin afin d'être présenté à Stavanger (Congrès de la CIGB, 2015).

- Après juin 2015 : réception des commentaires concernant l'ébauche finale du bulletin après sa présentation à Stavanger.

Les examinateurs qui ont gracieusement apportés leurs commentaires et leurs suggestions sont listés ci-dessous par ordre alphabétique :

ACKNOWLEDGEMENTS

This Bulletin was prepared under the leadership of Alessandro Palmieri, with Li Wenxue as vice-chairperson.

The following ICOLD member countries joined the MPWS Committee:

Country	Representative
Brazil	Fabio De Gennaro Castro
Canada	Herb Hawson
China	Li Wenxue (Vice Chair)
Ethiopia	Michael Abebe
France	Emmanuel Branche
Iran	Yaghoub Darabi
Italy	Alessandro Palmieri (Chairperson)
Japan	Hiroyuki Shindou
New Zealand	Rebecca Knott
Nigeria	Offie Okey
Republic of Korea	Byoung-Han Choi
Russian Federation	Tim Ivanov
South Africa	Beason Mwanka
Turkey	Dingergok Tuncer
United States	Larry Stephens

The MPWS Core Team that collected and analysed case studies included: Craig Scott, Rebecca Knott, and Juan Liu. The Bulletin draws much of its substance from the case studies and the Committee is particularly thankful to Craig Scott for his meticulous work in harmonizing the database.

The Committee was up to a good start thanks to, and was supported throughout, by three Working Groups staffed with professionals from the following organisations: Group 1: Yellow River Engineering Co. (China); Group 2: Montgomery Watson Harza (MWH); Group 3: Damwatch Engineering (New Zealand).

Extensive peer reviewing has accompanied the preparation of the Bulletin since the early stages:

- From May 2014 to February 2015: reviews were solicited on excerpts to seek early guidance on bulletin preparation;

- January to April 2015: preparation of the Draft Final Bulletin to be presented in Stavanger (ICOLD Congress 2015);

- After June 2015: receiving comments on the Draft Final Bulletin after presentation in Stavanger.

Reviewers, who graciously provided their comments and suggestions, are listed below in alphabetic order:

Alex Blomfield, Atle Harby, Claudia Sadoff, Dale Whittington, Emmanuel Branche, Erik Helland-Hansen, Ezio Todini, George Annandale, Giovanni Ruggeri, Giuseppe Pittalis, Judith Plummer, Michael Abebe, Quentin Goor, Rhys Coombs, Richard Taylor, Robin Charlwood, Thinus Basson, Wayne Edwards, Winston Yu.

Ce sont des experts mondialement renommés dans les domaines indiqués ci-dessous :

- Ingénierie des barrages

- Évaluation et gestion de l'environnement

- Finances

- Hydrologie

- Politique/réglementation hydroélectrique

- Énergies renouvelables

- Gestion de la sédimentation

- Institutions de gestion de l'eau

- Économie des ressources d'eau

- Modélisation et prévision des ressources d'eau.

C'est avec un grand regret que ce bulletin ne puisse pas bénéficier de l'expertise et avis de feu John Briscoe. John avait chaleureusement accepté, mais son départ prématuré nous a privé de ses conseils tant attendus.

L'équipe SPE lui consacre ce travail :

À la mémoire de John Briscoe qui nous a appris l'intégrité, la cohérence et la défense de ses principes, même s'ils vont à l'encontre de ce que "tout le monde pense".

Alex Blomfield, Atle Harby, Claudia Sadoff, Dale Whittington, Emmanuel Branche, Erik Helland-Hansen, Ezio Todini, George Annandale, Giovanni Ruggeri, Giuseppe Pittalis, Judith Plummer, Michael Abebe, Quentin Goor, Rhys Coombs, Richard Taylor, Robin Charlwood, Thinus Basson, Wayne Edwards, Winston Yu.

They are world renowned experts covering the following professional specializations:

- Dam engineering

- Environmental assessment and management

- Financing

- Hydrology

- Hydropower policy

- Renewable energy

- Sedimentation management

- Water management institutions

- Water resources economy

- Water resources modelling and forecasting.

It is a great regret that this Bulletin could not benefit from the review and the advice of the late John Briscoe. John had warmly agreed to do that, but his early departure deprived us of his longed-for advice.

The MPWS Core Team dedicates this work to him:

In memory of John Briscoe who taught us integrity, coherence, and standing for one's principles, even when they digress from what "everybody thinks".

AVANT-PROPOS : MESSAGES CLÉS À INTENTION DES DÉCIDEURS

L'usage "polyvalent" est devenu un outil clé pour le développement des projets d'infrastructures hydrauliques impliquant des barrages et des réservoirs. En juin 2012, durant la pause déjeuner du congrès de la CIGB à Kyoto, lorsque le concept de Réservoirs à Usages Multiples (RUM) a été évoqué, il a été attendu que le résultat du bulletin de la CIGB sorte de l'ordinaire : il apporterait beaucoup plus sur l'approche moderne de la planification, de l'économie et du développement durable qu'à l'ingénierie des barrages.

Le comité estime que le bulletin SPE contient des informations précieuses pour conseiller stratégiquement les responsables politiques, les décideurs, les développeurs de projets et les planificateurs. Nous pensons que les cinq sujets suivants, en particulier, représentent des messages clés de l'étude.

1 Le cycle de vie du stockage polyvalent

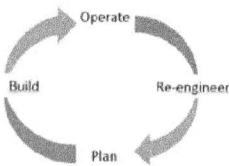

Le cycle de vie de la structure de Réservoir Multi-Usages est différent des autres infrastructures de par sa durée de vie plus longue. L'histoire du développement du réservoir nous montre que les besoins sociétaux continuent d'évoluer au fil du temps avec des besoins variés d'utiliser de nouveaux moyens d'utiliser ou de stocker l'eau, l'atténuation de ses impacts et l'évolution continue de l'économie de l'infrastructure.

Le démantèlement des barrages (chapitre 5) est un évènement relativement récent, qui devrait être considéré comme un processus normal dans les pays où la construction des barrages a commencé environ un siècle plus tôt. Lorsqu'il s'agit de projets polyvalents ayant une durée de vie très longue, il est peu probable que la désaffectation ou le démantèlement total du barrage devienne la ligne de conduite commune, la restructuration de l'infrastructure par d'importants investissements de réhabilitation et de modernisation est la solution de rechange évidente.

2 La nécessité d'une planification sur le long terme

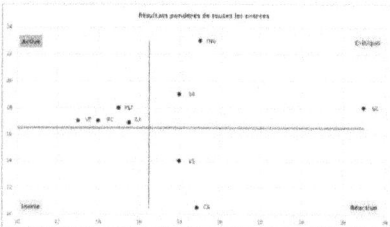

La planification à long terme est un travail considérable et challengeant, mais il est primordial pour des infrastructures hydrauliques polyvalentes. Là où une planification détaillée a été faite, l'étude montre des avantages significatifs obtenus pour l'infrastructure, la société et l'environnement. L'analyse des impacts croisés (chapitre 8) est une technique pouvant aider à la préparation de la planification à long terme.

Les sites de barrages de bonne qualité sont des ressources rares, et l'impact de leur utilisation non durable sur la société a souvent été sous-estimé par le passé. Les paradigmes antérieurs de conception de barrages et d'analyse économique prenaient en compte les bénéfices et les coûts sur une période souvent comprise entre 20 et 30 ans, généralement appelée la durée de vie de conception. Actuellement (2016), des organisations comme la Banque Mondiale recommandent que la période utilisée dans l'analyse économique des projets reflète des estimations raisonnables de la durée totale des coûts et des bénéfices associés au projet, plutôt que d'être limitée à 20 ans ou à une date limite arbitraire. De plus, en utilisant un taux de croissance à long terme estimé à 3 % pour les pays en développement, la Banque Mondiale envisage d'appliquer un taux d'actualisation de 6 %. Lorsqu'il est prévu un taux de croissance supérieur (ou inférieur), un taux d'actualisation plus élevé (ou plus bas) devrait être choisi. On envisage également l'utilisation d'un taux d'actualisation dégressif pour prendre en compte l'incertitude liée à la croissance économique future.

FOREWORD: KEY MESSAGES FOR DECISION MAKERS

A "multipurpose" use is becoming a recurring key requirement for the development of water infrastructure projects involving dams and reservoirs. In June 2012, during a lunch break in Kyoto's ICOLD Congress, when the concept of a Multipurpose Water Storage (MPWS) committee was formulated, it was anticipated that the output was going to be an unusual ICOLD Bulletin: it would not add much about dam engineering, but significantly on modern approach to planning, economics, and sustainable development.

The committee believes that the MPWS Bulletin represents valuable information to strategically advise policy makers, decision makers, project developers and planners. We believe that the following five topics, in particular, represent key messages from the study.

1 Multipurpose storage life cycle

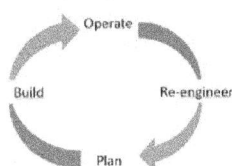

Life cycle of multipurpose water infrastructure is very different from that of other infrastructures primarily due to its longer life span. The history of reservoir development shows that societal requirements continue to evolve over time with varying needs for additional uses of water or storage capacity, mitigation of impacts, and continual evolution of the economics of the infrastructure.

Decommissioning of dams (chapter 5) is a relatively recent happening, which should be regarded as a normal process in countries where dam construction started about a century ago. When dealing with large, multipurpose projects with a very long service life, it is very unlikely that decommissioning or total dam removal becomes the common course of action, rather re-engineering the infrastructure with major rehabilitation and upgrading investments is the obvious alternative.

2. The need for Long Term Planning

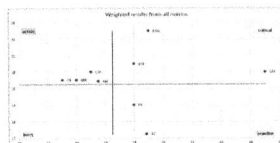

Long term planning is an extremely challenging endeavour, but it is essential in the case of multipurpose water infrastructure. Where detailed planning has occurred, the study highlighted those significant benefits to the infrastructure, society and the environment were obtained. Cross-Impact Analysis (chapter 8) is a technique that can assist long-term planning preparation.

Quality dam sites are scarce resources, and how non-sustainable use of these resources impacts society has been often underappreciated in the past. Past dam design and economic analysis paradigms considered benefits and costs over a period of time that often ranged from 20 to 30 years, commonly known as the design life. Nowadays (2016), organisations like the World Bank recommend that the time period used in economic analysis of projects should reflect reasonable estimates of the full duration of costs and benefits associated with the project, rather than be capped at 20 years or some arbitrary cut-off date. Besides, using 3%, as an approximate estimate for expected long-term growth rate in developing countries, the World Bank is considering using a discount rate of 6%. Where there is reason to expect a higher (lower) growth rate, a higher (lower) discount rate should be chosen. Consideration is now being given to the use of a declining discount rate to account for the uncertainty associated with future economic growth.

3 Les effets économiques des projets de transformations

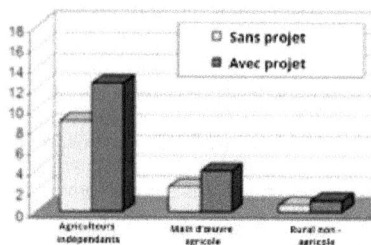

Les bénéfices économiques indirects ou les multiplicateurs économiques ont une importance particulière dans le cas des « projets de transformation » ; les projets sont en effet conçus pour provoquer des changements majeurs dans les économies régionales et nationales (chapitre 4). Les effets directs et indirects sur l'économie sont ceux qui découlent des liens entre les conséquences directes d'un projet et le reste de l'économie. Depuis que les investissements ne sont plus « marginaux » ou moindres comparés au reste de l'économie, il est important de saisir tous les avantages du projet dans le contexte du développement des économies régionales.

Les projets de transformation sont particulièrement sensibles aux retards avant la construction (chapitre 4). Outre les impacts économiques évidents, ces retards ont également de nombreux effets secondaires tels que le stress sur les communautés, la déforestation des zones de projet, le manque d'investissements et de services locaux, et un effet dissuasif sur les investissements étrangers en raison de l'absence d'une alimentation électrique fiable.

4 Le concept "3 I's"

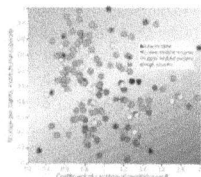

Institutions, Infrastructures et Informations (chapitre 2) sont les trois piliers du développement et de la gestion des ressources en eau ; les personnes décisionnaires doivent s'assurer du développement harmonieux de ces trois piliers. Les institutions et le gouvernement (incluant les organisations des bassins versants, les systèmes juridiques, les gouvernements nationaux et les organisations non gouvernementales) supportent de manière pro-active la planification et le développement des instruments juridiques et économiques pour gérer et partager les risques (répartition de l'eau et droits de propriété, zonage des terres, protection des bassins versants, tarification et commerce de l'eau, assurance et libéralisation du commerce des denrées alimentaires). L'investissement dans les infrastructures liées à l'eau varient et minimisent les risques (stockage, transferts, nappes phréatiques, digues, traitement des eaux usées et dessalement). La collecte, l'analyse et le transfert d'*informations* (systèmes de surveillance, de prévision et d'alerte, savoir-faire d'experts, modèles de simulation et systèmes d'aide à la décision) sont essentiels au fonctionnement des institutions et des infrastructures.

5 L'importance du transfert de connaissances

L'information est basée sur une analyse de données. L'information devient une connaissance lorsqu'on l'applique. Le transfert de ces connaissances entre les professionnels expérimentés et ceux plus jeunes est indispensable pour assurer la connaissance et leur permettre d'évoluer vers la compétence, le produit final du processus. Impliquer les jeunes professionnels dans l'application, enseigner le raisonnement qui ont fait les décisions passées, écouter leurs points de vue sur les moteurs de la société et sur l'application de la connaissance ainsi que travailler avec des collaborateurs expérimentés, devrait être la méthode la plus courante du transfert de connaissance.

3 Economic effects of Transformational Projects

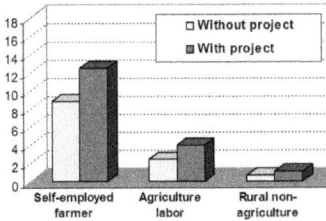

Indirect economic benefits, or economic multipliers, assume particular relevance in the case of "transformational projects", i.e. projects conceived to cause major changes in regional and national economies (chapter 4). Indirect and induced economic impacts are those that stem from the linkages between the direct consequences of a project and the rest of the economy. Since water investments are not typically "marginal" or small in comparison with the rest of the economy, it is important to capture the total benefits of the project in the context of regional developments. Such considerations of creating employment and regional incomes were the original motivation behind large-scale water and other infrastructure projects built many decades ago in the United States, Europe and other regions and countries. Regional multipliers were precisely the point of such projects as it was expected that water investments would "change the trajectory of regional economies".

Transformational projects are particularly sensitive to pre-construction delays (chapter 4). Beside obvious economic impacts, such delays have also numerous secondary effects such as the stress on communities, deforestation of project areas, lack of local investment and services, and a disincentive for foreign investment caused by a lack of reliable power supply.

4 The "3 I's" concept

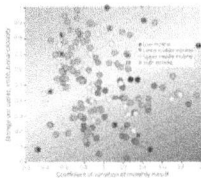

Institutions, Infrastructure, and Information (chapter 2) are the three pillars in water resources development and management and those in decision making positions should ensure that the three pillars grow harmoniously. *Institutions* and governance (including river basin organization, legal systems, national governments, and non-governmental organizations) support proactive planning and development of legal and economic instruments to manage and share risks (water allocation, and property rights, land zoning, watershed protection, water pricing and trading, insurance, and food trade liberalization). Investment in *Infrastructure* buffers variability and minimizes risk (storage, transfers, groundwater wells, levees, wastewater treatment, and desalination). *Information* collection, analysis, and transfer (monitoring, forecast and warning systems, expert know-how, simulation models, and decision support systems) are essential for operating institutions and infrastructure.

5 The importance of Knowledge Transfer

Information is based on data analysis. Information becomes knowledge through application. Transfer of such knowledge between experienced professionals and young professional is a must for sustaining knowledge itself, and permitting knowledge to evolve into wisdom, the final product of the process. Involving young professionals in hands-on application, teaching the reasoning of past decision-making, listening to their views on societal drivers and the application of knowledge, and working with experienced colleagues, should be the preferred method of knowledge transfer.

- Les rôles du stockage de l'eau
- Le projet des réservoirs à Usages Multiples
- Evaluation économique et financière du projet
- La nécessité d'une planification à long terme
- Aspects institutionnels et d'Approvisionnement
- Résolution des problèmes de SEP
- Eléments essentiels et tendances émergentes

CONTENT GUIDE

The Role of Water Storage

The Multipurpose Water Storage Project (MWSP)

Economic and Financial Assessment of MPWS Projects

The Need for Long Term Planning

Institutional and Procurement Aspects

MPWS Problem Solving

Essential elements and emerging trends

1. INTRODUCTION

Ce bulletin de la CIGB sur le Réservoir Multi-Usages (RMU) a été préparé par le Comité ayant utilisé des informations provenant de 52 études de cas représentant des projets de Réservoir Multi-Usages dans le monde entier. Il s'agit de la première version finale qui a été diffusée en mai 2015 pour recueillir des retours lors du 25e Congrès de la CIGB à Stavanger (Norvège). Auparavant, plusieurs experts internationaux spécialisés dans différents domaines, pertinents pour les RMU (à compléter), ont fourni des commentaires très utiles, des suggestions et des critiques constructives. Les contributions des examinateurs ont été incorporées dans le Bulletin, et leurs noms sont dûment mentionnés ci-après.

Le présent bulletin a pour objectif de fournir une perspective approfondie sur la dynamique des Systèmes Multiples de Production d'Eau (SMPE). Cette perspective est obtenue en présentant ce que le Comité considère aujourd'hui comme des « éléments essentiels » et des « tendances émergentes » pour la planification et la gestion des projets SMPE. L'accent de ce bulletin n'est donc pas mis sur ce qui devrait être fait, mais sur ce qui est actuellement entrepris, ainsi que sur les méthodes et les acteurs impliqués. C'est pour cette raison que les conclusions et réflexions issues de l'examen des études de cas ne sont pas présentées sous forme de directives, mais sous forme d'« éléments essentiels » et de « tendances émergentes » recommandés.

Les éléments essentiels représentent un ensemble réfléchi de listes de contrôle pour la mise en œuvre d'un projet de Réservoir Multi-Usages (RMU). Les tendances émergentes offrent un aperçu de l'état actuel de l'art des projets de SEP ; un état qui a évolué de manière significative au cours des dernières décennies et qui devrait continuer à évoluer avec l'apparition de nouvelles approches innovantes visant à rechercher des solutions durables optimales. Il est considéré que la présentation de différentes méthodes de planification et de gestion des projets de SEP dans diverses régions du monde fournira des informations utiles aux planificateurs, développeurs et opérateurs de ces projets, afin d'améliorer leurs pratiques et de favoriser l'intégration avec la société et l'environnement.

Le bulletin est structuré de manière à présenter le rôle global et local du stockage d'eau dans le monde moderne et fournir les bases des développements polyvalents dans le contexte du cycle hydrologique, du lien entre l'eau et l'énergie, de l'engagement des parties prenantes et des évaluations environnementales. Le bulletin explore les perspectives économiques et financières des projets polyvalents et la nécessité d'une planification à long terme, y compris la conservation des réservoirs, ainsi que les défis de la prévision des scénarios à long terme. Il traite les aspects institutionnels et les marchés publics liés au développement et à la gestion des infrastructures, en abordant également la gouvernance de l'eau et son interface avec la gouvernance d'entreprise. S'appuyant sur des études de cas, le bulletin présente ensuite des solutions structurelles et non-structurelles afin d'améliorer le développement, l'exploitation et la gestion, et illustre comment la conservation de l'eau et la gestion adaptative sont essentielles pour obtenir le "permis social d'exploiter" les réservoirs et leurs infrastructures annexes. Le bulletin conclut par une présentation des éléments essentiels et des tendances émergentes, ainsi qu'une technique pour évaluer la criticité relative des éléments essentiels au fur et à mesure de leur évolution tout au long du cycle de vie d'un réservoir.

Le bulletin a nécessité trois ans de préparation. Les auteurs ont observé dans l'étude que, bien que l'infrastructure soit de nature statique, les demandes sociales influencent significativement le design, l'exploitation et la gestion de l'infrastructure. Ils ont observé que ces changements de processus ont menés à l'incorporation d'utilisations multiples des réservoirs afin d'apporter des avantages plus larges à la société, et à ainsi améliorer progressivement l'atténuation des impacts.

Dans un domaine aussi vaste que le Réservoir Multi-Usages, il est essentiel d'instaurer un équilibre entre la spécificité et la synthèse. Il faut s'assurer que l'étendue et la portée du document soient suffisantes pour couvrir le sujet sans entrer dans des détails excessifs qui pourraient détourner le lecteur du cœur du sujet. Les avis et suggestions de divers experts internationaux dans différents domaines ont grandement aidé à trouver cet équilibre.

1. INTRODUCTION

This ICOLD Bulletin on Multipurpose Water Storage (MPWS) has been prepared by the Committee using information from 52 case studies representing MPWS projects around the world. It follows the First Final Draft that was circulated in May 2015 to get feedback during the 25th ICOLD Congress in Stavanger (Norway). Before that, several international experts in different areas, relevant to MPWS, provided very useful comments, suggestions, and constructive criticism. Reviewers' contributions have been incorporated in the Bulletin, and their names are duly acknowledged herewith.

The scope of this bulletin is to provide a view on the dynamics of the MPWS subject. This is achieved by presenting what the Committee regards, today, as "essential elements" and "emerging trends" for planning and managing MPWS projects. The focus of this Bulletin is therefore, not on what should be done, but on what is being done, and how and by whom. That is why the findings and reflections stemming from a review of the case studies are not presented in the form of a guideline, but as recommended "essential elements" and "emerging trends".

Essential elements represent a considered set of checklists for implementation of a MPWS project. Emerging trends are a snapshot of the current "state of the art" of MPWS projects; a state that has been evolving significantly in the recent few decades, and that is expected to further evolve as innovative approaches emerge in search of optimal sustainable solutions. It is considered that presentation of different ways of dealing with planning and management of MPWS projects in different parts of the world will provide useful material to planners, developers and operators of such projects for improving their business and promoting integration with society and the environment.

The Bulletin is structured to present the global and local role of water storage in the modern world and present the basis of multipurpose developments in the context of the hydrological cycle, the water energy nexus, stakeholder engagement and environmental assessments. The Bulletin explores the economic and financial perspectives of multipurpose projects and the need for long term planning including reservoir conservation, and the challenges of envisioning long-term scenarios. It discusses the institutional and procurement aspects of the infrastructure development and management, touching also on water governance and how this is interfacing with corporate governance. Building on the case studies, the Bulletin then presents structural and non-structural solutions to improve development, operation and management, and illustrates how water conservation and adaptive management are essential to the societal 'license to operate' reservoirs and their ancillary infrastructure. The Bulletin concludes with a presentation of the essential elements and emerging trends, and a technique for evaluating the relative criticality of the essential elements as they change throughout a reservoir's lifecycle.

The Bulletin was three years in preparation. The authors observed in the study that whilst the infrastructure is static in nature, the changing societal demands are significantly influencing design, operation and management of the infrastructure. They observed that these change processes lead to incorporating multiple uses of reservoirs to provide wider benefits to the society, and progressively improving impact mitigation.

In a wide subject such as multipurpose water storage, it is essential to strike a balance between specificity and synthesis. One has to make sure that breadth and scope of the document is sufficient to cover the subject without entering into too much detail that would take the reader away from the core of the subject. Reviews and suggestions from a variety of international experts in different areas have assisted a lot in seeking that balance.

2. LE RÔLE DU STOCKAGE DE L'EAU

2.1. EAU ET DÉVELOPPEMENT

Avant la fin du vingtième siècle, il a été prédit qu'un tiers des pays en développement seraient confrontés à de sévères pénuries d'eau d'ici 2025. Depuis cette prédiction, nous avons observé une pression croissante sur les ressources d'eau, les principaux facteurs étant : l'augmentation de la population, la croissance économique et le réchauffement climatique.

La vraie forme d'eau renouvelable est la précipitation, qu'elle soit sous forme de pluie ou de neige. La répartition sporadique, spatiale et temporelle des précipitations coïncide rarement avec la demande. Que la demande soit liée à des processus naturels ou à des besoins humains, la seule façon d'aligner l'offre d'eau avec sa demande, est de limiter la demande elle-même, de sorte qu'elle corresponde à l'offre, ou de créer des capacités de stockage pour compenser les périodes de faible débit.

Le stockage d'eau joue un rôle critique dans le lien entre l'eau, l'alimentation et l'énergie. L'approvisionnement alimentaire, la production d'énergie, et d'autres services de distribution dépendent tous d'un approvisionnement en eau considérable, fiable, continu et efficace. De grandes quantités d'énergie sont également nécessaires tout au long de la chaine d'approvisionnement alimentaire. Les services de distribution d'eau nécessitent également des quantités importantes d'énergie pour acheminer, chauffer et traiter l'eau destinée à l'usage humain.

La capacité de stockage d'eau dans les systèmes naturel (lacs, zones humides, eaux souterraines, manteau neigeux, etc.) et dans les réservoirs artificiels peut atténuer les extrêmes de variabilité hydrologique (inondations et sécheresses). Le rôle du stockage en réservoir peut être renforcé par des mesures non-structurelles (par exemple, par la gestion de la sédimentation) et par la création d'une capacité de réservoir supplémentaire à cette fin.

Le registre Mondial des Barrage (CIGB, 2011) répertorie 58 266 grands barrages, c'est-à-dire des barrages de plus de 15 mètres de hauteur. Il s'agit du recensement le plus précis des structures de barrages dans le monde ; une estimation basse du nombre réel peut être prudemment fixée à 60 000. Les statistiques sur la capacité mondiale des réservoirs sont plus incertaines, mais un chiffre raisonnable pour le stockage brut[1] est d'environ 7,000 km³ (Lemperiere et Lafitte, 2006). Etant donné la population mondiale aux alentours des 7 milliards de personnes (2013), le stockage moyen (artificiel) peut être estimé de manière raisonnable à environ 1 000 m³ par habitant. Cette valeur est utile pour mettre en perspective d'autres caractéristiques techniques, mais elle est insignifiante en soi. Cependant, si ce chiffre est décomposé (divisé) par volume de réservoir par habitant, des chiffres surprenants émergent au niveau des pays.

Une étude a été présentée lors du Congrès de la CIGB à Montréal par L. Berga en 2003. Cette étude comprenait des données provenant de 82 pays membres de la CIGB, représentant environ 40 % des pays du monde et plus de 80 % de la population mondiale. Des données pertinentes, se référant également à l'année 2003, ont été présentées lors du 4ème Forum Mondial de l'Eau en 2006 (Grey et Sadoff, 2006). Les deux études ont montré que le volume moyen d'eau stockée d'environ 1 000 m³/habitant n'a en réalité qu'une signification arithmétique en raison de la très grande variation des valeurs d'un pays à l'autre. Le graphique suivant, extrait de Grey et al. (2006), donne quelques exemples indicatifs. Les différences sont étonnantes, mais elles ne racontent pas toute l'histoire. Le lecteur est invité à consulter la section suivante 2.3 sur la sécurité de l'eau et en particulier le concept *d'indice de stockage saisonnier.*

---

1 La valeur à citer devrait être le stockage actif, c'est-à-dire la capacité nette après déduction de la capacité perdue à cause de la sédimentation ; cependant, c'est une cible mouvante, difficile à estimer. Le sujet est traité dans le chapitre 5 sous la rubrique "Conservation des réservoirs".

2. THE ROLE OF WATER STORAGE

2.1. WATER AND DEVELOPMENT

Before the end of the twentieth century, it was predicted (Keller et al. 2000) that one-third of the developing world would have faced severe water shortages by 2025. Since this prediction, we have observed pressure growing on water resources, key drivers being more people, growing economies, and global warming.

The true renewable water resource is precipitation, be it in the form of rain or snow. Sporadic, spatial and temporal distribution of precipitation rarely coincides with demand. Whether the demand is for natural processes or human needs, the only way water supply can match demand is limiting demand itself to match supply, or through creation of storage to supplement low flow periods.

Storing water plays a critical role in the water- food- energy nexus. Food supply, energy production and other water delivery services all depend on sizable, reliable, continuous and efficient supply of water. Vast amounts of energy are also needed throughout the food supply chain. Water supply services likewise require significant amounts of energy to move, heat, and treat water for human use.

Storage capacity in natural systems (lakes, wetlands, groundwater, snowpack, etc.) and in artificial reservoirs can mitigate extremes in hydrological variability (floods and droughts). The role of reservoir storage can be enhanced by non-structural measures (e.g. decision support systems), by conserving existing storage capacity (e.g. by sedimentation management), and by creating additional reservoir capacity for that function.

The World Register of Dams (ICOLD, 2011) lists 58,266 large dams, i.e. dams higher than 15m. This is the most accurate census of dam's structures worldwide; a low estimate of the actual number can be safely placed at 60,000. Statistics about global reservoir capacity are more uncertain, but a reasonable figure for gross storage[1] is in the order of 7,000 km3 (Lemperiere and Lafitte, 2006). Given a world population of around 7 billion people (2013), the average (artificial) storage can be reasonably estimated in the order of 1,000 m³/capita. This value is useful to put other technical characteristics in perspective, but it is meaningless by itself. However, if the figure is disaggregated by volume of the reservoir per capita, amazing figures emerge at country level.

One such study was presented at the ICOLD Congress in Montreal, (L Berga, 2003). The study included data from 82 ICOLD member countries, which represent approximately 40% of the countries in the world and over 80% of the world's population. Relevant data, also referring to the year 2003, were presented at the 4th World Water Forum in 2006 (Grey and Sadoff, 2006). Both studies showed that the average stored water volume of about 1,000 m³/capita has actually only arithmetic meaning because of the extremely large range of values from country to country. The following graph, from Grey et al. (2006), gives a few indicative examples. Differences are astonishing, yet they do not tell the entire story. The reader is referred to the following section 2.3 on Water Security and the concept of *Seasonal storage index* in particular.

---

1 The value to quote should be active storage, i.e. net of capacity lost to sedimentation; however, that is a moving target, which is difficult to estimate. The subject is dealt with in chapter 5 under "Reservoir Conservation".

Stockage en réservoir par habitant (m³/hab), 2003

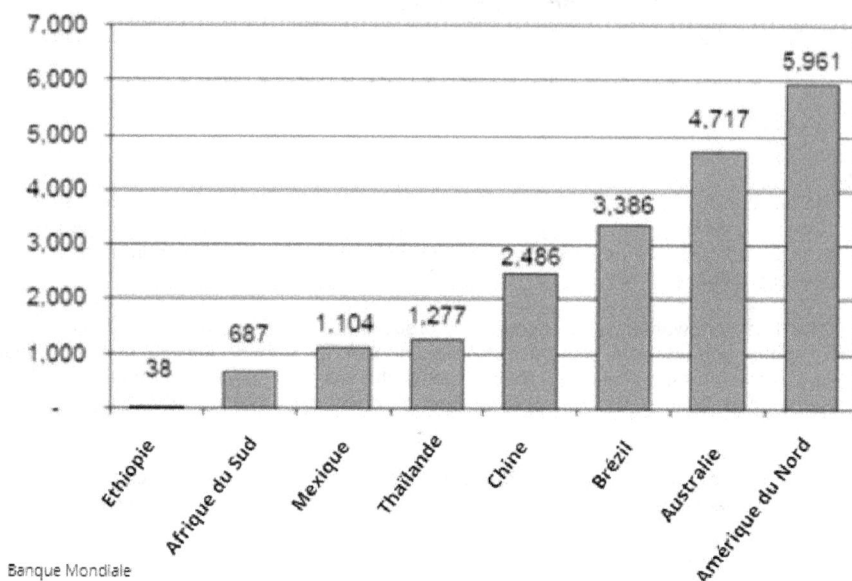

Fig 2.1
Stockage en réservoir par habitant (m³/hab), 2023

Tandis que les valeurs en Amérique du Nord et en Australie n'ont pas connu de changements significatifs depuis 2003, la situation est différente pour certains pays en développement. Le cas de l'Éthiopie est particulièrement remarquable. En raison de la politique du pays en matière de développement des infrastructures hydrauliques, le stockage d'eau par habitant a augmenté, en environ 10 ans, de moins de 40 à plus de 200 m³ par habitant. Cette réalisation, due à des projets tels que Tekezé, Tana Beles, et Fincha, est particulièrement remarquable en raison de la croissance simultanée de la population en Éthiopie. L'indice augmentera encore dans les prochaines années avec la mise en service de grands projets de stockage, tels que Gibe III et le GERD (Grand Ethiopian Renaissance Dam, Grand Barrage de la Renaissance Ethiopienne).

Un facteur pertinent qui doit également être pris en compte est la réduction progressive de la capacité de stockage due à la sédimentation dans les réservoirs. Ce phénomène présente une grande variabilité d'un site à l'autre et, dans de nombreux cas, bien que pas tous, peut être atténué par des mesures adéquates de conservation des réservoirs. Le sujet est traité dans le chapitre 5 intitulé "Le besoin de planification à long terme".

Dans les économies les moins développées, la saisonnalité climatique, la variabilité et/ou d'extrêmes précipitations sont souvent marquées, tandis que la capacité, les institutions et les infrastructures nécessaires pour gérer et atténuer ces défis potentiellement majeurs sont généralement inadaptés (Grey et al., 2007). Les événements hydrologiques catastrophiques tels que les sécheresses et les inondations peuvent avoir des impacts sociaux et économiques dramatiques, avec des pertes tragiques humaines et des baisses du PIB annuel dépassant souvent 10 %. Dans les pays où la variabilité climatique est élevée et les investissements liés à l'eau relativement limités, comme au Zimbabwe (voir Figure 2), il existe apparemment une forte corrélation entre l'hydrologie et la performance économique, ce qui suggère que les précipitations, plutôt qu'une gestion économique diligente, déterminent la performance économique. Le Zimbabwe ne possède pas un seul lac naturel de quelque taille que ce soit - tous les plans d'eau du pays sont créés par des barrages. Le plus grand de ces réservoirs est le lac Kariba, situé sur le fleuve Zambèze à la frontière avec la Zambie.

Reservoir Storage per Capita (m3/cap), 2003

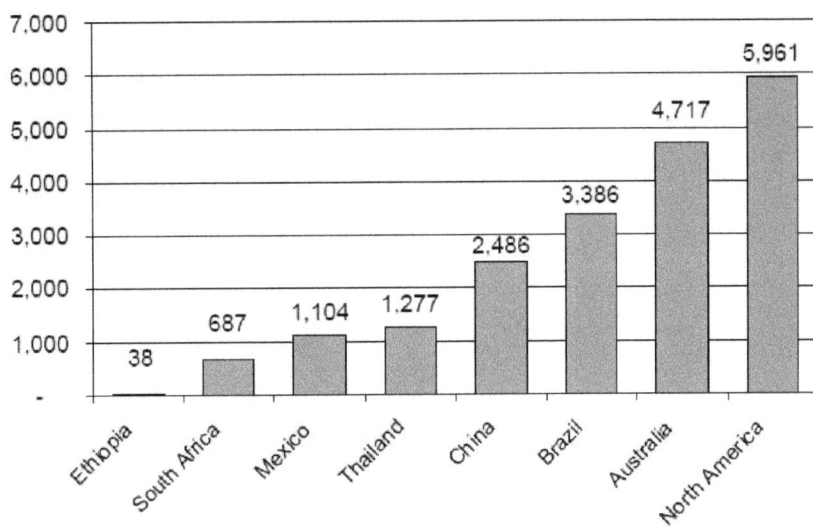

Fig 2.1
Reservoir Storage per Capita (m³/cap), 2023

While the values in North America and Australia have not undergone significant changes since 2003, the opposite is true for some developing countries. The case of Ethiopia is particularly noteworthy. As a result of the Country's policy in water infrastructure development, water storage per capita has grown, in about 10 years, from less than 40 to more than 200 m3 per capita. That achievement, due to such projects as Tekeze, Beles, Fincha, is particularly noteworthy because of simultaneous population growth in Ethiopia. The index will further increase in the next few years as large storage projects, such as Gibe III and GERD, come in operation.

A relevant factor that also has to be considered is the progressive reduction of storage capacity as sedimentation takes place into reservoirs. The phenomenon exhibits large variability from site to site and, in many cases, albeit not all, can be mitigated by adequate reservoir conservation measures. The subject is treated in Chapter 5 "The need for long term planning".

In least-developed economies, climate seasonality, variability and/or rainfall extremes are often marked, while the capacity, institutions and infrastructure needed to manage and mitigate these potentially major challenges are generally inadequate (Grey et al. 2007). Catastrophic hydrological events such as droughts and floods can have dramatic social and economic impacts with tragic losses of life and declines in annual GDP often exceeding 10%. In countries where climate variability is high and water-related investments relatively limited, such as in Zimbabwe (see Figure 2), there is an apparently strong correlation between hydrology and economic performance, suggesting that the rains, rather than diligent economic management, drive economic performance. Zimbabwe does not have a single natural lake of any size - all water bodies throughout the country are created by dams. The largest of these reservoirs is Lake Kariba, situated on the Zambezi River at the border with Zambia.

Zimbabwe
Précipitations et croissance du PIB : 1978-1993

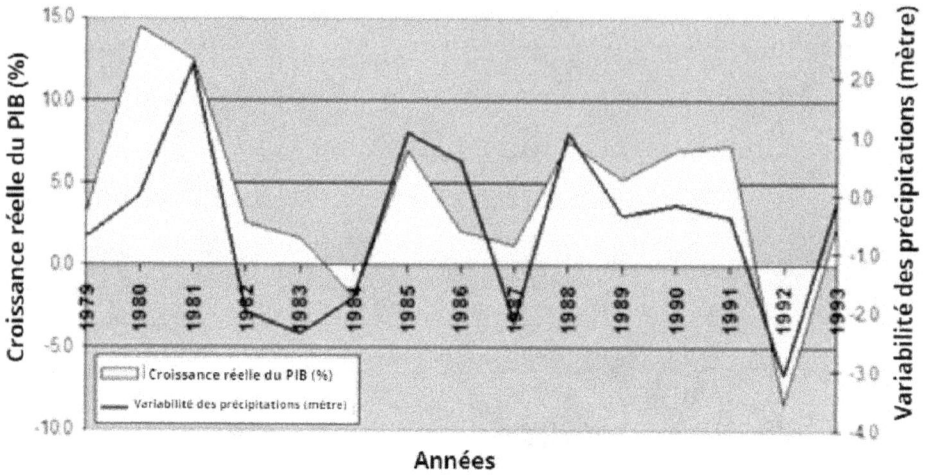

Fig 2.2
Zimbabwe, Précipitation et croissance du PIB : 1978 - 1993

Là où la performance est étroitement liée aux précipitations et aux ruissellements, une condition déterminante dans les économies agraires dépendantes des pluies, la croissance devient une « otage de l'hydrologie » (Grey et al. 2007).

À l'opposé, les pays développés bénéficient d'une très grande fiabilité d'approvisionnement en eau, et l'eau est toujours disponible dès que les consommateurs ouvrent un robinet. Ces consommateurs sont devenus si habitués à la disponibilité régulière de l'eau potable qu'ils peuvent la percevoir comme un droit. Une conséquence de cette perception est la confusion fréquente entre la ressource (l'eau brute) et les services (l'approvisionnement en eau). L'accès à la ressource devrait toujours être considéré comme un droit, et personne ne devrait en être exclu. Cependant, l'accès prend des formes très différentes : du robinet dans une résidence de luxe (approvisionnement en eau haut de gamme), à une longue marche pour accéder à de l'eau boueuse dans une zone reculée (auto-approvisionnement en eau). Les services liés à l'eau, et leur accessibilité financière, font toute la différence. Ces services peuvent être offerts par une variété de fournisseurs et ceux qui fournissent ce service ont le droit d'obtenir une rémunération équitable pour leur travail.

2.2.   DEMANDE EN EAU

La demande d'eau et ses services plus particulièrement, évoluent pour de nombreuses raisons, qui sont reliées à la croissance économique et aux conditions globales, tel que l'augmentation de la variabilité hydrologique.

Zimbabwe
Rainfall & GDP growth: 1978-1993

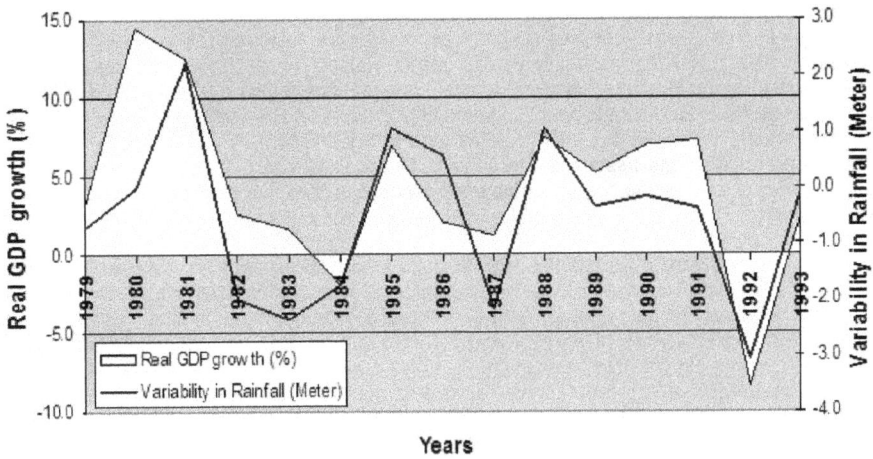

Fig 2.2
Zimbabwe - Rainfall & GPD growth: 1978-1993

Where economic performance is closely linked to rainfall and runoff, a particularly true condition in rain-fed agrarian economies, growth becomes "hostage to hydrology" (Grey et al. 2007).

At the other extreme, well-developed countries enjoy a very high reliability of water supply, and water is always available whenever consumers open a faucet. Those consumers have become so accustomed to regular availability of fresh water that they can perceive it as a right. A consequence of this perception is the frequent confusion between the resource (raw water) and the services (water supply). Access to the resource should always be considered a right, and no person should be excluded from it. At the same time, access takes very different forms; from the faucet in a luxury residence (top class water supply), to a long walk to access muddy water in a remote location (self-water supply). Water-related services, and their affordability, make the difference. Such services can be offered by a variety of providers and those who provide that service have the right to get fair remuneration for their work.

2.2.   WATER DEMAND

Demand for water, and water-related services in particular, changes for many reasons, which are both related to economic growth and to global conditions, such as increasing hydrological variability.

L'organisation de l'alimentation et de l'agriculture (OAA), au travers du programme AQUASTAT[2], a publié des données sur les prélèvements annuels d'eau douce au niveau mondial. Ces données se réfèrent aux prélèvements totaux d'eau, sans tenir compte des pertes par évaporation dans les bassins de stockage. Les prélèvements incluent également l'eau provenant des usines de dessalement dans les pays où elles constituent une source d'approvisionnement significative. Les prélèvements peuvent dépasser 100 % des ressources renouvelables totales lorsqu'il y a une extraction considérable des aquifères non renouvelables ou des usines de dessalement, ou lorsqu'il existe une réutilisation importante de l'eau. Les prélèvements pour l'agriculture et l'industrie englobent les prélèvements totaux pour l'irrigation et la production animale, ainsi que pour l'utilisation industrielle directe (y compris les prélèvements pour le refroidissement des centrales thermiques). Les prélèvements pour les usages domestiques incluent l'eau potable, l'utilisation municipale ou l'approvisionnement, ainsi que l'utilisation pour les services publics, les établissements commerciaux et les habitations.

D'autres demandes importantes en eau, telles que celles pour les services écologiques, la navigation et l'hydroélectricité, ne sont pas incluses dans AQUASTAT car elles représentent des prélèvements non consomptifs. En tant que telles, ces demandes n'affectent pas le bilan des ressources renouvelables. Il convient toutefois de noter que, pour les grands réservoirs, les pertes par évaporation sont significatives (par exemple, le Haut barrage d'Assouan où 10 à 15 km³ d'eau sont perdus annuellement, représentant environ 12 à 18 % des apports annuels du réservoir, bien que 100 % des pertes par évaporation ne soient pas imputables à l'hydroélectricité).

La croissance démographique, l'évolution des demandes sociétales (par exemple : la production de viande) et les priorités sociales (par exemple : les loisirs, l'esthétique, l'intégrité environnementale) entraînent également des pénuries et des problèmes de sécurité liés à l'eau.

2.3.   SÉCURITÉ/SÛRETÉ DE L'EAU

Terminologie et qualité unique de l'eau

Les termes « sécurité alimentaire » et « sécurité énergétique » désignent généralement un accès fiable à des approvisionnements suffisants en nourriture ou en énergie, respectivement pour répondre aux besoins de base des individus, des sociétés, des nations ou des groupes de nations, soutenant ainsi la vie, les moyens de subsistance et la production. Le terme « sécurité de l'eau » est utilisé dans la littérature avec un sens équivalent. Une différence frappante, cependant, est que contrairement à la nourriture ou à l'énergie, ce n'est pas seulement l'absence d'eau mais aussi sa présence qui peut représenter une menace. Cette qualité destructrice de la ressource dans son état naturel et imprévisible est probablement unique. En tenant compte de cela, Grey et Sadoff (2006) ont introduit la définition suivante de « sécurité de l'eau » :

"La disponibilité d'une quantité et d'une qualité d'eau acceptables pour la santé, les moyens de subsistance, les écosystèmes et la production, associée à un niveau acceptable de risques liés à l'eau pour les personnes, l'environnement et les économies."

La rareté de l'eau peut être physique ou économique. On parle de rareté physique de l'eau lorsque la demande dépasse la disponibilité physique. La rareté économique de l'eau quant à elle intervient lorsqu'une population n'a pas les moyens monétaires nécessaires pour utiliser un approvisionnement adéquat en eau, et elle est étroitement liée à la gouvernance.[3]

---

2 www.fao.org/nr/water/aquastat/main/index.stm
3 https://thewaterproject.org/water_scarcity_2

The Food and Agriculture Organization (FAO), AQUASTAT[2] program, publishes data on annual freshwater withdrawals at global level. Data refer to total water withdrawals, not counting evaporation losses from storage basins. Withdrawals also include water from desalination plants in countries where they are a significant source of supply. Withdrawals can exceed 100 percent of total renewable resources where extraction from non-renewable aquifers or desalination plants is considerable or where there is significant water reuse. Withdrawals for agriculture and industry are total withdrawals for irrigation and livestock production and for direct industrial use (including withdrawals for cooling thermoelectric plants). Withdrawals for domestic uses include drinking water, municipal use or supply, and use for public services, commercial establishments, and homes.

Other important water demands, such as those for ecological services, navigation, and hydropower are not included in AQUASTAT because they represent non-consumptive water withdrawals. As such, those demands do not affect the balance of renewable resources. It should be noted, however, that for large reservoirs evaporation losses are significant (e.g. High Aswan Dam where 10 to 15 km^3 of water are lost annually, representing approx. 12-18% of the annual reservoir inflows (although not 100% of the evaporation losses are to be linked to hydropower).

Growing populations, changing societal demands (e.g. meat production) and evolving social priorities (e.g. recreation, aesthetic, environmental integrity) also lead to shortages and issues with water security.

2.3.   WATER SECURITY

Terminology and the unique quality of water

The terms "food security" and "energy security" generally mean reliable access to sufficient supplies of food or energy, respectively, to meet basic needs of individuals, societies, nations or groups of nations, thus supporting lives, livelihoods and production. The term "water security" has been used in the literature with an equivalent meaning. A striking difference, however, is that unlike food or energy, it is not just the absence of water but also its presence that can be a threat. This destructive quality of the resource in its natural, unmanaged state is arguably unique. In consideration of that, Grey and Sadoff (2006) introduced the following definition of "water security":

"The availability of an acceptable quantity and quality of water for health, livelihoods, ecosystems and production, coupled with an acceptable level of water-related risks to people, environment and economies".

Scarcity of water can be physical or economic. Physical water scarcity is when demand outstrips physical availability. Economic water scarcity exists when a population does not have the necessary monetary means to utilize an adequate supply of water and is closely related to governance.[3]

---

2 www.fao.org/nr/water/aquastat/main/index.stm
3 https://thewaterproject.org/water_scarcity_2

Sécurité de l'eau et PIB – quantité de précipitations, variabilité et croissance économique

Les deux figures suivantes (Brown et Lall, 2006) abordent le concept de sécurité de l'eau à l'échelle mondiale. Les paramètres hydrologiques sont représentés sur l'axe des X (Précipitations annuelles moyennes, en centimètres) et sur l'axe des Y (Variabilité mensuelle des précipitations - coefficient de variation). Chaque bulle représente un pays et la taille de la bulle est proportionnelle au PIB par habitant dans ce pays. La Figure 3 met en évidence un groupe de nations riches (grosses bulles), ces nations partagent des conditions climatiques favorables (précipitations modérées avec faible variabilité).

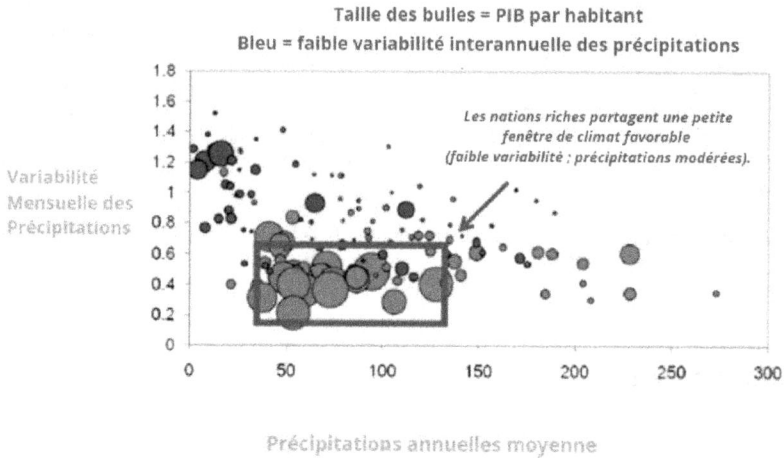

Fig 2.3
Concept de sécurité de l'eau à l'échelle mondiale

La Figure 4 met en évidence deux zones où de petites bulles correspondent à des pays en développement ; ces pays connaissent soit des précipitations excessives, soit une grande variabilité des précipitations. Les trois nations présentant une variabilité élevée des précipitations, une très faible pluviométrie annuelle et un PIB élevé (grosses bulles dans le coin supérieur gauche des deux diagrammes) sont les petits États producteurs de pétrole que sont le Koweït, Oman et les Émirats arabes unis.

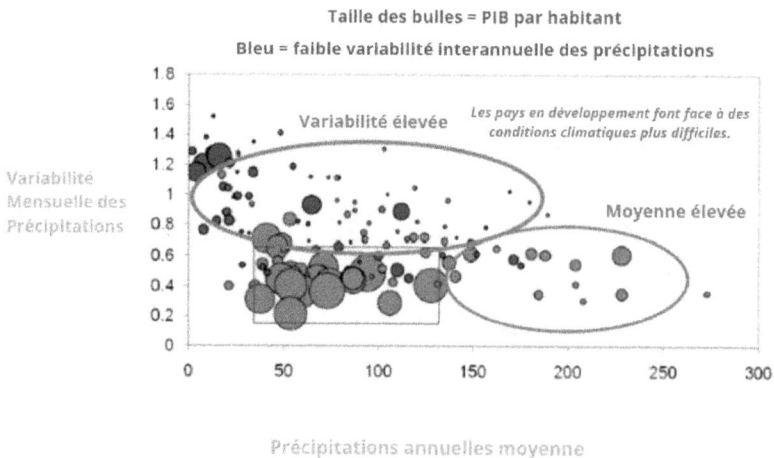

Fig 2.4
Concept de sécurité de l'eau à l'échelle mondiale

Water security and GDP – rainfall amount, variability and economic growth

The following two figures (Brown and Lall, 2006) address the water security concept at a global scale. Hydrological parameters are shown on the X-axis (Mean Annual Rainfall, in *centimeters*) and on the Y-axis (Monthly Rainfall Variability- *coefficient of variation*), each bubble represents a country and the size of the bubble is proportional to GDP per capita in that country. Figure 3 singles out a window of wealthy nations (large bubbles), such nations share favorable climatic conditions (moderate rainfall of low variability).

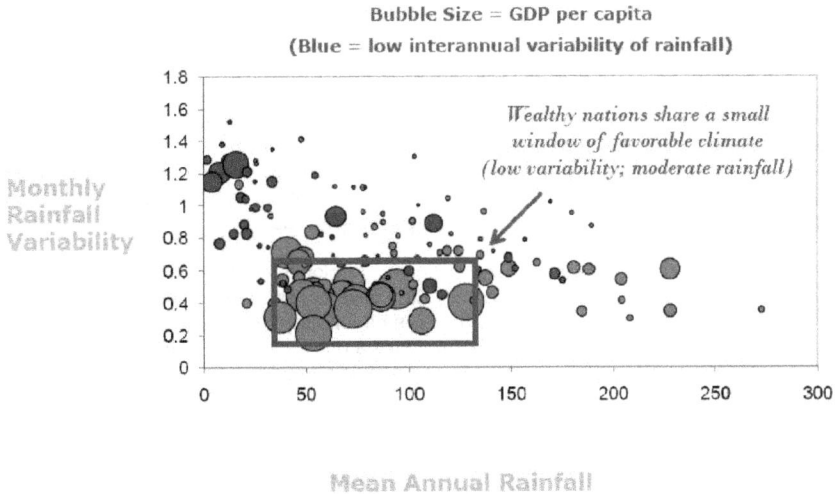

Fig 2.3
Water security concept at a global scale

Figure 4 highlights two areas where small bubbles correspond to developing countries; such countries have either excessive rainfall or high rainfall variability. The three nations with high rainfall variability, very low annual rainfall, and high GDP (large bubbles in the upper left of both diagrams) are the small oil producing states of Kuwait, Oman, and United Arab Emirates.

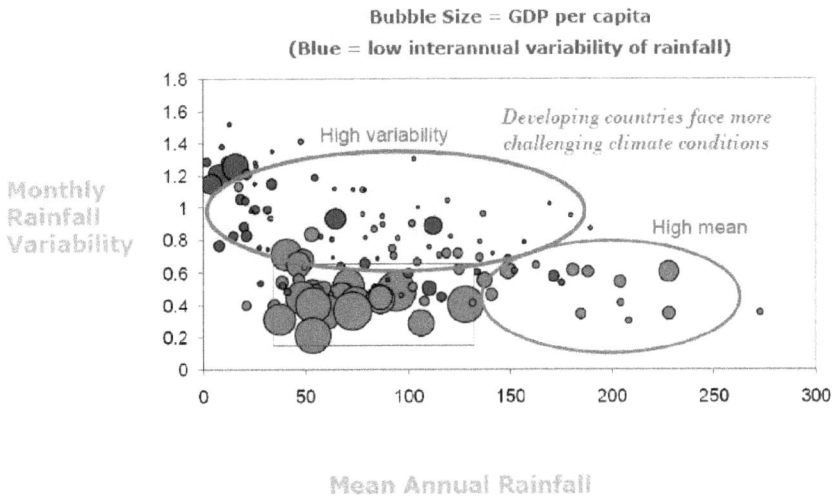

Fig 2.4
Water security concept at a global scale

En comparant les deux graphiques, il est évident que la quantité et la variabilité des précipitations sont étroitement associées à la croissance économique. Atteindre la sécurité de l'eau est lié à la manière dont les pays gèrent la quantité et la variabilité des précipitations ; en général, la sécurité de l'eau représente un défi majeur pour la plupart des pays en développement, en particulier pour ceux qui dépendent largement de l'agriculture pluviale.

Lorsque la cause de la pénurie d'eau est la variabilité intra-annuelle, la stocker est nécessaire, de manière à transférer l'eau des saisons humides aux saisons sèches. En revanche, lorsque la pénurie d'eau est due à des précipitations annuelles moyennes inférieures aux besoins, les gains d'efficacité ou les sources d'eau alternatives, y compris l'importation d'eau virtuelle[4], sont des options préférables.

L'indice de stockage saisonnier

Brown and Lall (2006) ont également développé un paramètre utile, à savoir l'indice de stockage saisonnier (ISS). Cet indice nous interroge sur la quantité de stockage nécessaire pour lisser la variabilité et répondre aux besoins alimentaires du pays (c'est-à-dire assurer la "sécurité alimentaire"). Leurs données montrent que le PIB/habitant des pays manquant de stockage adéquat, par rapport à l'indice de stockage saisonnier, est notablement bas.

Les pays ont peu de contrôle sur leur dotation hydrologique : quand et où il pleut, ainsi que la quantité d'eau qui s'évapore, s'infiltre et s'écoule. Les pays qui ont réussi à croître économiquement, malgré une hydrologie complexe, ont investi massivement pour réduire les risques. Dans les bassins hydrographiques où les investissements pour faire face à une hydrologie complexe ont été faibles, la production économique est largement inférieure, comme le montre la Figure 5 (Hall et al. 2014), dans la partie inférieure droite.

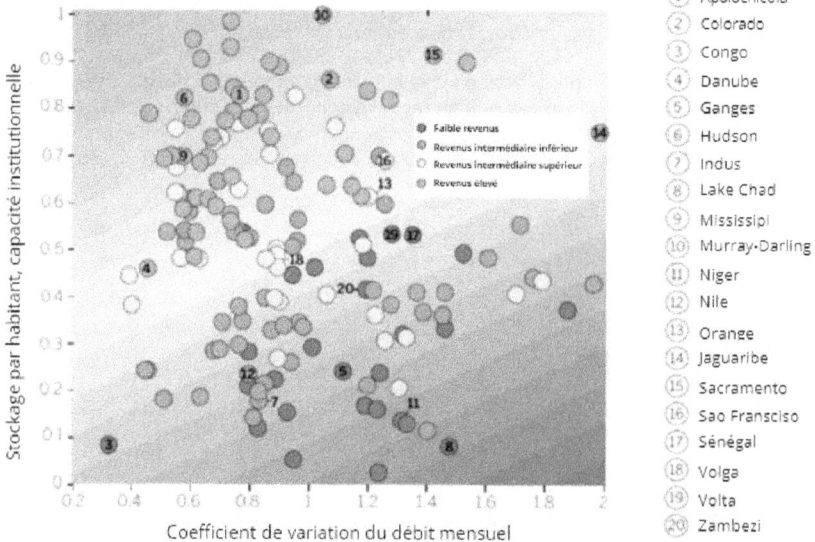

Fig 2.5
Lien entre croissance économique, variabilité hydrologique et investissement dans la réduction des risques

4 Le sujet est abordé dans le paragraphe 7.2 « Solutions non-structurelles »

Comparing the two figures, it is evident that rainfall amount and variability are strongly associated with economic growth. Achieving water security is related to how countries manage rainfall amount and variability; in general, water security is a major challenge for most developing countries, certainly for those largely relying on rain fed agriculture.

Where the cause of water shortage is intra-annual variability, storage is needed to transfer water from wet seasons to dry seasons. Alternatively, where water shortage is due to lower than needed mean annual precipitation, efficiency gains or alternative water sources, including the importation of virtual water[4], are the preferred option.

Seasonal storage index

Brown and Lall (2006) also developed a useful parameter, i.e. the seasonal storage index (SSI). This index asks the question how much storage would be needed, to smooth out the variability, to meet the food demands of the country (i.e. "food security"). Their data show that GDP/capita of countries lacking adequate storage, in comparison to the SSI, are notably low.

Countries have little control over their hydrologic endowment: when and where it rains and how much water evaporates, infiltrates and runs off. Countries that have managed to grow economically, notwithstanding complex hydrology, have invested heavily to reduce risk. In river basins where there has been low investment to cope with complex hydrology, economic output is overwhelmingly low, as shown in Figure 5 (Hall et al. 2014), lower right part.

Linking economic growth, hydrologic variability, and investment in risk mitigation

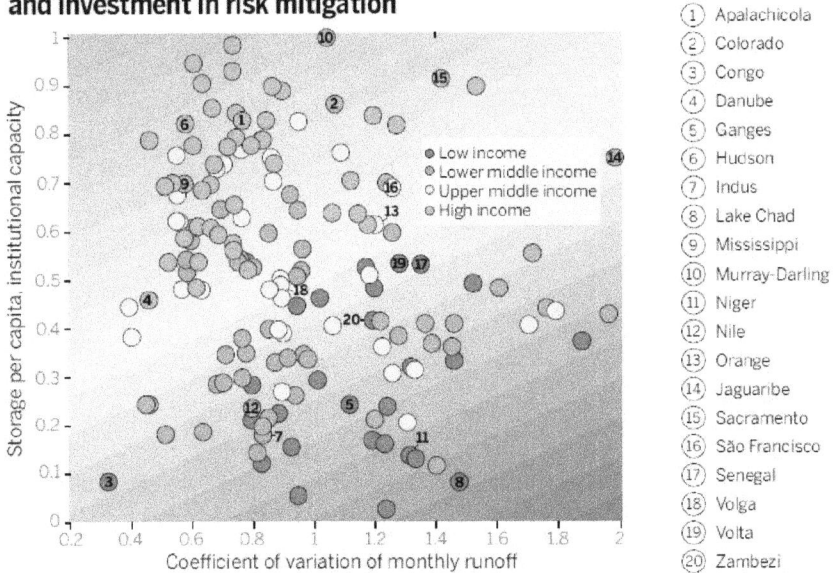

Fig 2.5
Linking economic growth, hèdrologic variability, and investment in risk mitigation

---

4 The subject is discussed in section 7.2 "Non-Structural Solutions"

En revanche, les pays situés le long des bassins fluviaux bénéficiant d'une hydrologie favorable sont souvent plus riches, même si les investissements dans la gestion de l'eau ont parfois été assez modestes (voir le graphique, côté gauche). Les investissements supplémentaires nécessaires pour passer d'une situation d'insécurité hydrique à une sécurité hydrique sont les plus importants dans les bassins fluviaux à hydrologie très variable (voir la Figure 5, côté droit). Il s'agit du moins abordable et du plus difficile à mettre en œuvre dans les pays les plus pauvres.

Variabilité du débit fluvial, stockage et fiabilité de l'approvisionnement

L'un des plus grands défis pour fournir de l'eau douce provenant des rivières de manière fiable est de déterminer comment s'adapter à la variabilité des débits (saisonnière et interannuelle) ou la gérer. Si la demande est supérieure au débit minimum d'une rivière, il n'est pas possible de fournir suffisamment d'eau lorsque le débit est faible. Pour surmonter ce problème, une solution consiste à utiliser des espaces de stockage.

La variabilité du débit fluvial peut être exprimée par le coefficient de variation (Cv) des débits des cours d'eau, c'est-à-dire le rapport entre l'écart type et la valeur moyenne du débit annuel (McMahon et al., 2007). Si le coefficient de variation (Cv) est négativement corrélé à la fiabilité du débit, cela indique que la rivière pourrait subir de longues sécheresses sur plusieurs années.

Le graphique 6 montre le niveau de stockage nécessaire pour atteindre un rendement fiable spécifique, à un certain niveau de variabilité hydrologique. Le graphique a été développé pour une fiabilité de l'approvisionnement en eau de 95%[5] et relie le rendement du réservoir divisé par le Débit Moyen Annuel (DMA) (sur l'axe vertical Y) au coefficient de variation annuel du débit fluvial (sur l'axe horizontal X). Les quatre courbes se réfèrent à différents ratios (Tau) de la capacité de stockage par rapport au DMA.

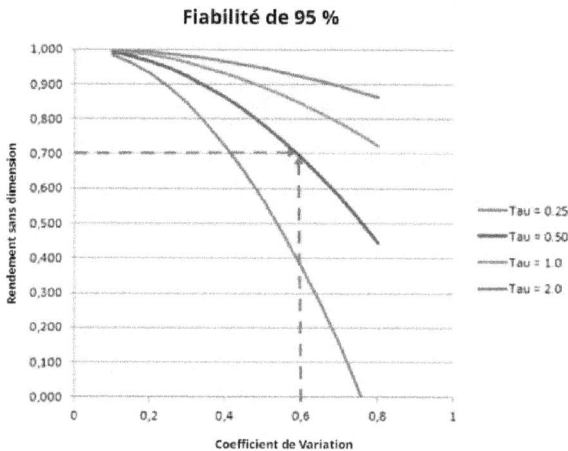

Fig 2.6
Niveau de stockage nécessaire pour atteindre un rendement fiable spécifique

Avec un Cvv de 0,6, un rendement de 70% DMA, cela nécessiterait une capacité de stockage régulateur d'au moins la moitié du DMA (Tau = 0,5). En termes absolus, cet exemple se traduirait comme ceci :

• Déterminer la taille d'un réservoir régulateur pour garantir un rendement annuel en eau de 70 millions de mètres cubes, avec une fiabilité de 95 %.

5 Il y a une probabilité de 5 % que pendant la période considérée, le rendement en eau soit inférieur à la demande en eau.

By contrast, countries along river basins with benign hydrology are often wealthier, even though investments in water management have sometimes been quite modest (see chart, left side). Additional investments required to transition from water-insecure to secure is greatest in river basins with highly variable hydrology (see Figure 5, right side). This is least affordable and hardest to deliver in the poorest countries.

River flow variability, storage and reliability of supply

One of the greatest challenges to supply fresh water from rivers, in a reliable manner, is to figure out how to adapt to or manage flow variability (seasonal and inter-annual). If the demand is greater than the minimum flow in a river, it is not possible to supply enough water during times when the flow is low. In order to overcome this problem a solution is to use storage space.

River flow variability can be expressed by the coefficient of variation of stream flows Cv, i.e. the ratio of standard deviation and mean value of annual flow (MAF) (McMahon et al. 2007). If Cv is negatively correlated to flow reliability it is an indicator that the river might experience long, multiple-year droughts.

Figure 6 shows the level of storage required to achieve a specific reliable yield, at a given level of hydrological variability. The figure was developed for a reliability of water supply of 95%[5] and relates reservoir yield divided by MAF (on the vertical, y-axis) to the annual coefficient of variation of river flow (on the horizontal, X-axis). The four curves refer to different ratios (Tau) of storage capacity to MAF.

95% Reliability

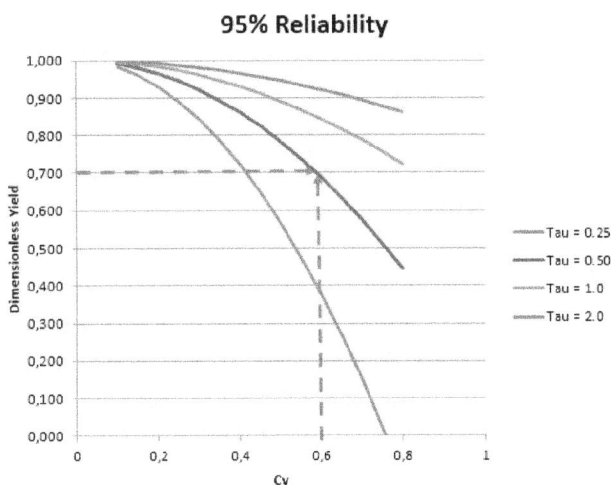

Fig 2.6
Level of storage required to achieve a specific reliable yield

With Cv =0.6, a yield of 70% MAF would require a regulating storage capacity not lower than half the MAF (Tau=0.5). In absolute terms, this example would translate as follows:

- Decide the size of a regulating reservoir to guarantee an annual water yield of 70 million m³, with a reliability of 95%.

---

5 i.e. there is 5% probability, during the period under consideration, that water yield will be lower than the water demand.

- La rivière a un débit moyen annuel (DMA) de 100 millions de mètres cubes; le coefficient de variation des débits annuels de la rivière (Cv), est de 0,6.

- En entrant dans le diagramme avec un Cv = 0,6 et un rendement sans dimension de 0,7 (70/100), la courbe rouge de Tau = 0,5 est intersectée.

- La taille du réservoir régulateur devrait être de 50 millions de mètres cubes (0,5 * 100).

Si une fiabilité de 99 % est requise (courbes non montrées), toujours avec un Cv = 0,6, le même rendement sans dimension de 0,7 nécessiterait une capacité de stockage d'environ 80 % du DMA.

L'analyse simplifiée basée sur le graphique 6 démontre qu'en présence de niveaux de variabilité plus élevés, les avantages d'une capacité de stockage accrue sont plus significatifs (en termes de rendement fiable).

Le septième graphique nous présente un histogramme du coefficient de variation annuel pour environ deux mille rivières du monde (Annandale, 2013).

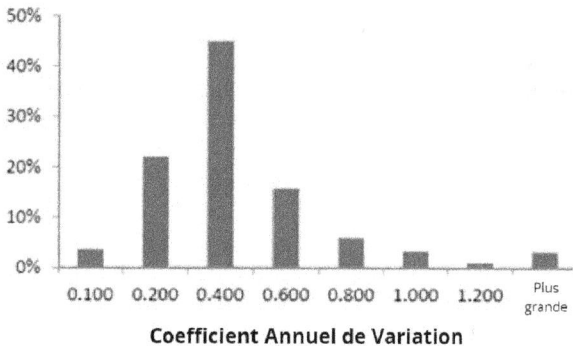

Coefficient Annuel de Variation

Fréquence relative de la variabilité hydrologique du débit des rivières pour plus de deux mille rivières à travers le monde (conditions climatiques actuelles)

Fig 2.7
Histogramme du coefficient de variation annuel

Environ la moitié de la surface de la Terre est caractérisée par des rivières où les débits varient significativement d'une année à l'autre. Ces régions sont marquées par des sécheresses pluriannuelles pouvant durer de deux à sept années consécutives, voire plus. L'intégration des informations contenues dans les deux figures révèle que fournir un stockage adéquat pour réguler ces rivières serait une tâche redoutable. C'est particulièrement le cas si cela est associé à l'irrigation, qui nécessite les plus grands volumes parmi les secteurs utilisateurs d'eau. Cependant, la tâche devient plus réalisable pour l'eau domestique/industrielle, ainsi que pour certaines demandes d'irrigation stratégiquement sélectionnées à haute valeur ajoutée. C'est la tendance attendue dans un avenir proche.

Les technologies telles que la désalinisation et la réutilisation joueront un rôle important. Cependant, les questions d'échelle et de capacité multiples (par exemple, la gestion des inondations) imposeront le besoin de stockage. À mesure que les demandes de la société évoluent, ainsi que leur bien-être, le stockage d'eau devient de plus en plus stratégique en raison de sa capacité à s'adapter aux besoins de la société. Les préoccupations concernant les impacts du réchauffement climatique appellent à une résilience hydrologique accrue. Aucune alternative au stockage d'eau ne peut pleinement remplir une fonction aussi critique.

- The river has a mean annual flow (MAF) of 100 million m^3; coefficient of variation of annual stream flows, Cv, is 0.6.

- Entering the diagram with Cv= 0.6 and dimensionless yield 0.7 (70/100), the red curve of Tau=0.5 is intersected.

- The size of the regulating reservoir should be 50 million m^3 (0.5*100).

Should a 99% reliability be required (curves not shown), still with Cv= 0.6, the same dimensionless yield of 0.7 would require a storage capacity of about 80% the MAF.

The simplified analysis based on Fig. 6 demonstrates that when faced with greater levels of variability, there are larger gains to enhanced storage capacity (in terms of reliable yield).

Figure 7 shows a histogram of the annual coefficient of variation for about two thousand rivers from all over the world (Annandale, 2013).

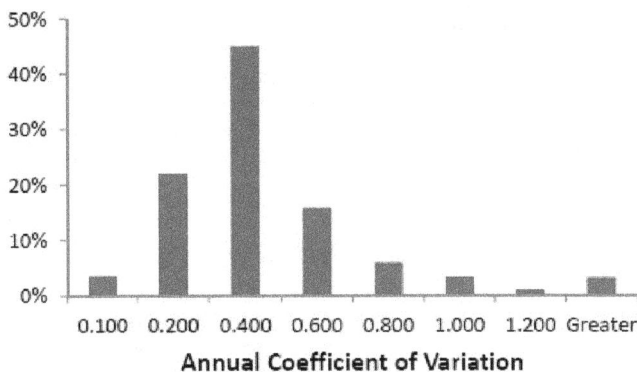

Annual Coefficient of Variation

Fig 2.7
Histogram of the annual coefficient of variation

About half of the surface area of the earth is characterized by rivers where flow varies significantly from year to year. These regions are characterized by multiple-year droughts that can last anything from two to seven or even more consecutive years. Integration of information contained in the two figures, reveals that providing adequate storage to regulate those rivers would be a daunting task. This is particularly the case if associated with irrigation, which requires the largest volumes among water using sectors. However, the task becomes more reasonable for domestic /industrial water, and some, strategically selected, high value irrigation demands. This is expected to be the trend in the near future.

Technologies such as desalination and reuse will play an important role, nonetheless, matters of scale and multipurpose capacity (e.g. flood management) will forcefully require storage. As society demands evolve, together with their welfare, water storage becomes more and more strategic for its capacity to adapt to society's needs. Concerns on the impacts of global warming call for increased hydrological resilience. No alternative to water storage can fully perform such a critical function.

2.4 VARIABILITÉ CLIMATIQUE ET RÉSILIENCE HYDROLOGIQUE

La résilience d'un système détermine à quelle vitesse il se rétablit après une défaillance (Hashimoto et al., 1982).

Les considérations ci-dessus montrent clairement comment la variabilité climatique, attribuée au réchauffement climatique global, rend le stockage de plus en plus précieux à long terme.

Beaucoup de régions du monde subissent un stress significatif sur les ressources en eau, et il est désormais reconnu que le réchauffement climatique pourrait aggraver ce stress. Bien que de nombreux éléments à prendre en compte dans la planification et l'exploitation et soient spécifiques à chaque projet de ressources en eau, trois éléments clés ont été soulignés :

- Disponibilité de l'eau,

- Conditions hydrologiques extrêmes (inondations et sécheresses),

- Variabilité saisonnière et interannuelle.

Le stockage joue un rôle clé dans l'augmentation de la résilience hydrologique d'un système de ressources d'eau, mais son efficacité et sa faisabilité économique dépendent de plusieurs facteurs. Le diagramme qualitatif suivant (Graphique 8) examine les tendances des mêmes deux paramètres utilisés dans la partie 2.3 "Sécurité de l'eau" :

- Débit Annuel Moyen (DAM) et,

- Coefficient de Variation (CV) du débit des cours d'eau.

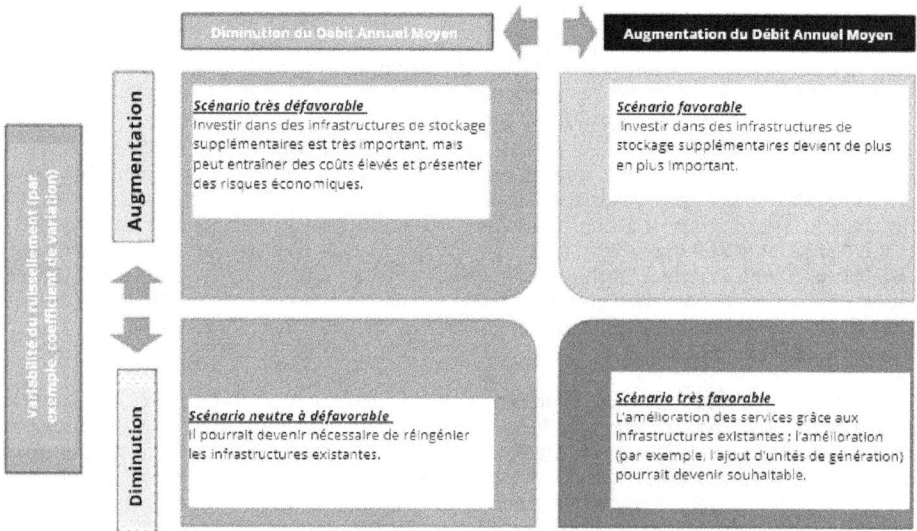

Fig 2.8
Scénarios de variabilité climatique et actions de gestion indicatives

2.4 CLIMATE VARIABILITY AND HYDROLOGICAL RESILIENCE

Resilience of a system determines how quickly it recovers from failure (Hashimoto et al. 1982).

The above considerations make it clear how climate variability, largely attributed to global warming, makes storage of increasing value in the long term.

Many regions of the world are experiencing significant stress on water resources, and it is now recognized that global warming might exacerbate this stress. Even though many elements to be considered in planning and operation are specific to any water resource project, three key elements are usually present, they are:

- Water availability,

- Hydrological extremes (floods and droughts),

- Seasonal and inter-annual variability.

Storage plays a key role in increasing hydrological resilience of a water resource system, but its effectiveness and its economic feasibility depend on several factors. The following qualitative diagram (Figure 8) examines trends of the same two parameters used in section 2.3 "Water Security":

- Mean Annual Flow (MAF), and

- Coefficient of Variation (CV) of stream flow.

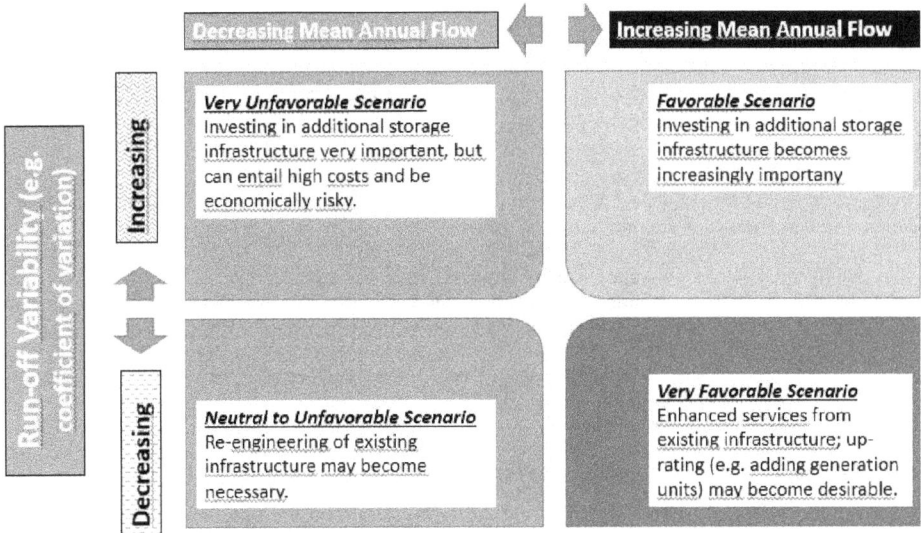

Fig 2.8
Climate variability scenarios and indicative management actions

Les quatre secteurs du diagramme peuvent être associés à des scénarios climatiques caractérisés par une criticité différente des ressources en eau. Le diagramme indique également les actions de gestion souhaitables dans chaque scénario. Le caractère indicatif des actions souhaitables est souligné ; les décisions de gestion réelles devront prendre en compte plusieurs autres éléments tels que : le niveau d'infrastructure existant dans le pays/région, la demande de services liés à l'eau, la fiabilité requise de l'approvisionnement en eau, etc.

De nombreux pays, notamment en Afrique subsaharienne, mais aussi ailleurs, subissent depuis longtemps les conséquences d'une grande variabilité climatique. Il est souhaitable que les préoccupations renouvelées concernant les effets du réchauffement climatique conduisent à aborder cet héritage douloureux avec des mesures visant à augmenter la résilience hydrologique. Cependant, lorsqu'une action est nécessaire, le lecteur découvrira qu'il existe une abondante littérature sur la sensibilisation, beaucoup moins sur "quoi faire", et encore moins sur "comment le faire".

Modèles de circulation générale et incertitude dans la réduction d'échelle

L'une des principales raisons de cette situation est que l'écart entre les modèles prédictifs disponibles et la prise de décision en matière de gestion des ressources en eau est encore très important aujourd'hui. Les Modèles de Circulation Générale (MCG) disponibles ont été conçus pour modéliser les changements atmosphériques à l'échelle mondiale et, en particulier, pour prédire l'augmentation de la température. Par conséquent, ils n'ont jamais été destinés à produire des estimations du ruissellement au niveau local et, à ce titre, leur utilisation pour les évaluations des ressources en eau est discutable. Certains progrès ont été réalisés ces dernières années pour réduire la dispersion des prévisions de température des MCG. Cependant, passer de la température aux précipitations, des précipitations au ruissellement, et la nécessité de réduire l'échelle des résultats, conduit toujours à des niveaux d'incertitude qui compliquent la prise de décision significative.

Gestion adaptative des ressources

Rydgren et al. (2007) ont réalisé une étude sur les pratiques mondiales émergentes en matière d'adaptation des prévisions hydrologiques à l'incertitude croissante, et sur la manière dont les résultats se reflètent dans la planification des projets. La principale conclusion de l'étude était que, tant que les modèles ne seront pas améliorés au-delà des limitations actuelles, la manière la plus appropriée de progresser est d'incorporer la Gestion Adaptative des Ressources (GAR) dans la gestion des ressources en eau, en particulier dans la planification de nouveaux projets.

Cela impliquerait une surveillance régulière, des évaluations et des révisions, avec une éventuelle refonte du programme de gestion, si nécessaire. Plus important encore, la Gestion Adaptative des Ressources (GAR) doit être basée sur un ensemble solide d'indicateurs. Le chapitre 7 "Résolution des problèmes de (abréviation du titre du bulletin)" contient des explications sur les méthodes disponibles pour informer et mettre en œuvre la Gestion Adaptative des Ressources à la fois aux niveaux structurel et non structurel.

Incertitudes et Analyse des Options Réelles

La prise de décision dans l'incertitude devient inévitable en raison des doutes actuels sur les scénarios climatiques et hydrologiques futurs. L'analyse des options réelles (AOR) est un outil économique pour éclairer la prise de décision dans l'incertitude. L'AOR applique les techniques d'évaluation des options aux décisions de budgétisation du capital. Une option réelle est, en soi, le droit — mais non l'obligation — de mener certaines initiatives commerciales, telles que différer, abandonner, étendre, phaser ou contracter un projet d'investissement en capital. L'analyse des options réelles, en tant que discipline, s'étend de son application en finance d'entreprise à la prise de décision dans l'incertitude en général, adaptant les techniques développées pour les options financières aux décisions "réelles".

The four sectors of the diagram can be associated to climate scenarios characterized by different water resource criticality. The diagram also indicates management actions that are likely to be desirable in each scenario. The indicative nature of the desirable actions is underlined; actual management decisions will have to take into account several other elements such as: existing level of infrastructure in the country/ region, demand for water-related services, required water supply reliability, etc.

Many countries, notably in Sub Saharan Africa, but also elsewhere, have undergone the punishments of high climate variability for a long time. It is desirable that renewed concerns over the effects of global warming lead to addressing that painful legacy with measures aimed at increasing hydrological resilience. However, when action is required, the reader will discover that there is a lot of literature dealing with awareness, much less about "what to do", and very much less on "how to do it".

Global Circulation Models and uncertainty in down-scaling

One of the main reasons for this situation is that the gap between available predictive models and decision making on water resources management is still very large today. Available Global Circulation Models (GCM) were designed to model global scale atmospheric changes and, in particular to predict temperature rise. Therefore, they were never intended to produce local level run-off estimates and, as such, their use for water resource assessments is questionable. Some progress has been made in the most recent years on reducing the scatter of GCM temperature predictions. However, going from temperature to precipitation, from precipitation to run-off, and the need to downscale results, still leads to levels of uncertainty that frustrate meaningful decision making.

Adaptive Resource Management

Rydgren et al. (2007) carried out a study on emerging global practice in adapting hydrological predictions to increasing uncertainty, and how results are reflected in project planning. The main conclusion of the study was that until models are improved beyond current limitations, the most appropriate way forward is to incorporate Adaptive Resource Management (ARM) in water resources management, especially in planning new projects.

This would entail regular monitoring, evaluations and reviews, with possible redesign of the management program, as found necessary. Most importantly, ARM needs to be based on a solid set of indicators. Chapter 7 "MPWS Problem Solving" contains elaborations on available methods to inform and implement ARM at both structural and non-structural levels.

Uncertainty and Real Options Analysis

Decision making under uncertainty becomes unavoidable due to current doubts about future climate and hydrological scenarios. Real Options Analysis (ROA) is an economic tool to inform decision making under uncertainty. ROA applies option valuation techniques to capital budgeting decisions. A real option itself is the right — but not the obligation — to undertake certain business initiatives, such as deferring, abandoning, expanding, staging, or contracting a capital investment project. Real options analysis, as a discipline, extends from its application in corporate finance, to decision making under uncertainty in general, adapting the techniques developed for financial options to "real-life" decisions.

Jeuland et Whittington (2013) ont appliqué l'AOR à la planification de nouveaux investissements dans les infrastructures de ressources en eau et leurs stratégies d'exploitation dans un contexte d'incertitude climatique. Cette approche intègre la flexibilité dans les décisions de conception et d'exploitation, par exemple, la sélection, la dimension et le séquençage de nouveaux barrages, ainsi que les règles d'exploitation des réservoirs. La valeur du cadre AOR réside dans sa capacité à identifier des configurations de barrages qui sont robustes face à des résultats défavorables et suffisamment flexibles pour tirer parti des avantages élevés en cas de conditions hydrologiques futures favorables.

Réservoirs et émissions de gaz à effet de serre

Le sujet des émissions de Gaz à Effet de Serre (GES) des réservoirs fait l'objet de nombreux débats depuis les années 2000. Certaines organisations ont fait campagne pour les présenter comme des émetteurs de gaz à effets de serre, et donc, comme des contributeurs au réchauffement climatique. Le résumé suivant des connaissances actuelles est basé sur un travail de R. Liden (2013).

De nombreuses recherches sur le sujet ont été menées au cours de la dernière décennie, et des études récentes ont indiqué que l'estimation globale correspond à moins de 1 %. Cependant, ces études couvrent encore un nombre limité d'écosystèmes et de zones géographiques et, plus encore, presqu'aucune d'entre elles n'a mesuré l'évolution à long terme des émissions de GES au fil des années.

Un concept fondamental pour une description précise des gaz à effet de serre provenant des réservoirs créés par des processus biochimiques est la différence entre les flux bruts et nets. Les rivières jouent un rôle majeur dans le transport du carbone des zones terrestres vers les lacs et la mer. Les zones terrestres sont généralement des puits nets de carbone et les systèmes aquatiques sont des émetteurs nets de carbone. Par conséquent, les changements dans les flux de GES vers l'atmosphère dus à l'introduction de réservoirs dans un système fluvial doivent être envisagés dans une perspective de bassin versant. Les émissions nettes de GES créées par le réservoir sont la différence entre les flux totaux pour l'ensemble du bassin versant avant et après la construction du réservoir.

Malheureusement, l'évaluation, et encore moins la mesure, des émissions nettes est extrêmement complexe et n'a pas encore été réalisée aujourd'hui. Les résultats et la compréhension des mesures des émissions de GES brutes, et non nettes, au cours des 15 dernières années ont conduit aux conclusions clés suivantes.

- Les réservoirs émettant des quantités significatives de GES sont associés à des niveaux élevés de méthane (CH_4) en raison de la puissance de ce gaz en tant que GES.

- La probabilité d'émissions significatives de gaz à effet de serre, notamment de CH_4, augmente avec le nombre de variables contribuant aux émissions de GES qui agissent en combinaison. Aucune variable unique, par exemple la latitude ou la taille du réservoir, ne doit être utilisée seule pour estimer les GES provenant d'un réservoir spécifique.

- La clé pour évaluer les émissions de gaz à effet de serre réside dans la compréhension de la disponibilité du stock de carbone et des conditions de qualité de l'eau du réservoir, en particulier l'étendue temporelle et spatiale des conditions anoxiques.

2.5.   RÉFÉRENCES

Annandale G. "Quenching the Thirst- sustainable water supply and climate change" Create Space Independent Publishing Platform, North Charleston, Caroline du Sud, Etats-Unis. 2013.

Jeuland and Whittington (2013) apply ROA for planning new water resources infrastructure investments and their operating strategies under climate uncertainty. The approach incorporates flexibility in design and operating decisions, i.e. the selection, sizing, and sequencing of new dams, and reservoir operating rules. The value of the ROA framework is that it can be used to identify dam configurations that are robust to poor outcomes and sufficiently flexible to capture high upside benefits if favorable future hydrological conditions arise.

Reservoirs and greenhouse gas emissions

The subject of greenhouse gas (GHG) emissions from reservoirs has been the subject of much debate since the early 2000's. Some organisations have campaigned to portrait reservoir as greenhouse gas emitters and, consequently, contributors to global warming. The following summary of current knowledge is based on a work by R. Liden (2013).

Much research on the subject has been conducted in the last decade and recent studies have indicated corresponding global estimate to be less than 1 percent. However, these studies still have limited coverage of ecosystems and geographical areas and, more critically, almost none of them have measured the long-term change in GHG emissions over the years.

A fundamental concept for accurate description of GHGs from reservoirs created by biochemical processes is the difference in gross and net fluxes. Rivers are major conveyors of carbon from terrestrial areas to lakes and the sea. Terrestrial areas are generally net carbon sinkers and aquatic systems are net carbon emitters. Changes in GHG fluxes to the atmosphere because of the introduction of reservoirs in a river system must therefore be viewed from a catchment perspective. Net GHG emissions created by the reservoir are the difference between total fluxes for the whole river basin before and after the reservoir is constructed.

Unfortunately, assessment, let alone measurement, of net emissions is extremely complex and not yet achieved today. The results from and understanding of gross, not net, GHG emissions measurements during the last 15 years have led to the following key conclusions.

- Reservoirs with significant GHG emissions are associated with high methane (CH_4) emissions because of the gas's strength as GHG.

- The likelihood of significant GHG emissions, especially CH_4, increases with the number of variables contributing to GHG emissions that work in combination. No single variable, for example, latitude ot reservoir size, should be used on its own to estimate GHGs from a specific reservoir.

- The key for assessing GHG emissions lies in understanding the availability of carbonstock and the reservoirs water quality conditions, especially the temporal and spatial extent of anoxic conditions.

2.5.   REFERENCES

Annandale G. "*Quenching the Thirst- sustainable water supply and climate change*" Create Space Independent Publishing Platform, North Charleston, SC, US. 2013.

L. Berga, « Dams and Development. Macro Economy », 21ème congrès de la CIGB, Montréal, Canada, 2003.

C. Brown; U. Lall; "Water and Development: The role of variability and a framework for resilience". Natural Resources Forum 2006, 30(4) 306 – 317D.

Grey et C. Sadoff, 2006 "*Water for Growth and Development*" dans les documents thématiques du IVe forum Mondial de l'eau. Commission nationale de l'eau: Mexico (Capitale). 2006.

D. Grey; C. Sadoff; "*Sink or swim? Water security for growth and development*". Politique de l'eau 2007, 9: 545-571.

J.W. Hall, D.Grey, D. Garrick, F. Fung, C. Brown, S.J. Dadson, C. W. Sadoff "*Coping with the curse of freshwater variability*" Science, Vol. 346, Numéro 6208, 24 Octobre 2014.

T. Hashimoto, D.P. Loucks, et J. Stedinger, 1982 "Reliability, resiliency, and vulnerability criteria for water resource system performance evaluation". Water Resources, 18 (1), 14-20.

Jeuland M. and Whittington D. (2013) «Water Resource Planning under Climate Change - A Real Options Application to Investment Planning in the Blue Nile» Série de documents de discussion sur l'environnement, mars 2013.

Lemperiere F. and Lafitte R. « The Role of Dams in the XXIe Century », Congrès de la CIGB, Barcelone, juin 2006.

Liden R. " *Greenhouse Gases from Reservoirs caused by Biochemical Processes* " Note Technique Provisoire. World Bank Water Paper 77173, avril 2013.

McMahon, T.A., Pegram. G.G.S., Vogel, R.M. and Peel, M.C. 2007. « *Review of Gould-Dincer Reservoir Storage-Yield-Reliability Estimates»,* Advances in Water Resources, Vol. 30, p. 1873-1882.

Rydgren B., Graham P., Basson M., Wisaeus D. « Addressing Climate Change-Driven Increased Hydrological Variability in Environmental Assessments for Hydropower Projects – a Scoping Study». Stockholm, juillet 2007.

Keller A., Sakhtivadivel R., Seckler D. 2000. «*Water Scarcity and the Role of Storage in Development»*. Colombo Sri Lanka : International Water Management Institute (IWMI), rapport de recherche 39.

Berga L, « Dams and Development. Macro Economy », ICOLD 21st Congress, Montreal, Cananda, 2003.

Brown, C.; Lall, U.; "Water and Development: The role of variability and a framework for resilience". Natural Resources Forum 2006, 30(4) 306 – 317.

Grey, D. and Sadoff, C., 2006 *Water for Growth and Development*" in Thematic Documents of the IV World Water Forum. Comision Nacional del Agua: Mexico City. 2006.

Grey, D.; Sadoff, C.; "*Sink or swim? Water security for growth and development*". Water Policy 2007, 9: 545-571.

Hall J.W., Grey D., Garrick D., Fung F., Brown C., Dadson S.J., Sadoff C. W. "*Coping with the curse of freshwater variability*" Science, Vol. 346, Issue 6208, 24 October 2014.

Hashimoto, T., Loucks, D:P, and Stedinger, J., 1982 "Reliability, resiliency, and vulnerability criteria for water resource system performance evaluation". Water Resources, 18 (1), 14-20.

Jeuland M. and Whittington D. (2013) "Water Resource Planning under Climate Change - A Real Options Application to Investment Planning in the Blue Nile" Environment for Development, Discussion Paper Series, March 2013.

Lemperiere F. and Lafitte R. "The Role of Dams in the XXI Century", ICOLD Congress, Barcelona, June 2006.

Liden R. "*Greenhouse Gases from Reservoirs caused by Biochemical Processes*" Interim Technical Note. World Bank Water Paper 77173, April 2013.

McMahon, T.A., Pegram. G.G.S., Vogel, R.M. and Peel, M.C. 2007. "*Review of Gould-Dincer Reservoir Storage-Yield-Reliability Estimates*", Advances in Water Resources, Vol. 30, pp. 1873-1882.

Rydgren B., Graham P., Basson M., Wisaeus D. "Addressing Climate Change-Driven Increased Hydrological Variability in Environmental Assessments for Hydropower Projects – a Scoping Study". Stockholm, July 2007.

Keller A., Sakhtivadivel R., Seckler D. 2000. "*Water Scarcity and the Role of Storage in Development*". Colombo Sri Lanka: International Water Management Institute (IWMI), research report 39.

3.   LE PROJET DE RÉSERVOIR MULTI-USAGES

3.1.   DÉFINITION

Les projets de stockage d'eau conçus et/ou exploités pour servir à deux usages ou plus sont définis comme multi-usages. Un projet conçu pour un seul objectif qui induit des bénéfices pour d'autres usages ne devrait pas être considéré comme multi-usages. Un projet à usage unique peut devenir multi-usages pendant sa phase de planification, pendant son exploitation, ou à long terme lorsque la réingénierie devient nécessaire.

Fonctions

Les fonctions les plus connues proposés par les projets de Réservoir Multi-Usages sont :

Approvisionnement en eau (domestique, industriel)
Irrigation / érosion des sols
Hydroélectricité et stockage d'énergie
Navigation
Ecrêtement des crues
Maintien et gestion des débits fluviaux
Loisirs et tourisme
Pêche / Aquaculture
Refroidissement des centrales électriques

En fonction du contexte local, les objectifs moins courants incluent :

Gestion des sédiments dans le lit aval de la rivière
Prévention de la formation de barrages de glace
Protection contre les crues de débordement en amont (lacs glaciaires, lacs de barrage, etc.)
Lutte contre les incendies
Marais artificiels
Barrière contre l'intrusion d'eau salée
Microclimat autour des réservoirs

Bénéfices

Les barrages multi-usages sont des fournisseurs très robustes de nombreux avantages majeurs à mesure que les économies se développent, que les circonstances changent et que les valeurs sociétales évoluent. En même temps, le processus décisionnel pour concrétiser un projet d'eau multi-usages est souvent très complexe.

Il y a plusieurs raisons de considérer attentivement les objectifs multi-usages :

a) Les sites de barrage, en particulier les sites de stockage, sont des ressources nationales rares. Il est donc logique de considérer comment en tirer le maximum de bénéfices.

b) Étant donné que les ouvrages de génie civil peuvent durer 100 ans ou plus, ils représentent un véritable investissement à long terme pour l'avenir. Par conséquent, ils devraient être envisagés selon cette perspective, ce qui plaide en faveur de la flexibilité d'utilisation au fil du temps.

3. THE MULTIPURPOSE WATER STORAGE PROJECT (MWSP)

3.1. DEFINITION

Water storage projects designed and/ or operated to serve two or more purposes are defined as multipurpose. A project designed for a single purpose that produces incidental benefits for other purposes should not be considered multipurpose. A single-purpose project can become multipurpose during its planning stage, during operation, or in the long term when re-engineering becomes necessary.

Functions

The best-known functions that Multipurpose Water Storage Projects (MWSPs) can deliver are:

Water supply (domestic/ industrial)
Irrigation/ soil leaching
Hydropower and energy storage
Navigation
Flood mitigation
Maintaining and managing stream flow
Recreation and tourism
Fishery/ aquaculture
Power pool cooling

Depending on local context, less usual purposes include:

Sediment management in the downstream river course
Prevention of ice jam formation
Protection from upstream outburst floods (glacial lakes, barrier lakes, etc.)
Fire fighting
Artificial wetlands
Barrier to saline water intrusion
Micro-climate around reservoirs

Benefits

Multi-purpose dams are very robust producers of major streams of benefits as economies develop, as circumstances change, and as societal values evolve. At the same time, the decision-making process to realize a multipurpose water project is very often a challenging one.

There are several reasons for detailed consideration of multipurpose objectives:

a) dam sites, particularly storage sites, are scarce national resources, and so it makes sense to consider how to extract maximum benefit from them;

b) since civil works may last for 100 years or more, they represent a genuinely long-term investment in the future, and so should be viewed from this long-term perspective, which argues for flexibility in use over time;

c) Avec le réchauffement climatique contribuant à accroître la variabilité des précipitations, de la production agricole, des inondations, etc., le stockage devient plus précieux et les projets de barrage doivent être conçus en tenant compte de cela.

Chacun de ces arguments plaide en faveur d'une sérieuse considération dans la conception de projets polyvalents.

La CIGB publie un Registre mondial des barrages qui contient des données provenant d'environ 100 pays membres. La dernière version publiée du registre, largement reconnue comme la base de données la plus précise sur les barrages à l'échelle mondiale, date de 2011 et contenait des données sur 58 266 grands barrages. Une version continuellement mise à jour est également accessible en ligne[6]. En avril 2015, le registre contenait 53 572 barrages. Ce chiffre diffère de celui contenu dans le Registre de 2011 et peut encore changer car le registre est automatiquement mis à jour à mesure que les données proviennent des pays membres, tandis que le registre est publié environ tous les 10 ans. Le graphique 9 illustre comment les barrages sont subdivisés selon différents usages.

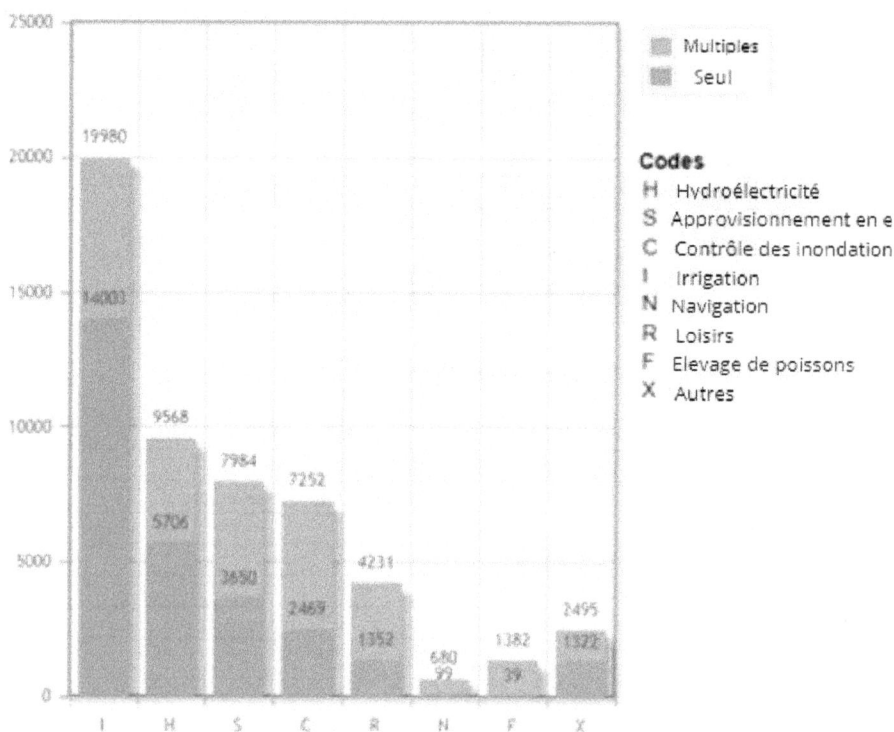

Fig 3.1
Subdivision des barrages selon différents usages

6 www.icold-cigb.org/GB/World_register/world_register.asp

c) as global warming contributes to increasing variability in rainfall, agricultural production, floods, etc., storage becomes more valuable, and dam projects need to be designed with this in mind.

Each of these arguments points towards a serious consideration of multipurpose project design.

ICOLD publishes a World Register of Dams that contains data from about 100 member countries. The latest published version of the register, which is widely recognized as the most accurate data basis on dams worldwide, is dated 2011, and contained data on 58,266 large dams. A continuously updated version is also accessible online[6]. In April 2015 the register contained 53,572 dams. The last figure is different from the one contained in the 2011 Register and may change again because the register is automatically updated as data come from member countries, while the Register is published every 10 years or so. Figure 9 shows how the dams are subdivided across different purposes.

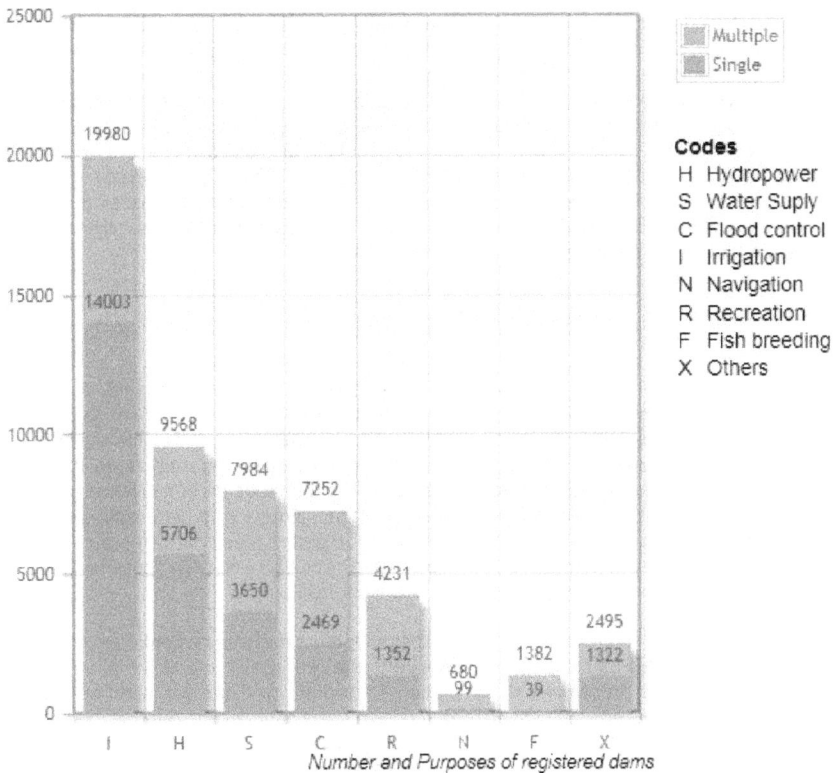

Codes
H Hydropower
S Water Suply
C Flood control
I Irrigation
N Navigation
R Recreation
F Fish breeding
X Others

Number and Purposes of registered dams

Fig 3.1
Subdivision of dams according to different uses

6 www.icold-cigb.org/GB/World_register/world_register.asp

- Barrages à usage unique (28,640) ou 53 %,

- Barrages multi-usages (24,932) ou 47 %.

3.2. EAUX DE SURFACES ET SOUTERRAINES

Utilisation combinée et ses limitations

Souvent, les eaux souterraines renouvelables sont considérées comme une source distincte par rapport aux écoulements renouvelables des rivières. Cependant, il est élémentaire de comprendre que, dans le contexte d'un bassin versant, les eaux souterraines renouvelables font généralement partie du cycle hydrologique du bassin. Elles alimentent le débit de base pendant la saison sèche des rivières locales ; et les zones humides alimentées par les eaux souterraines dépendent des sorties naturelles des aquifères.

L'utilisation conjointe signifie gérer activement les systèmes aquifères comme des réservoirs souterrains. Pendant les années humides, lorsque plus d'eau de surface est disponible, on stocke l'eau de surface sous terre en rechargeant les aquifères avec l'excès d'eau de surface. Pendant les années sèches, l'eau stockée est disponible dans le système aquifère pour compléter ou remplacer les approvisionnements en eau de surface diminués. Ainsi, l'utilisation conjointe de l'eau modifie principalement la disponibilité des sources d'eau existantes en déplaçant le moment et le lieu de leur stockage, sans créer de nouvelles sources d'eau. L'utilisation conjointe est souvent impactante, car les utilisateurs d'eau passent intuitivement entre les sources d'eau de surface et d'eau souterraine pour faire face aux changements et aux pénuries. Bien que l'utilisation conjointe puisse se révéler efficace pour un individu ou un groupe d'utilisateurs d'eau afin de gérer une situation immédiate, elle peut également nuire involontairement au bassin hydrographique souterrain et aux autres utilisateurs d'eau souterraine qui ne sont pas impliqués dans l'utilisation conjointe, mais qui dépendent du même bassin hydrographique souterrain.

La gestion conjointe des ressources d'eau

Une alternative à l'utilisation conjointe de l'eau est la gestion[7] conjointe de l'eau. Cette dernière met en œuvre les principes de l'utilisation conjointe de l'eau, où l'eau de surface et les eaux souterraines sont utilisées ensemble pour améliorer la disponibilité et la fiabilité de la ressource. Cependant, la gestion conjointe inclut également des composantes importantes de la gestion des eaux souterraines telles que la surveillance, l'évaluation des données de surveillance pour établir et appliquer des politiques de gestion locales. Des études scientifiques sont nécessaires pour soutenir la gestion conjointe de l'eau. Elles fournissent des données pertinentes pour comprendre la géologie des systèmes aquifères, comment et où l'eau de surface recharge les eaux souterraines, ainsi que les directions et les gradients d'écoulement des eaux souterraines.

On parle de gestion conjointe lorsque les administrateurs du système contrôlent simultanément les eaux souterraines et les eaux de surface. Elle peut être réalisée en modifiant la configuration du système de surface et ses procédures d'exploitation. La promotion d'une utilisation et d'une gestion conjointes améliorées nécessite souvent un renforcement significatif, ou une réforme, des dispositions institutionnelles relatives à l'administration des ressources en eau. Cela peut s'avérer difficile dans un contexte transfrontalier. Il existe d'importants exemples de gestion conjointe dans diverses parties du monde, notamment en Argentine, en Australie, au Mexique, au Pérou et aux États-Unis, pour n'en citer que quelques-uns.

L'exemple suivant présente un programme durable de gestion conjointe en Californie du Sud (Metropolitan Water District of Southern California : agence de l'eau gérant l'approvisionnement d'eau dans la Californie du sud, 2014).

---

7 www.glenncountywater.org

- Single-purpose dams (28,640) or 53%, and

- Multipurpose dams (24,932) or 47 %.

3.2. SURFACE WATER AND GROUNDWATER

Conjunctive use and its limitations

Often renewable groundwater is looked upon as a separate source as compared to renewable river flow. It is however elementary that, in a catchment context, renewable groundwater is generally part of the basin's hydrological cycle. It feeds the dry season base flow in local rivers; and groundwater-fed wetlands depend upon the natural outflow from aquifers.

Conjunctive _use_ means actively managing the aquifer systems as an underground reservoir. During wet years, when more surface water is available, surface water is stored underground by recharging the aquifers with surplus surface water. During dry years, the stored water is available in the aquifer system to supplement or replace diminished surface water supplies. As such, conjunctive water use primarily changes the timing in the flow of existing water sources by shifting when and where it is stored and does not result in new sources of water. Conjunctive use is often incidental as water users intuitively shift between surface water and groundwater sources to cope with changes and shortages. While conjunctive use may prove successful for an individual or group of water users to manage an immediate situation, it is also possible for conjunctive use to unintentionally harm the groundwater basin and other groundwater users who are not involved in conjunctive use but are reliant on the same groundwater basin.

Conjunctive water management

An alternative to conjunctive water use is conjunctive water _management_[7]. The latter engages the principles of conjunctive water use, where surface water and groundwater are used in combination to improve water availability and reliability. However, conjunctive management also includes important components of groundwater management such as monitoring, evaluation of monitoring data to establish and enforce local management policies. Scientific studies are needed to support conjunctive water management. They provide relevant data to understand the geology of aquifer systems, how and where surface water replenishes the groundwater, flow directions and gradients of groundwater.

Conjunctive management occurs when system administrators control ground and surface water simultaneously. It may be achieved by modifying the configuration of the surface system and its operating procedures. Promotion of improved conjunctive use and management often requires significant strengthening, or some reform, of the institutional arrangements for water resource administration. It can be challenging in transboundary context. Important examples of conjunctive management exist in various parts of the world, for instance Argentina, Australia, Mexico, Peru, United States, to mention a few.

The following box presents an example of long-lasting program of conjunctive management in Southern California (Metropolitan Water District of Southern California, 2014).

---

7 www.glenncountywater.org

La Metropolitan Water District of Southern California (MWD), l'agence de l'eau qui gère l'approvisionnement en eau dans le sud de la Californie, a encouragé l'utilisation de stratégies de gestion des eaux souterraines dans sa zone de service depuis les années 1970. Au milieu des années 1990, la MWD a élaboré un "Plan intégré des ressources en eau" régional qui recommandait l'expansion du stockage et de l'utilisation conjointe des bassins aquifères dans le sud de la Californie. La mise à jour de juillet 2010 du "Plan intégré des ressources en eau" du MWD recommande une stratégie de gestion adaptative qui inclut l'expansion du stockage des eaux souterraines et de leur récupération dans tout le sud de la Californie. Pour garantir des approvisionnements fiables face aux incertitudes concernant l'eau importée du fleuve Colorado et du nord de la Californie, la gestion des bassins aquifères en Californie du Sud deviendra de plus en plus importante et rentable. L'utilisation de nouvelles technologies pour la recharge des aquifères et la récupération de l'eau stockée sera une décision d'investissement cruciale pour la région. Cependant, la collaboration institutionnelle est perçue comme le plus grand défi pour la mise en œuvre de ces programmes et pour améliorer le stockage et la récupération des eaux souterraines.

L'influence du contexte hydrogéologique sur l'utilisation par rapport à la gestion

La gestion conjointe des ressources en eau souterraine et en eau de surface à la fois pour l'agriculture irriguée et l'approvisionnement en eau urbaine est principalement, mais pas exclusivement, pertinente pour les grandes plaines alluviales qui possèdent souvent des fleuves majeurs et d'importants aquifères avec de grandes réserves de stockage en juxtaposition étroite (Foster et al., 2010). Cependant, le potentiel d'utilisation conjointe peut également se présenter dans une gamme plus large de contextes hydrogéologiques. En plus d'améliorer la disponibilité de l'eau, un deuxième aspect important est que l'utilisation conjointe est souvent la meilleure manière de faire face à certains des problèmes sérieux de salinisation des eaux souterraines et d'engorgement des sols dans les plaines alluviales.

3.3. PROJETS SUR LES RIVIÈRES PARTAGÉES

Le challenge des rivières partagées

Environ 60 % des flux mondiaux d'eau douce sont contenus dans les 263 bassins fluviaux du monde. Ainsi, une grande partie de l'eau douce mondiale est contenue dans des bassins versants partagés par deux pays ou plus.

La gestion des bassins représente un défi significatif pour les pays concernés lorsque le bassin est traversé par une ou plusieurs frontières politiques, introduisant un niveau supplémentaire de complexité. Les interventions telles que la déviation des eaux et la construction de barrages nécessitent une coopération constructive, ce qui peut être difficile à obtenir en raison des différences entre les États riverains en termes de développement économique, de capacité d'infrastructure, d'orientation politique, ainsi que de mise en place institutionnelle et légale (Programme des Nations Unies pour l'environnement, 2007).

Le 132 ème bulletin de la CIGB (Commission Internationale des Grands Barrages) intitulé "Rivières partagées - Principes et pratiques" (2007) résume les informations pertinentes des Nations Unies et d'autres organisations internationales. Il examine les accords, y compris les décisions judiciaires et arbitrales, concernant les aspects techniques.

L'implémentation de projets de bassin versant dans les pays en développement, notamment en Afrique, implique inévitablement des rivières partagées et les problèmes qui en découlent constituent certainement une tendance. Ce n'est peut-être pas une tendance émergente car le sujet n'est pas nouveau, mais c'est certainement un domaine qui nécessitera une attention croissante à l'avenir.

Groundwater conjunctive management in Southern California

The Metropolitan Water Districts (MWD) of Southern California has promoted and encouraged use of groundwater management strategies within its service area since the 1970s. In the mid-1990s, MWD developed a regional "Integrated Water Resources Plan" that recommended expanded use of the storage and conjunctive use of the groundwater basins within Southern California. The July 2010 update of MWD's Integrated Water Resources Plan recommends an adaptive management strategy that includes expanding groundwater storage and recovery throughout Southern California. To ensure that the region has reliable supplies with the uncertainties of imported water from the Colorado River and northern California, groundwater basin management in Southern California will become increasingly important and cost effective. Utilization of new technologies for aquifer recharge and recovery of stored water will be a critical investment decision for the region. However, institutional collaboration is seen as the biggest challenge to implementing these programs and to enhance groundwater storage and recovery.

Hydrogeological setting influence for use vs management

Conjunctive management of groundwater and surface water resources for both irrigated agriculture and urban water supply is primarily, but not exclusively, of relevance to large alluvial plains, which often possess major rivers and important aquifers with large storage reserves in close juxtaposition (Foster et al, 2010). However, conjunctive use potential can arise in a wider range of hydrogeological settings. Besides improving water availability, a second important feature is that conjunctive use is often the best way to confront some of the serious problems of groundwater salinization and soil waterlogging of alluvial plains.

3.3.   PROJECTS ON SHARED RIVERS

The challenge of shared rivers

Some 60% of global freshwater flows are contained in the world's 263 international river basins. Hence, much of the world's freshwater is contained in catchments shared by two or more countries.

Basin management presents a significant challenge to the countries involved when a basin is intersected by one or more political boundaries, introducing an additional level of complexity. Interventions for diverting water and constructing dams require constructive cooperation, which may be difficult to achieve due to differences between riparian States in economic development, infrastructure capacity, political orientation and institutional and legal set-up (United Nations Environment Programme, 2007).

ICOLD Bulletin 132 "Shared Rivers – Principles and Practices" (2007): summarized relevant information from the United Nations and other international organizations; reviewed agreements, including judicial and arbitral decisions, pertaining to technical aspects.

Implementation of river basin projects in developing countries, notably in Africa, inevitably involves shared rivers and the issues associated with that are certainly a trend. Possibly not an emerging trend, because the subject is not new, but certainly a subject that is bound to require increasing attention in the future.

Projets multi-usages indirects sur les rivières partagées

Les projets sur les rivières partagées introduisent des types indirects de multi-usages où :

- le même « objectif » est partagé entre deux parties prenantes différentes, ou

- l'« objectif » d'une partie prenante en amont génère des effets sur une partie prenante en aval.

Dans le premier cas, le "but" particulier peut acquérir des caractéristiques spécifiques, reflétant les différents besoins des différentes parties prenantes, générant ainsi des variantes du même but. Le deuxième cas est représenté par des projets de stockage en amont construits sur une rivière, qui s'écoule en aval dans un pays différent. Le cas des infrastructures hydrauliques dans le bassin de la mer d'Aral et leur gestion complexe après l'effondrement de l'ancienne Union soviétique en est un exemple pertinent (voir encadré ci-dessous).

L'infrastructure des ressources en eau dans le bassin de la mer d'Aral

Après l'effondrement de l'URSS, la question de la répartition interétatique des ressources en eau est devenue cruciale. Les ressources en eau proviennent principalement d'Afghanistan, du Tadjikistan et du Kirghizistan, tandis que le Kazakhstan, le Turkménistan et l'Ouzbékistan font face à des pénuries d'eau. Ces trois républiques sont principalement préoccupées par l'irrigation et les problèmes environnementaux, alors que le Kirghizistan et le Tadjikistan voient leur avenir dans le développement de l'hydroélectricité. La possibilité d'atteindre une allocation équitable et durable de l'eau dépend de la résolution réussie des tensions existantes entre les républiques d'Asie centrale et de la prévention des conflits régionaux.

L'eau en tant qu'agent de coopération

Alors que la propension de l'eau douce à tendre les relations entre les pays fait souvent les gros titres, l'autre aspect de la médaille - l'eau en tant qu'agent de coopération - reçoit rarement une attention suffisante. Des recherches ont montré beaucoup plus de preuves historiques de l'eau jouant le rôle de catalyseur de la coopération que d'acteur déclencheur de conflit (Département de l'information publique des Nations Unies, 2006 ; Sadoff et Grey, 2002).

Indirect multipurpose projects on shared rivers

Projects on shared rivers introduce indirect types of multipurpose whereby:

- the same "purpose" is shared between two different stakeholders, or

- the "purpose" of an upstream stakeholder generates effects on a downstream stakeholder.

In the first case, the particular "purpose" may acquire specific features, reflecting the different needs of the various players, generating variants of the same purpose. The second case is represented by upstream storage projects built on a river, which flows downstream in a different country. The case of water infrastructure in the Aral Sea Basin and its challenging management following the collapse of former Soviet Union is a relevant example (see box below).

Water Resource Infrastructure in the Aral Sea Basin

After the break down of the USSR, the problem of interstate distribution of water resources became vital. Water resources originate mostly in Afghanistan, Tajikistan and Kyrgyzstan, and water shortages are experienced in Kazakhstan, Turkmenistan and Uzbekistan. The latter three Republics are more concerned with irrigation and environmental issues, whereas Kyrgyzstan and Tajikistan see their future in the development of hydropower. The potential for achieving fair and sustainable water allocation depends on successful resolution of existing tension among Central Asian republics and prevention of regional conflicts.

Water as an agent of cooperation

While the propensity of freshwater to strain relations between countries frequently makes headlines, the other side of the coin – *water as an agent of cooperation*- rarely receives sufficient attention. Research has shown much more historical evidence of water playing the role of catalyst for cooperation than acting as a trigger of conflict (United Nations Department of Public Information, 2006; Sadoff and Grey, 2002).

3.4. LE NEXUS EAU-ÉNERGIE

En juin 1999, au Comité National Polonais sur les grands barrages, le Secrétaire Général de la CIGB, (Lecornu J, 1999) a envisagé deux développements concernant le développement de l'hydroélectricité, surtout en Europe :

i) Un intérêt accru pour les barrages hydroélectriques contrôlant un réservoir de stockage.

ii) L'extension progressive des centrales de production d'électricité existantes, et encore plus des systèmes de stockage par pompage.

Environ 20 ans plus tard, on peut dire que ces deux visions ont progressivement émergé. Le rôle du stockage, tel qu'il est décrit dans le chapitre 2, a pris de la valeur principalement en raison de l'augmentation de la variabilité hydrologique. L'énergie éolienne et solaire jouera un rôle de plus en plus important pour répondre aux besoins futurs en électricité ; cependant, l'éolien et le solaire sont intermittents et posent parfois des défis aux gestionnaires de charge qui gèrent le réseau de transmission. En raison de problèmes de fiabilité, l'alimentation électrique intermittente doit être soutenue par des sources de production plus fiables, telles que l'hydroélectricité, le charbon, le nucléaire et le gaz naturel. La production d'électricité hydroélectrique est la méthode la plus efficace et la plus efficiente pour façonner ou consolider les énergies renouvelables intermittentes en raison de la capacité de stockage des réservoirs.

Le développement important des énergies renouvelables intermittentes "non programmables" augmente le besoin de centrales de stockage par pompage. Cela est clairement démontré par une enquête sur le marché européen des centrales de stockage par pompage (Ecoprog, 2011). Comme le montre le graphique 10, un plus grand nombre de centrales de stockage d'eau par pompage seront construites en Europe au cours des 10 prochaines années que durant toute autre décennie précédente. La plupart des plus grandes installations seront construites dans des pays avec une grande part d'énergie éolienne, ou dans des pays voisins avec des conditions topographiques appropriées.

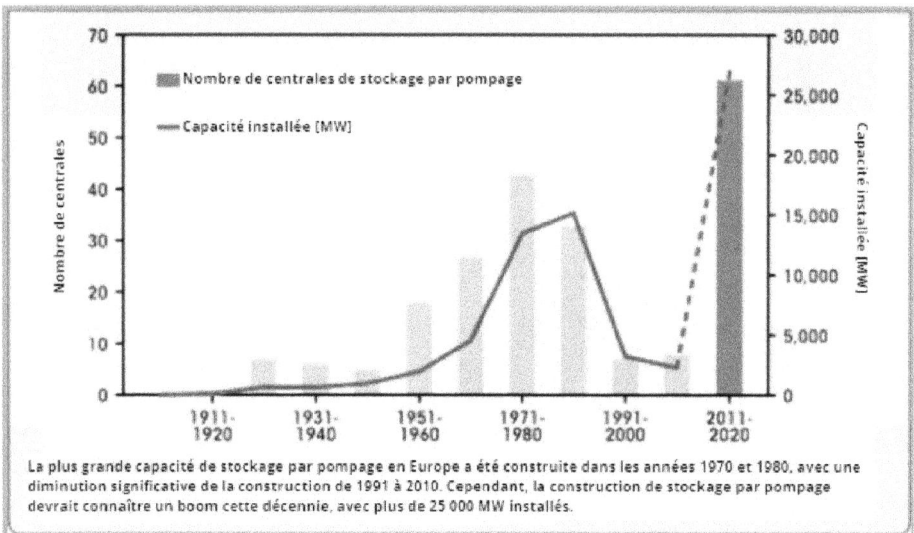

La plus grande capacité de stockage par pompage en Europe a été construite dans les années 1970 et 1980, avec une diminution significative de la construction de 1991 à 2010. Cependant, la construction de stockage par pompage devrait connaître un boom cette décennie, avec plus de 25 000 MW installés.

Fig 3.2
Construction de stockage par pompage en Europe, par décennies

3.4.   THE WATER ENERGY NEXUS

In June 1999, in its address to the Polish National Committee on Large Dams, the ICOLD Secretary General, (Lecornu J, 1999) envisioned two developments pertaining to hydropower development, especially in Europe:

    i)   Greater interest in hydropower dams controlling a storage reservoir, and

    ii)   Gradual extension of existing hydroelectric generation plant, and even more pumped storage schemes.

About 20 years later, it can be said that both visions have progressively emerged. The role of storage, as outlined in chapter 2, has increased in value mainly in consideration of increasing hydrological variability. Wind and solar energy will play an increasingly important role in meeting future electricity needs; however, both wind and solar are intermittent and sometimes pose challenges to load schedulers who manage the transmission grid system. Because of reliability problems, intermittent power supply must be supported by more reliable sources of generation, such as hydroelectric, coal-fired, nuclear, and natural gas. Hydroelectric generation is the most effective and efficient method of shaping or firming intermittent renewables because of the storage capability of reservoirs.

The extensive development of intermittent "non-programmable" renewable energy is increasing the need for pumped storage plants. This is clearly evidenced by a survey on the European market for pumped storage plants (Ecoprog, 2011). As shown in Figure 10, more pumped-storage plants will be constructed in Europe in the next 10 years than in any other previous decade. Most of the largest plants will be built in countries with large shares of wind energy, or in neighboring countries with appropriate topographical conditions.

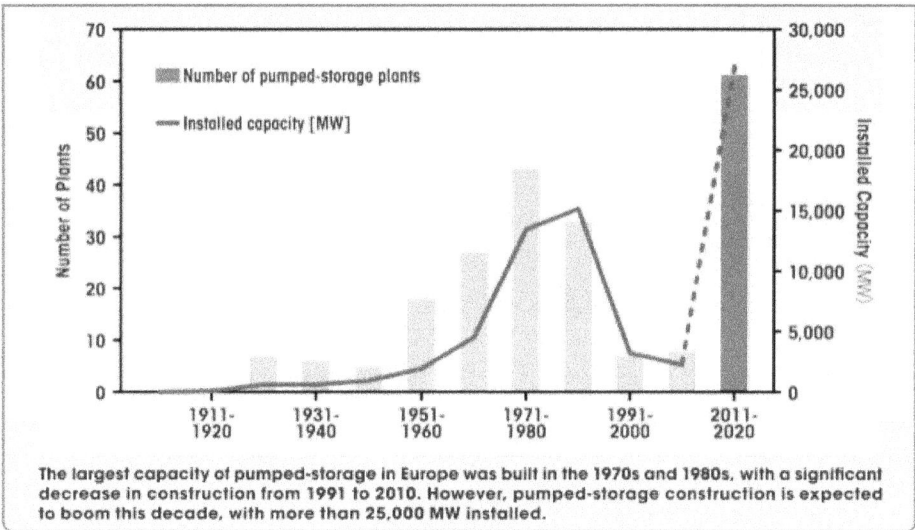

The largest capacity of pumped-storage in Europe was built in the 1970s and 1980s, with a significant decrease in construction from 1991 to 2010. However, pumped-storage construction is expected to boom this decade, with more than 25,000 MW installed.

Fig 3.2
Pumped Storage Construction in Europe, by decades

Ecoprog, 2011 « Le marché européen des centrales de stockage par pompage »

Le stockage par pompage et les concepts de type "batterie verte" en Europe se développent très rapidement, notamment entre la Norvège et le Danemark, et entre la Norvège et les Pays-Bas, en incluant le potentiel de développement supplémentaire incluant l'Allemagne et la Grande-Bretagne. La tendance est particulièrement forte en Allemagne où de nombreuses éoliennes ont été ajoutées au système.

Le tableau qui suit illustre ces concepts :

Selon la NVE, la Direction norvégienne des ressources en eau et de l'énergie, le volume total de stockage dans les réservoirs norvégiens est de 62 milliards de m^3 - 85 TWh en énergie. La géologie et la composition des roches en Norvège sont très anciennes et dures, donc l'érosion et la sédimentation sont très faibles. NorNed est un câble d'alimentation sous-marin HVDC de 580 kilomètres de long et d'une capacité de 700 MW entre la Norvège et les Pays-Bas, en fonctionnement depuis 2008. C'est le plus long câble d'alimentation sous-marin du monde. Le gouvernement norvégien a récemment approuvé la licence pour la construction d'un interconnecteur de 1400 MW de la Norvège à l'Allemagne devant être opérationnel d'ici 2018 et un interconnecteur de 1400 MW de la Norvège au Royaume-Uni devant être opérationnel d'ici 2020.

L'État allemand envisage 13 sites de stockage par pompage totalisant 5 130 MW

ERFURT, Allemagne, 12 décembre 2011 (PennWell) – L'État de Thuringe en Allemagne a annoncé avoir identifié 13 sites potentiels, dont trois barrages existants, pour la construction de centrales de stockage par pompage qui totaliseraient 5 130 MW.

Les deux plus grandes centrales de stockage par pompage existantes en Allemagne sont Goldisthal en Thuringe avec 1 060 MW et Markersbach en Saxe avec 1 050 MW.

Au cours des 10 prochaines années, la plupart des nouvelles centrales de stockage par pompage en Europe devraient être construites en Allemagne, en Autriche et en Suisse.

Parmi les 13 sites, les sponsors, le réseau de services publics municipaux Trianel GmbH et le fournisseur d'eau Thuringer Fernwasserversorgung n'en ont officiellement annoncé qu'un seul.

Le projet de stockage par pompage de Schmalwasser de 400 MW est proposé pour être construit en utilisant le barrage de Schmalwasser existant pour un réservoir inférieur. Un nouveau réservoir supérieur serait construit avec un système de galeries souterraines, une station de pompage et une centrale électrique.

Les services publics ont déclaré que le projet Schmalwasser, estimé à 500 millions d'euros (666,2 millions de dollars US), devrait être mis en service en 2019.

Pour plus d'informations, consultez le site Internet du ministère de Thuringe, www.thueringen.de/de/tmwat.

Le centre de recherche CEDREN (www.cedren.no) a mené une étude pilote montrant qu'il est possible d'augmenter la capacité du système hydroélectrique du sud de la Norvège avec 20 GW de capacité de puissance supplémentaire en utilisant les réservoirs existants. Environ 10 GW peuvent être installés comme nouvelle capacité et 10 GW comme nouvelle hydroélectricité par pompage sans construire de nouveaux réservoirs et en restant dans les limites de régulation des réservoirs existants.

Ecoprog, 2011 *"The European Market for Pumped Storage Power Plants"*

Pumped storage and 'green battery' type concepts in Europe are developing very rapidly, notably between Norway and Denmark, and between Norway and the Netherlands, with the potential of further development including Germany and Great Britain. The trend is particularly strong in Germany where many wind plants have been added to the system.

The following box exemplifies the concepts.

According to NVE, The Norwegian Water Resources and Energy Directorate, the total storage volume in Norwegian reservoirs is 62 billion m^3 – 85 TWh in energy. The Norwegian geology and rock composition is very old and hard, so erosion and sedimentation are very low. NorNed is a 580-kilometre long, 700MW capacity, HVDC submarine power cable between Norway and the Netherlands, being in operation since 2008. It is the longest submarine power cable in the world. The Norwegian government has recently approved the license for constructing a 1400 MW interconnector from Norway to Germany to be in operation by 2018 and a 1400 MW interconnector from Norway to the UK be in operation by 2020.

German State Eyes 13 Pumped-Storage Sites Totaling 5,130 MW

ERFURT, Germany 12 December 2011 (PennWell) -- Germany's Thuringia State announced it has identified 13 potential sites, including three existing dams, for constructing pumped-storage plants that would total 5,130 MW.

The two largest existing pumped-storage plants in Germany are 1,060-MW Goldisthal in Thuringia and 1,050-MW Markersbach in Saxony.

Over the next 10 years, most of the new pumped-storage plants in Europe are expected to be constructed in Germany, Austria, and Switzerland.

Of the 13 sites, the sponsors, municipal utility network Trianel GmbH and water supplier Thuringer Fernwasserversorgung have formally announced only one.

The 400-MW Schmalwasser pumped-storage project is proposed to be built using the existing Schmalwasser Dam for a lower reservoir. A new upper reservoir would be constructed with an underground tunnel system, pump station, and powerhouse.

The utilities said the estimated 500 million euro (US$666.2 million) Schmalwasser project is expected to go on line in 2019.

For information, see the Thuringia ministry's Internet site, www.thueringen.de/de/tmwat.

The research center CEDREN (www.cedren.no) has conducted a pilot study showing that it is possible to increase the capacity in the hydropower system of southern Norway with 20 GW additional power capacity with the use of existing reservoirs. About 10 GW can be installed as new capacity and 10 GW as new pumped hydro without constructing any new reservoirs and staying within the regulation limits of the existing reservoirs.

Les réservoirs d'hydroélectricité de la Norvège représentent près de la moitié de la capacité de stockage d'énergie de l'Europe. Les opérateurs de réseau européens ont besoin de stockage d'énergie pour faire face à un flux de plus en plus important et constamment changeant d'énergie éolienne.

Le câble de 240 kilomètres à travers le détroit de Skagerrak, qui sépare le sud de la Norvège et le nord du Danemark, est le premier nouveau lien électrique de la Norvège vers le Danemark depuis 1993. Appelé Skagerrak 4, ses convertisseurs à courant continu haute tension (HVDC) - les unités électrotechniques à chaque extrémité de la ligne qui transforment le courant alternatif en courant continu haute tension et vice versa - sont également les éléments constitutifs de câbles plus ambitieux de la Norvège vers les poids lourds de l'énergie éolienne, l'Allemagne et le Royaume-Uni.

L'interconnexion existante de Skagerrak, composée de trois câbles HVDC d'une capacité combinée de 1 000 mégawatts, montre déjà au monde à quel point l'énergie éolienne et l'hydroélectricité se complètent.

Les turbines hydroélectriques norvégiennes réduisent leur cadence lorsque la Norvège consomme de l'énergie éolienne danoise à la place, laissant une quantité d'énergie équivalente stockée derrière les barrages. Et lorsque le temps change et calme les vents de la mer du Nord, les réservoirs et les câbles de Skagerrak renvoient cette énergie stockée au Danemark.
Re. http://spectrum.ieee.org/green-tech/wind/norway-wants-to-be-europes-battery

Ces développements relativement récents représentent des tendances émergentes d'utilisations multi-usages des réservoirs de stockage, et la tendance n'est pas limitée à l'Europe. Des organisations comme l'IRENA (l'Agence Internationale pour les Énergies Renouvelables – www.irena.org) en sont un exemple.

L'augmentation de la fiabilité des ressources en énergies renouvelables contribue de manière significative à la réduction de la consommation de combustibles fossiles. De plus, la synergie entre les énergies renouvelables joue un rôle important dans l'adaptation aux effets du réchauffement climatique.

Force est de constater que des systèmes hautement intégrés, comme ceux présentés, nécessitent des systèmes de transmission adéquats, qui manquent souvent dans les pays en développement. Ces pays sont principalement concentrés sur l'ajout de capacité en génération, qui leur fait actuellement défaut, et sur la mise à niveau des systèmes de transmission en conséquence.

Nous pouvons prévoir une propagation rapide de cette tendance au niveau international, le stockage d'énergie prenant une importance croissante dans le secteur de l'hydroélectricité. La planification des futurs réservoirs à usages multiples devrait prendre en compte ces tendances.

3.5. DURABILITÉ DU PROJET/PROJET DURABLE

Exigences pour un projet viable

Atteindre la durabilité du projet est une condition préalable à la mise en œuvre, conjointe à la viabilité technique et économique d'un projet. Un message récurrent est que "le projet ne peut pas être mis en œuvre en raison d'un manque de financement". Bien que cela soit vrai dans plusieurs cas, il est tout aussi vrai que, dans de nombreux cas, un financement pourrait être disponible avec une bonne préparation du projet et une architecture financière robuste.

Such relatively recent developments represent emerging trends of multiple purpose use of storage reservoirs, and the trend is not limited to Europe. Organisations like the IRENA (the International Renewable Energy Agency- www.irena.org) stand as example.

Increasing reliability of renewable energy resources significantly contributes to reducing consumption of fossil fuels. Besides, synergy among renewables plays an important function of adaptation to global warming effects.

It must be observed that highly integrated systems, as those exemplified, require adequate transmission systems, which is often missing in developing country contexts. Such countries are primarily focused on adding generation capacity, which they currently lack, and to upgrade transmission systems accordingly.

It is easy to forecast a rapid spread of the tendency at international level, with energy storage assuming increasing relevance in the hydropower sector. Planning of future multipurpose reservoirs should consider such trends.

3.5.   PROJECT SUSTAINABILITY

Requirements for a viable project

Achieving project sustainability is a pre-requisite for implementation, together with a project's technical and economic viability. A recurrent message is that "the project cannot be implemented because of a lack of financing". While that is true in several cases, it is equally true that, in many instances, financing could be available with good project preparation and a robust financial architecture.

Que faut-il donc pour préparer un « bon projet » ?

Les aspects strictement économiques de la question sont traités dans le chapitre suivant (Évaluation économique des projets de RUM). Dans la suite, l'accent est mis sur la gestion des externalités[8].

Principes et outils pour la durabilité environnementale et sociale

Au fil des ans, le seuil d'acceptabilité environnementale et sociale pour les grands projets a considérablement augmenté et les normes environnementales se sont renforcées. Un groupe d'institutions financières internationales a établi des exigences minimales pour qu'un projet soit financé. Ces principes, appelés les "Principes de l'Équateur", ont été conçus pour la première fois en 2003 en coordination avec la Société financière internationale (IFC - le bras du secteur privé de la Banque mondiale) ; la version la plus récente, nommée Principes de l'Équateur III, date de 2013 (pour plus de détails, voir www.equator-principles.com).

En juin 2011, l'Association internationale de l'hydroélectricité a développé un outil d'évaluation de la durabilité amélioré pour mesurer et guider les performances dans le secteur de l'hydroélectricité. Le Protocole d'évaluation de la durabilité de l'hydroélectricité de l'IHA peut être consulté sur www.hydrosustainability.org.

La CIGB s'est penchée sur les aspects environnementaux des barrages et des réservoirs depuis 1973. Depuis lors, plusieurs questions de congrès ont abordé le sujet (Q47-1976, Q54-1982, Q60-1988, Q64-1991, Q69-1994, Q77-2000).

Plus récemment, plusieurs bulletins de la CIGB et questions lors des congrès de la CIGB ont abordés des sujets relatifs à la durabilité environnementale et sociale des projets de barrages.

Bulletin	Année	Titre
159	2012	Barrages et Environnement d'un Point de Vue Global
149	2010	Rôle des Barrages dans le Développement et la Gestion des Bassins Fluviaux
147	2009	Sédimentation et Utilisation Durable des Réservoirs et des Systèmes Fluviaux
146	2009	Barrage et Réinstallation – Leçons Apprises et Recommandations
128	2004	Gestion de la Qualité de l'Eau des Réservoirs – Introduction et Recommandations
116	1999	Barrage et Poissons – Revue et Recommandations

Congrès	Année	Question
24ème Kyoto	2012	Q92 : Techniques respectueuses de l'environnement pour les barrages et les réservoirs
23ème Brasilia	2009	Q89 : Gestion de la sédimentation dans les réservoirs existants et nouveaux
22ème Barcelone	2006	Q85 : Gestion des impacts en aval de l'exploitation des barrages

Le lecteur devrait se référer à la littérature ci-dessus pour une couverture plus large des méthodes de gestion des impacts environnementaux. Nous allons, dans la suite, nous concentrer sur quelques sujets particulièrement pertinents pour les projets de stockage d'eau à usages multiples :

---

6 Une externalité est le coût ou le bénéfice qui affecte une partie qui n'a pas choisi de supporter ce coût ou ce bénéfice. D'un point de vue des ressources en eau, les externalités typiques sont les coûts indirects découlant de la dégradation de l'environnement si les prélèvements d'eau sont poussés au-delà de leurs limites naturellement durables.

So, what does it take to prepare a "good project"?

The strictly economic aspects of the question are dealt with in the following chapter (Economic Assessment of MPWS Projects). In the following, the focus is on the management of externalities[8].

Principles and tools for environmental and social sustainability

Over the years, the threshold of environmental and social acceptability for large projects has significantly raised and environmental standards are getting stricter. A group of international financing institutions has set out minimum requirements for a project to be financed. These principles, referred to as the "Equator Principles," were first designed in 2003 in conjunction with the International Finance Corporation (IFC – the private sector arm of the World Bank); the most recent version, named Equator Principles III, is dated 2013 (for details see www.equator-principles.com).

In June 2011, the International Hydropower Association developed an enhanced sustainability assessment tool to measure and guide performance in the hydropower sector. The IHA's Hydropower Sustainability Assessment Protocol can be accessed at www.hydrosustainability.org.

ICOLD has been addressing environmental aspects of dams and reservoirs since 1973. Since then, several congress questions have addressed the subject (Q47-1976, Q54-1982, Q60-1988, Q64-1991, Q69-1994, Q77-2000).

More recently, several ICOLD bulletins and questions at ICOLD Congresses have covered topics pertaining to environmental and social sustainability of dam projects.

Bulletin	Year	Title
159	2012	Dams and the Environment from a Global Perspective
149	2010	Role of Dams on the development and management of river basins
147	2009	Sedimentation and sustainable use of reservoirs and river systems
146	2009	Dams and resettlement- Lessons learnt and recommendations
128	2004	Management of reservoir water quality - Introduction and recommendations
116	1999	Dams and fishes - Review and recommendations

Congress	Year	Question
24th Kyoto	2012	Q92: Environment friendly techniques for dams and reservoirs
23rd Brasilia	2009	Q89: Management of siltation in existing and new reservoirs
22nd Barcelona	2006	Q85: Management of the downstream impacts of dam's operation

The reader should refer to the above literature for a broader coverage of methods for managing environmental impacts. In the following, we will focus on a couple of subjects that are particularly relevant to multipurpose water storage projects:

8 An externality is the cost or benefit that affects a party who did not choose to incur that cost or benefit. From a water resources perspective, typical externalities are the indirect costs arising from environmental degradation if water abstractions are pushed beyond their naturally sustainable limits.

- Engagement des parties prenantes, et

- Évaluation environnementale stratégique.

3.6. ENGAGEMENT DES PARTIES PRENANTES

Le sujet de la gouvernance est très pertinent dans ce contexte, il est traité dans la partie 6.1 « Gouvernance de l'Eau ».

Engagement précoce

Un projet de grande envergure a la capacité et les moyens de générer des avantages à la fois à l'échelle locale et à l'échelle nationale. Cette opportunité ne doit pas être manquée. Les comités de bassin fluvial sont souvent établis et/ou mandatés à cette fin. La première étape essentielle pour équilibrer les avantages locaux et nationaux consiste à impliquer les populations locales, en commençant par celles directement impactées par le projet (réinstallation, acquisition de terres, changement de systèmes de subsistance, etc.). Si leurs voix ne sont pas entendues dans les premières phases de planification, de nombreux intervenants deviendront préoccupés par le processus ; lorsque des enjeux importants sont en jeu, ce qui est inévitable dans les projets de grande envergure, les préoccupations se transforment rapidement en opposition. La controverse autour des barrages et des réservoirs artificiels est souvent animée, avec les deux parties ayant tendance à parler un langage différent. L'eau est une ressource unique, qui doit être soigneusement préservée et utilisée de manière rationnelle. Si cela signifie construire des infrastructures hydrauliques, il est injuste de les considérer aveuglément comme des causes de dommages et de désastres. Une conception appropriée, une construction soignée, une exploitation sensible peuvent avoir des résultats qui améliorent l'équilibre environnemental dans tous les domaines, en commençant par la sphère humaine.

Le cas du barrage de Ridracoli, en Italie, est une expérience positive concrète de cette approche ouverte du développement et de la gestion du stockage de l'eau (voir encadré sur la page suivante).

La leçon à tirer de cas comme le barrage de Ridracoli est d'examiner les problèmes environnementaux non pas de manière sectorielle – c'est-à-dire en ne traitant qu'un seul aspect ou besoin tout en négligeant ou en laissant de côté les autres problèmes – mais en recherchant des relations et des programmes plus larges et unificateurs, qui doivent toujours guider la prise de décision.

- Stakeholder Engagement, and

- Strategic Environmental Assessment.

3.6. STAKEHOLDER ENGAGEMENT

The subject of governance is very relevant in this context, and it is dealt with in section 6.1 "Water Governance".

Early engagement

A large-scale project has the capability and the means to generate benefits at both local and national scale. That opportunity should not be missed. River basin committee are often established and/or entrusted for that purpose. The first, essential step to balance local and national benefits consists in engaging local populations, starting with those directly impacted by the project (resettlement, land acquisition, change of livelihood systems, etc.). If their voices are not heard in the early planning stages, many stakeholders will become concerned about the process; when large stakes are at risk, which is inevitable in large-scale projects, concerns rapidly turn into opposition. Controversy about dams and man-made reservoirs if frequently lively, with both sides tending to speak a different language. Water is a unique resource, which must be carefully preserved and used rationally. It that means building water infrastructure, it is unjust to consider them blindly as causes of damage and disaster. Proper design, careful construction, careful sensitive operation can have outcomes that improve environmental balance in all areas, beginning with the human sphere.

The case of Ridracoli Dam, in Italy is a concrete positive experience of such open-minded approach to water storage development and management (see box on following page).

The lesson to learn from cases like Ridracoli is to examine environment issues not sectorially – i.e. addressing only one aspect or need while disregarding or leaving aside the other issues – but seeking wider, unifying relationships and programmes, which must always guide decision making.

Barrage de Ridracoli - Romagne, Italie

Dans les années cinquante, dans la région de la Romagne en Italie, la demande croissante d'eau pour l'industrie et l'agriculture intensive a entraîné une extraction excessive des eaux souterraines, provoquant l'intrusion d'eau de mer dans les aquifères d'eau douce. La Romagne s'est alors tournée vers le projet de barrage de Ridracoli pour fournir une meilleure qualité d'eau et remédier à la détérioration de la ressource.

En 1975, lorsque la construction a commencé, il y a eu des réactions de la part des écologistes et de la population vivant en aval du barrage. Les opposants prédisaient des désastres pour l'environnement, une diminution de la population, et une détérioration des conditions socio-économiques sur une vaste zone dans les montagnes et les contreforts. Le bureau local du WWF a porté l'affaire devant les tribunaux pour tenter d'arrêter la construction pour des raisons de sécurité. Dans cette atmosphère conflictuelle, Romagna Acque - le développeur public du projet - a basé ses actions sur trois principes :

a) Un suivi attentif du projet pour contrôler l'impact environnemental, avec un engagement à donner la priorité à la sécurité publique ;

b) Une gestion rigoureuse et constructive du barrage, des ressources en eau, et des terres en amont et en aval ;

c) Un vif intérêt pour le développement social, culturel et économique local en faisant des ressources de la région un centre d'attraction.

Un "indice de qualité de l'environnement" (EQI) a été utilisé pour quantifier l'impact environnemental de Ridracoli, en comparant la situation après le projet avec la situation de base avant la construction du projet. L'EQI "pré-barrage" a été fixé à 1000. En termes de conditions environnementales générales, l'EQI est passé de 1000 (base pré-barrage) à 1219 "post-barrage".

Il arrive souvent que les populations vivant dans le bassin de retenue adoptent des pratiques d'utilisation des terres qui favorisent une érosion intense du sol et, par conséquent, des problèmes de sédimentation. Dans de tels cas, l'engagement des parties prenantes devient un exercice à double sens où les promoteurs de projets cherchent des incitations pour que la population du bassin améliore ses pratiques d'utilisation des terres, et les agriculteurs passent à des méthodes de culture plus productives et durables. Dans ce contexte, les Projets de Réhabilitation des Bassins Versants du Plateau de Loess (Banque Mondiale, 1997-2010) représentent un exemple très réussi.

Ridracoli Dam – Romagna, Italy

In the nineteen-fifties, in the Romagna region of Italy, growing water demand for industry and intensive farming, triggered excessive groundwater abstraction, causing seawater to encroach into the fresh water aquifers. Romagna then looked at Ridracoli dam project to provide a better quality of water and remedy deterioration of the resource.

In 1975, when construction started, there were reactions from conservationists and from the population living downstream of the dam. Opponents predicted disasters for the environment, declining population, and deteriorating socio-economic conditions over a vast area in the mountains and foothills. The local WWF office took the matter to courts to try to stop construction on safety grounds. In the adversarial atmosphere, *Romagna Acque* – the public developer of the Project - based its actions on three principles:

a) Careful project monitoring to control the environmental impact, with a commitment to give top priority to public safety;
b) Constructive, rigorous management of the dam, water resources, and land upstream and downstream;
c) Lively interest in social, cultural and local economic development by making the resources of the area a centre of attraction.

An "environment quality index" (EQI) was used to quantify Ridracoli's environment impact, by comparing the post project situation with the baseline before the project was built. The "pre-dam" EQI was set at 1000. In terms of general environmental conditions, the EQI rose from 1000 (pre-dam baseline) to 1219 "post-dam".

There are often cases in which populations living in the reservoir catchment area adopt land use practices that are conducive to intense soil erosion and, consequently, sedimentation problems. In such cases, stakeholder engagement becomes a two-way exercise whereby project promoters seek incentives for catchment population to improve their land use practices, and farmers shift to more productive and sustainable cultivation methods. In such context, the Loess Plateau Watershed Rehabilitation Projects (World Bank, 1997-2010) represent a very successful example.

Le Plateau de Loess est approximativement de la taille de la France, couvrant 640 000 km² dans les parties supérieure et moyenne du Fleuve Jaune. Le Fleuve Jaune tire son nom de ce limon jaune qu'il transporte et la dégradation constante a progressivement modifié le fleuve, car le limon a élevé le lit du fleuve et a facilité les inondations par le fleuve. Les interventions de contrôle de l'érosion dans les grands bassins versants se caractérisent par un succès très rare. Cependant, dans ce cas spécifique, la nature très fine des sols détermine un ratio d'apport de sédiments proche de l'unité de sorte que très peu d'accumulation de débris se produit dans le bassin versant et l'impact des programmes de conservation est visible sur une période plus courte. Pendant plus de 3 ans, les planificateurs chinois du ministère des Ressources en Eau et les planificateurs internationaux de la Banque Mondiale ont travaillé ensemble avec des experts en hydrologie, dynamique des sols, foresterie, agriculture et économie, pour concevoir un projet réalisable. Au début du processus de réhabilitation, il était crucial d'impliquer les populations locales pour comprendre et participer aux efforts de réhabilitation, et de les convaincre de l'intérêt du travail de réhabilitation. Parmi d'autres, les mesures comprenaient des activités de formation des communautés locales pour abandonner la culture sur des pentes abruptes, les déplaçant vers des zones plates. Ces dernières ont été progressivement développées dans la zone ensablée derrière les barrages de retenue de sédiments ; les cultures d'arbres fruitiers et de cultures de rente ont fourni un revenu plus élevé aux agriculteurs, ce qui était l'incitation à abandonner les pratiques d'utilisation des terres propices à l'érosion. La réduction de l'érosion des sols, à son tour, a prolongé la vie du réservoir de Xiaolangdi (voir étude de cas 18).

Communication

Une réflexion s'impose sur l'influence des canaux de communication et d'information globaux rapides sur la prise de décision et le temps nécessaire pour parvenir à une décision. Ces outils sont extrêmement utiles pour informer un public plus large sur le processus de planification et éviter l'ancienne approche "décider-cacher-défendre". Informer davantage de parties prenantes, y compris celles qui s'opposent à un projet pour des raisons valables, ajoute de la valeur à la décision finale. Notamment parce qu'il s'agit d'un exercice à double sens où les développeurs et les gouvernements non seulement informent, mais sont également informés par ces dialogues.

L'implication croissante des groupes de la société civile dans les processus de prise de décision sur d'importants projets d'infrastructure, y compris les barrages, peut être considérée comme un signe de malaise face à la manière dont les besoins de la société civile ont traditionnellement été représentés.

ONG internationales et organisations basées sur la communauté

Ce malaise concernant la représentation a conduit les ONG internationales à jouer un rôle de représentation, souvent en opposition aux institutions gouvernementales. Cependant, ce ne sont pas toujours les ONG internationales les plus bruyantes qui se montrent les plus « proches » des besoins réels des populations. Dans trop de cas, les priorités de certaines ONG internationales, en particulier celles axées sur un seul enjeu, ne coïncident pas nécessairement avec ces besoins. Des preuves de plus en plus nombreuses indiquent que ce qui est généralement présenté comme « la voix de la société civile » n'est en réalité qu'un segment de cette voix, un segment qui transmet légitimement un message sur les impacts négatifs des infrastructures hydrauliques mais reste silencieux sur leurs impacts positifs. Il devient de plus en plus clair qu'un meilleur travail doit être fait pour impliquer la « société civile » dans l'évaluation des options. Ce travail est difficile ; il nécessite de toucher des parties prenantes qui ne communiquent pas mais qui ont beaucoup à contribuer à la qualité des projets. Dans la plupart des cas, ces parties prenantes ne sont pas organisées pour parler d'une seule voix.

Les organisations communautaires, telles que les associations de consommateurs, les groupes religieux/culturels, les organisations d'aide d'urgence, etc., représentent des initiatives prometteuses de la société civile pour concentrer le dialogue sur les besoins réels et pour atteindre une autoreprésentation efficace.

The Loess Plateau is approximately the size of France, encompassing 640,000 km2 in the upper and middle reaches of the Yellow River. The Yellow River gets its name from this yellow silt that it carries, and the constant degradation gradually changed the river as the silt raised the riverbed and made it easier for the river to flood. Erosion control interventions in large watersheds are characterized by very rare success. However, in this specific case, the very fine nature of the soils determines a sediment delivery ratio close to unity so that very little accumulation of debris occurs in the watershed and the impact of conservation programs is visible over a shorter period. Over 3 years, Chinese planners from the Ministry of Water Resources and international planners from the World Bank worked together with experts in hydrology, soil dynamics, forestry, agriculture and economics, to design a workable project plan. Early in the rehabilitation process, it was critical to engage the local people to understand and participate in the rehabilitation efforts, and to convince them of the value of rehabilitation work. Among other, measures included training activities of local communities to abandon cultivation on steep slopes, shifting them to flat areas. The latter were progressively developed in the silted area behind debris retention dams; fruit tree and cash crop cultivations provided higher income to the farmers, which was the incentive to abandon erosion prone land use practices. Reduced soil erosion, in turn, prolonged the life of the Xiaolangdi reservoir (see case study 18).

Communication

A reflection is in order on the influence of fast global communication and information channels on decision-making and time to reach decision. Such tools are extremely helpful to inform the wider audience on the planning process and avoid the old "*decide-hide-defend*" approach. Informing more stakeholders, including those that oppose a project for valid reasons, adds value to the final decision. Not least because it is a two-way exercise whereby developers and governments not only inform, but are also being informed by, these dialogues.

Increasing involvement of civil society groups in decision-making processes on important infrastructure projects, including dams, can be regarded as a sign of discomfort with the way in which civil society's needs have traditionally been represented.

International NGOs and community-based organisations

This discomfort regarding representation has brought international NGOs to play a representation role together with, but most often in opposition to, government institutions. At the same time, it is not always the most vocal of those international NGOs that have shown themselves to be 'close enough' to the real needs of people. In too many cases the priorities of some international NGOs, especially single-issue ones, do not necessarily coincide with those needs. Increasing evidence indicates that what is usually presented as 'the civil society voice' is in reality only a segment of that voice, a segment that legitimately delivers a message about negative impacts of water infrastructures but remains silent about positive impacts. It is becoming increasingly clear that a better job needs to be done in engaging 'civil society' in options assessment. That job is a difficult one; it requires reaching out to stakeholders who are not vocal but have a lot to contribute to the quality of projects. In most cases, those stakeholders are not organised to speak with a common voice.

Community-based organisations (CBOs), for example consumer associations, religious/ cultural groups, emergency aid organizations, etc. are promising civil society initiatives for getting the dialogue focused on real needs and for achieving effective self-representation.

La politique et le besoin d'une bonne représentation

En fin de compte, une bonne prise de décision est une question politique qui, par définition, repose sur une bonne représentation. Un soutien national et international accru aux organisations communautaires permettrait à ces dernières de jouer un rôle plus efficace, y compris la sélection libre et informée des ONG orientées vers le développement avec lesquelles les organisations communautaires peuvent partager en toute confiance des intérêts communs.

L'International Hydropower Association (IHA) a recueilli plusieurs exemples de processus de consultation des parties prenantes dans son "Livre blanc de 2003". De nombreux projets de rapport ont été affinés grâce à un processus de consultation impliquant un large éventail d'organisations, couvrant 27 pays. L'IHA décrit en détail cinq études de cas :

Pays	Projet	Description
Australie	King River Power Development	Développement et exploitation durable d'un projet hydroélectrique
Brésil	Projet de réinstallation de Salto, Caxias	Participation publique, partage des responsabilités avec les communautés et parties prenantes affectées dès le début du projet
Canada	Barrage Hydroélectrique EM-1 et Projet de Déviation EM-1-A et Rupert	Partage des bénéfices entre l'industrie hydroélectrique et les communautés autochtones, impliquées à chaque étape du projet, des études préliminaires au développement du projet
Chine	Projet Hydroélectrique de Shuikou	Une approche de développement pour la réinstallation liée au barrage, partage des bénéfices grâce à l'établissement de fonds de réinstallation et de réhabilitation post-projet, études de suivi
États-Unis	Consortium des Agriculteurs de la rivière Hood	Développement de petites installations hydroélectriques dans un district d'irrigation

La prise de décision participative

Un cas pertinent de processus de prise de décision participative, avec un engagement efficace des parties prenantes, est le projet du barrage de la rivière Berg, en Afrique du Sud, que l'encadré suivant résume.

Projet du barrage de la rivière Berg (Afrique du Sud)

À la fin des années 1990, les investigations techniques avaient démontré que le Système d'Approvisionnement en Eau de la région du Cap-Occidental, qui dessert principalement la ville du Cap, avait un besoin urgent d'augmentation pour éviter les pénuries d'eau dans la ville. L'investissement en capital pour de tels projets est énorme, nécessitant souvent l'approbation du gouvernement national. En 1994, un nouveau régime démocratique avait pris le pouvoir en Afrique du Sud, avec un engagement à garantir les valeurs démocratiques et la participation inclusive dans les processus de décision pour ses projets majeurs. Le barrage de la rivière Berg était l'un de ces projets soumis à cette exigence, ce qui a entraîné un processus participatif prolongé, avec l'approbation pour commencer la construction du projet obtenue seulement en 2002. Cependant, à travers ce processus prolongé, le gouvernement a démontré sa détermination à intégrer les principes d'équité dans l'utilisation et la gestion de l'eau dans le pays. Les bénéfices de ce processus ont été récoltés à la fin avec l'adhésion du public et le soutien pour le projet, ce qui a facilité la signature d'accords pour l'achat d'eau du projet. Cela a à son tour facilité la sécurisation du capital d'investissement du projet, permettant ainsi à la construction de progresser selon le programme établi.

Politics and the need for good representation

Ultimately, good decision making is a political issue which, by definition, is rooted in good representation. Increased national and international support for CBOs would allow the latter to play a more effective role, including free and informed selection of development-oriented NGOs with which CBOs can confidently share common interests.

The International Hydropower Association (IHA) collected several cases of stakeholder consultation processes in its ("2003 White Paper"). Numerous drafts of the report were refined through a consultation process involving a wide range of organizations, covering 27 countries. IHA describes five case histories in detail.

Country	Project	Description
Australia	King River Power Development	Development and sustainable operation of a hydroelectric scheme
Brazil	Salto Caxias Resettlement Project	Public participation, sharing the responsibilities with the affected communities and stakeholders since the beginning of the project.
Canada	EM-1 Hydropower Dam and EM-1-A and Rupert Diversion Project	Benefit sharing between the hydropower industry and indigenous communities, involved in every step of the project, from preliminary studies to project development.
China	Shuikou Hydroelectric Project	A development approach to dam-related resettlement, benefit sharing through the establishment of post resettlement and rehabilitation funds, follow up studies
USA	Hood River Farmers Consortium	Developing small-scale hydropower facilities in an irrigation district

Participatory decision-making

A relevant case of participatory decision-making process, with effective stakeholder engagement is the Berg River Dam Project, in South Africa, which the following box summarises.

Berg River Dam Project (South Africa)
By the late 1990s, technical investigations had demonstrated that the Western Cape Water Supply System that largely serves the City of Cape Town urgently needed augmentation if water shortages in the city were to be avoided. Investment capital for projects of this magnitude is huge, often requiring blessings of the national government. In 1994, a new democratic government regime had assumed power in South Africa, which wanted to ensure that democratic values and inclusive participation were upheld in decision-making processes of its major undertakings. The Berg River Dam was such a project that had to follow that requirement, resulting in a prolonged participatory process, with approval to start construction of the project only realized in 2002. However, through this protracted process, the government demonstrated its resolve and tenacity in embedding equity principles into water use and management in the country. Dividends were reaped from this process as in the end there was public buy-in and support for the project, which helped in the signing of take-off agreement to purchase water from the project. This in turn facilitated the securing of investment capital of the project that enabled construction to run according to the program.

Lors de la planification de nouveaux projets, l'engagement des parties prenantes devrait se concentrer sur la création de nouvelles opportunités de subsistance significatives pour les populations locales. Les populations locales, en particulier les communautés affectées par le projet, devraient avoir le droit de partager les avantages des programmes d'infrastructures hydrauliques. Bien que les principaux bénéficiaires des barrages vivent souvent loin des sites des barrages, d'autres groupes de personnes dans les zones affectées par le projet peuvent subir la plupart des impacts négatifs. Dans ce contexte, il est nécessaire que les développeurs de projets, les opérateurs et les régulateurs s'engagent à soutenir des mesures de développement et des opportunités de bien-être pour les communautés affectées par le projet. Plusieurs méthodes de partage des avantages existent (Egré D' et al., 2002), quelques-unes sont énumérées dans le tableau suivant :

Types de mécanismes de partage des avantages :

- Partage des revenus
- Fonds de développement
- Partage des capitaux propres ou pleine propriété
- Taxes versées aux autorités régionales et locales
- Tarifs préférentiels d'électricité
- Accès préférentiel à l'eau
- Paiement pour service environnementaux

L'expérience a montré qu'il est important de concevoir un projet de manière à ce qu'il génère des avantages crédibles avant, pendant et après sa construction. Une façon d'y parvenir est d'inclure des interventions de développement local dans les contrats préliminaires, souvent antérieurs aux principaux contrats de construction. Une autre approche consiste à investir dans la formation professionnelle pour permettre aux habitants locaux de trouver un emploi pendant la construction, dans des postes meilleurs que la main-d'œuvre non qualifiée. Un exemple récent de cette approche provient du Projet San Antonio au Brésil. En janvier 2006, lors de la conception du programme de renforcement des capacités *Acreditar* (Azevedo, 2010), les attentes en matière d'emploi sur le projet étaient de 30 % pour le personnel local et de 70 % pour le personnel externe. En janvier 2010, grâce à *Acreditar*, le taux d'emploi local est passé à 82 %. Les compétences acquises par les travailleurs locaux leur permettent également de rechercher d'autres opportunités d'emploi après l'achèvement du projet.

En recevant des avantages avant la mise en œuvre du projet, les communautés n'ont pas à "attendre et supporter" que le projet commence à produire des résultats, mais peuvent partager ces avantages de manière progressive. Il est important de reconnaître que le partage satisfaisant des bénéfices nécessite une consultation, une planification participative et des investissements initiaux. La taille financière des grands projets de développement permet généralement de couvrir de tels investissements, ce qui permet de réaliser à la fois les objectifs de développement nationaux et locaux. (Voir également Tilmant, Goor et Pinte, 2009).

Ensuring local benefits

When planning new projects, stakeholder engagement should focus on creating new and meaningful livelihood opportunities for local populations. Local populations, and first among them project-affected communities, should be entitled to share the benefits of water infrastructure programs. While the primary beneficiaries of dams often live far away from the dam sites, other groups of people in the project-affected areas may sustain most of the negative impacts. In view of this, there is a need for project developers, operators, and regulators to commit to support measures for development and welfare opportunities for project-affected communities. Several ways for sharing benefits exist (Egré D' et al., 2002), the following box lists a few of them.

Types of Benefit Sharing Mechanisms

- Revenue sharing
- Development Funds
- Equity Sharing or Full Ownership
- Taxes paid to regional and local authorities
- Preferential electricity rates
- Preferential water access
- Paying for environmental services

Experience has shown that it is important to design a project so that there is a credible flow of benefits before, during, and after project construction. One way is to include local development interventions in preliminary contracts, which often precede the main construction contracts. Another approach is to invest in vocational training to enable local people finding employment during construction in better jobs than unskilled labor. A recent example of the latter comes from the San Antonio Project in Brazil. In January 2006, when the *Acreditar* (Azevedo, 2010) capacity-building program was conceived, the project employment expectation was 30% local and 70% external staff. In January 2010, thanks to *Acreditar* local employment reached 82%. The skills acquired by local workers also allow those people to seek other job opportunities after project completion.

By receiving benefits before project implementation, communities do not have to "wait and bear" until the project starts to deliver but can share those benefits in a progressive manner. It should be appreciated that satisfactory benefit sharing requires consultation, participatory planning, and upfront investments. The financial size of large development projects can normally cover such investments, thus allowing the achievement of both national and local development goals. (Refer also Tilmant, Goor, and Pinte, 2009).

3.7. ÉVALUATION ENVIRONNEMENTALE STRATÉGIQUE

Usages multiples dans le cadre du développement

Les projets de stockage d'eau à usages multiples font généralement partie de grands schémas de développement régional ; souvent, ils représentent des éléments clés dans le développement de projets en cascade le long d'une rivière. De nombreuses études de cas témoignent de ces caractéristiques. Le système fluvial Durance-Verdon (France) est un exemple très pertinent.

Le système fluvial de Durance-Verdon (France)
L'utilisation multi-usages favorise le développement régional

Le barrage de Serre-Ponçon, mis en service en 1966, est la principale structure du système fluvial à usages multiples de la Durance et du Verdon. Avec 32 centrales hydroélectriques, le système Durance-Verdon permet la production de 6,5 TWh d'électricité renouvelable et une production de 2000 MW en 10 minutes, fournit de l'eau potable et de l'eau à des usages industriels pour toute la région et irrigue plus de 150 000 hectares de terres agricoles avec un stockage estival garanti de 200 Mm³.

Au cours des 50 dernières années à Serre-Ponçon, EDF a concilié la production d'électricité avec les attentes de tous les intervenants et utilisateurs d'eau, y compris celles du tourisme, une industrie particulièrement active avec un potentiel de croissance élevé pour l'économie régionale. L'approche de gestion partagée lors des sécheresses de 2002 et 2003 a mis en évidence que, grâce à des prévisions de haute performance et à un dialogue régulier et approfondi entre les parties prenantes, notamment la communauté agricole de la Basse Durance, il était possible de profiter des activités récréatives presque illimitées offertes par le deuxième plus grand lac artificiel d'Europe.

Outils de planification

L'identification et la gestion des impacts environnementaux ne devraient pas être considérées comme la fin de l'exercice, mais plutôt comme un instrument pour élaborer des règles de projet et des moyens pour une conception et une exploitation durable du projet.

Traditionnellement, le développement des bassins versants des rivières faisait l'objet de plans directeurs, qui comprenaient l'identification des options, l'évaluation, l'analyse et la proposition de l'option de développement la plus économique. Aux yeux de nombreuses personnes, les plans directeurs ont acquis la réputation d'être des exercices imposés par les experts sans une considération suffisante pour les besoins et préoccupation locales. Par conséquent, ils ont progressivement été remplacés par d'autres outils de planification tels que : l'évaluation des impacts cumulatifs, l'évaluation environnementale sectorielle, l'évaluation environnementale stratégique (EES) ou l'évaluation stratégique sociale et environnementale (ESSE). Certains préfèrent l'ESSE pour reconnaître explicitement à la fois les aspects environnementaux et sociaux ; d'autres estiment que le terme « environnemental » couvre également les aspects sociaux. Les concepts d'évaluations sectorielles, régionales ou stratégiques existent depuis au moins une décennie, mais il y a souvent une confusion autour de la signification et de l'utilisation des différents termes (Banque Mondiale, 2012)

- L'évaluation « sectorielle » se concentre généralement sur les stratégies d'investissement alternatives dans un secteur particulier, tel que le secteur de l'énergie, dans le cadre du processus d'identification des impacts potentiels et des priorités parmi différents projets potentiellement concurrents conçus pour servir un objectif commun, par exemple combler un écart entre l'offre et la demande d'énergie.

3.7.   STRATEGIC ENVIRONMENTAL ASSESSMENT

Multipurpose as part of regional development

Multipurpose water storage projects are generally part of major schemes for the development of a region; often they represent key features in the development of cascade projects along a river. Many case histories testimony such features. Particularly relevant is the example of Durance-Verdon River System (France).

Durance-Verdon River System (France)
Multipurpose fosters regional development
The Serre-Ponçon Dam, commissioned in 1966, is the main structure of the multipurpose Durance and Verdon River system. With 32 hydropower plants, the Durance-Verdon system enables the production of 6.5 TWh of renewable electricity and an output of 2000 MW within 10 minutes, supplies drinking water and water for industrial purposes to the entire region and irrigates over 150,000-ha of farmland with guaranteed summer storage of 200 million m3.
During the last 50 years at Serre-Ponçon, EDF has reconciled electricity production with the expectations of all stakeholders and water users including that of tourism, a particularly active industry with high-growth potential for the regional economy. The shared management approach to 2002 and 2003's droughts highlighted that with high performance forecasting and a thorough and regular dialogue between stakeholders, notably Lower Durance agricultural community, it was possible to enjoy the nearly limitless recreational activities offered by the 2nd Europe's largest man-made lake.

Planning tools

Environmental impact identification and management should not be considered the end of the exercise, but rather an instrument to devise project rules and means to a sustainable project design and operation.

Traditionally, river basin development used to be the subject of master plans, which included option identification, assessment, analysis, and proposal of the preferred least cost development option. In the view of many people, master plans have acquired a reputation of top-down exercises; consequently, they have progressively been replaced by other planning tools such as: cumulative impact assessment, sector environmental assessment, strategic environmental assessment (SEA), or strategic social and environmental assessment (SSEA). Some prefer to use the latter denomination to explicitly recognize both environmental and social aspects; other deem the term "environmental" to cover also social aspects. The concepts of Sectorial, Regional, or Strategic Assessments have been around for at least a decade, but there is often confusion around the meaning and use of the various terms (World Bank, 2012).

- •   "Sectorial" Assessment generally focuses on alternative investment strategies in a particular sector, such as the power sector, as part of the process of identifying potential impacts and priorities among various, potentially competing projects that are ostensibly designed to serve a common objective, e.g., filling a gap between energy supply and demand.

- Les évaluations « régionales » se concentrent généralement sur le contexte spatial et géographique plus large d'un investissement, au-delà de l'empreinte physique immédiate d'un projet, et incluent souvent une forte mise en avant des effets cumulatifs, associés et induits de diverses activités dans une zone géographique. Une évaluation régionale est un outil particulièrement pertinent pour les projets ayant des impacts potentiels transfrontaliers. Étant donné qu'il ne s'agit pas d'une évaluation spécifique à un projet, il est souvent plus facile pour les agences clés et les parties prenantes des deux côtés de la frontière de collaborer dans la préparation d'une évaluation régionale pour traiter les questions transfrontalières.

- L'évaluation « stratégique » est le plus souvent considérée comme l'outil privilégié pour évaluer les impacts probables des politiques ou programmes alternatifs à l'étude. Elle est également de nature plus long-terme et multi-sectorielle, examinant plus attentivement les compromis et les horizons temporels éloignés.

- Les impacts "cumulatifs" résultent de l'impact incrémental du projet lorsqu'il est ajouté à d'autres projets existants, planifiés et prévisibles dans le futur, y compris les impacts induits de manière indirecte.

Bien que la substance d'un plan directeur et d'une EES ne diffère pas, les processus d'EES mettent l'accent sur une plus grande participation dans le processus décisionnel. Par nature, les évaluations environnementales stratégiques (EES) sont enracinées dans la participation des parties prenantes et sont donc généralement considérées comme des processus ascendants. De plus, l'EES prend explicitement en compte les avantages de la flexibilité de conception grâce à des outils robustes de prise de décision économique tels que l'analyse des options réelles (Jeuland et Whittington, 2013).

En tout cas, il est essentiel que le processus d'EES, ainsi que l'évaluation des impacts cumulatifs associés, équilibrent correctement les aspects économiques, environnementaux, sociétaux et techniques (par ordre alphabétique). Une EES correctement réalisée représente une opportunité précieuse pour orienter le développement de projets à l'échelle des bassins versants des rivières, une caractéristique d'une importance capitale pour le stockage d'eau à usages multiples.

Biodiversité et espèces de poissons

La biodiversité et surtout les espèces de poissons, représentent souvent l'élément environnemental le plus important sur un bassin versant. D'un point de vue de la gestion de la biodiversité, il doit être gardé à l'esprit que tous les segments de bassins et sous-bassins associés n'ont pas la même importance. En effet, s'ils étaient tous identiques, nous n'aurions pas besoin de préserver toutes ces espèces. D'un autre côté, si la variation de la biodiversité entre les différents segments est importante, il convient de prendre toutes les précautions pour ne pas dégrader/abimer/ nuire à ces habitats, car il y aurait un risque que ces espèces s'éteignent. En d'autres termes, on reconnaît de plus en plus que les différentes zones des bassins versants requièrent la mise en place de différents objectifs, priorités et niveaux de protection. Cela tient compte des différentes caractéristiques et usages à travers les bassins - avec des niveaux de protection plus élevés requis dans certaines parties (par exemple, les zones écologiques clés ou les sources d'approvisionnement en eau potable), pendant que d'autres zones peuvent être plus développées (G. Pegram et al, 2013).

Croyances et pratiques religieuses et culturelles

En complément à la biodiversité, les croyances et pratiques religieuses/culturelles autour de l'eau représentent une valeur qui doit être prise en compte dans certaines parties du monde. Des concepts similaires, en termes de classification des segments de bassins, à ceux de la biodiversité peuvent également être appliqués aux valeurs culturelles.

- "Regional" Assessments generally are more focused on the broader spatial and geographic context of an investment, beyond the immediate physical footprint of a project, and often include a strong emphasis on cumulative, associated and induced effects of various activities in a geographic area. A Regional Assessment is a particularly valuable tool for projects with potential trans- boundary impacts. Because it is not a project-specific assessment, it often is easier for key agencies and stakeholders on both sides of the border to collaborate in preparation of a Regional Assessment to address trans-boundary issues.

- "Strategic" Assessment is most commonly referred to as the tool of choice in evaluating the likely impacts of alternative policies or programs that are under consideration. It also has a more long-term and multi-sectorial nature, looking at tradeoffs and extended time horizons.

- "Cumulative" impacts are those that result from the incremental impact of the project when added to other existing, planned, and reasonably predictable future projects and activities, including induced impacts.

While the substance of a master plan and an SEA do not differ, the SEA processes emphasizes greater participation in the decision making process. In essence, Strategic Environmental Assessments (SEAs) are rooted in stakeholder involvement and are therefore generally regarded as bottom-up processes. In addition to that, SEA takes explicitly into account the benefits of design flexibility by means of robust economic decision-making tools such as real options analysis (Jeuland and Whittington, 2013).

In any case, it is essential that the SEA process, and the associated cumulative impact assessment, duly balances economic, engineering, environmental, and social (in alphabetic order) aspects. A properly done SEA represents a valid opportunity to inform project development with a river basin perspective, a feature that is of key importance for multipurpose water storage.

Biodiversity and fish species

Biodiversity and fish species in particular, often represent the most significant environmental element in a river basin. From a biodiversity management point of view, it must be kept in mind that not all river segments, and associated sub-basins, have the same relevance. In fact, if river segments were identical, there would be no need to preserve all of them in a pristine state. On the other hand, if the variation of biodiversity between different segments is large, care must be taken not to severely damage habitats, because otherwise there is a risk that species will become extinct. In other words, it is increasingly acknowledged that different parts of a river basin require the establishment of different objectives, priorities and levels of protection. This recognizes the different characteristics or uses across the basin – with higher levels of protection required in some parts of the basin (e.g. key ecological zones, or sources of drinking water supply), while other areas are more heavily developed (G Pegram et al, 2013).

Religious and cultural beliefs and practices

In addition to biodiversity, religious/ cultural beliefs and practices around water represent a value that has to be considered in several parts of the world. Similar concepts, in terms of river segment classification, as those for biodiversity can be applied also for cultural values.

Une attention accrue doit être accordée aux lâchers d'eau en cours d'écoulement pour gérer les modifications des régimes fluviaux introduites par les projets de stockage. Ces lâchers sont souvent appelés "débits régulés" ou "débits environnementaux". L'objectif est de gérer les lâchers du barrage de manière que l'écosystème fluvial puisse s'adapter aux conditions de débit modifiées, sans dégradation environnementale inacceptable. Ce sujet est traité dans le chapitre 7 (Résolution de problèmes liés aux projets de stockage d'eau à usages multiples).

3.8. BILAN : ÉLÉMENTS ESSENTIELS ET TENDANCES ÉMERGENTES

Au risque de simplifier un ensemble de connaissances très complexe, en évolution continue, et dans l'intérêt de se concentrer sur les éléments clés liés aux projets de stockage d'eau à usages multiples, le tableau suivant offre un résumé synthétique des éléments essentiels et des tendances émergentes de la durabilité des projets :

	Éléments essentiels	Tendances émergentes
Planification	Évaluation des besoins et mise en œuvre dans le temps imparti	Augmente la flexibilité et l'adaptabilité du projet aux changements à long terme.
Économie(s)	L'option la moins coûteuse tout en offrant le même niveau de service que les alternatives ; c'est-à-dire, celle qui maximise la valeur actualisée des bénéfices nets.	Améliore le fonctionnement des énergies renouvelables intermittentes (éolien, solaire), permettant ainsi leur expansion dans le système.
Ingénierie	Conception de manière sécurisée, fonctionnement fiable	Revue réalisée de manière périodique de la sécurité pendant l'exploitation ; adaptation de la structure aux demandes changeantes ; prolongation de la durée de vie du réservoir par une gestion stratégique des sédiments.
Environnement	L'impact sur la biodiversité et les valeurs culturelles n'est pas plus néfaste que celui des alternatives.	Les compensations pour la biodiversité et la culture, ainsi que les zones de conservation, sont développées à l'intérieur ou à l'extérieur de la zone du projet. Gestion des débits fluviaux.
Sociétal	La population affectée n'est pas en situation plus précaire après l'achèvement du projet.	Les bénéfices du projet sont partagés avec la population locale (affectée par le projet).

3.9. RÉFÉRENCES

G. Azevedo « Rivers of the Amazon: Can They be Used on a Sustainable Basis as a Source of Renewable Hydropower? » présentation au centre Woodrow Wilson, Washington DC, février 2010.

Ecoprog, 2011 « The European Market for Pumped Storage Power Plants».

S. Foster, F. van Steenbergen, J. Zuleta, H. Garduno (2010) « Conjunctive Use of Groundwater and Surface Water» World Bank Strategic Series on Sustainable Groundwater Management, numéro 2.

Association Internationale d'Hydroélectricité, « The Role of Hydropower in Sustainable Development - IHA White Paper – Annex E: Good Practice Examples», 2003.

"Managed river flows" or "environmental flows"

Increased attention is paid to in stream releases to manage modifications to river regimes introduced by storage projects. Such releases are often referred to as "managed river flows" or "environmental flows". The objective is to manage discharges from the dam in such a way that the river ecosystem can adapt to the modified flow conditions, without unacceptable environmental degradation. This subject is treated in Chapter 7 (MPWS Problem Solving).

3.8. TAKING STOCK: ESSENTIAL ELEMENTS AND EMERGING TRENDS

At the risk of cutting short a very complex body of knowledge, in continuous evolvement, and in the interest of focusing on key elements pertaining to multipurpose water storage projects, the following table offers a synthetic summary of essential elements and emerging trends for project sustainability.

	Essential elements	Emerging trends
Planning	Needs assessment and timely implementation	Increase project's flexibility and adaptability to long-term changes.
Economics	Least cost option, at the same level of service as alternatives; i.e. the alternative that maximizes the discounted value of net benefits.	Improves operation of intermittent renewables (wind, solar) allowing their expansion in the system.
Engineering	Safe design, reliable operation.	Periodic safety review during operation; structure adaptation to changing demands; prolonging reservoir life by strategic sedimentation management.
Environment	Impact on biodiversity and cultural values is not worse than alternatives.	Biodiversity /cultural offsets and/or conservation areas are developed within, or outside the project area. Managed river flows.
Social	Affected population is no worst off after project completion.	Benefits from the project are shared with affected population.

3.9. REFERENCES

Azevedo G. "Rivers of the Amazon: Can They be Used on a Sustainable Basis as a Source of Renewable Hydropower?" presentation at the Woodrow Wilson Center, Washington DC, February 2010.

Ecoprog, 2011 "The European Market for Pumped Storage Power Plants".

Foster S., van Steenbergen F., Zuleta J., Garduno H. (2010) "Conjunctive Use of Groundwater and Surface Water"World Bank Strategic Series on Sustainable Groundwater Management, Number 2.

International Hydropower Association, "The Role of Hydropower in Sustainable Development - IHA White Paper – Annex E: Good Practice Examples", 2003.

M. Jeuland and D. Whittington (2013) « Water Resource Planning under Climate Change - A Real Options Application to Investment Planning in the Blue Nile» Environment for Development, Discussion Paper Series, mars 2013.

J. Lecornu, « *Multi-Purpose Dams: the Future of Dams*», VIIIème conférence sur l'Inspection Technique des Barrages, Zakopane-Koscielisko, Pologne, 20 juin 1999.

Metropolitan Water District (compagnie de distribution d'eau) du sud de la Californie, « Annual Report on Achievements in Conservation, Recycling and Groundwater Recharge» février 2014.

Pegram G, Y. Li, T. Le. Quesne, R. Speed, J. Li, et F. Shen. 2013. « River basin planning: Principles, procedures and approaches for strategic basin planning». Paris, UNESCO.

C. Sadoff, et D. Grey, « Beyond the river: the benefits of cooperation on international rivers», Water Policy (politique de l'eau), 4, 389-403, 2002.

A. Tilmant, Q. Goor et D. Pinte, « Agricultural-to-hydropower water transfers: sharing water and benefits in hydropower-irrigation systems», Hydrology and Earth System Sciences, 13, 1091-1101, 2009.

United Nations Department of Public Information (Département de l'information publique des Nations Unies). 2006. " Ten Stories the World should hear more about: From Water Wars to Bridges of Cooperation- Exploring the Peace-Building Potential of a Shared Resource ". Disponible sur : www.un.org/events/tenstories/06/story.asp?storyID=2900

Programme des Nations Unies pour l'environnement " Dams and Development Program- Compendium of relevant practices for decision-making on dams and their alternatives ", Secrétariat du UNEP DDP, Nairobi, Kenya, 2007.

Banque mondiale " Efficient and Cost Effective Integration of Environmental and Social Safeguards into Infrastructure Projects- A Good Practice Note ", Groupe de travail sur l'environnement des institutions financières multilatérales, novembre 2012.

Jeuland M. and Whittington D. (2013) "Water Resource Planning under Climate Change - A Real Options Application to Investment Planning in the Blue Nile" Environment for Development, Discussion Paper Series, March 2013.

Lecornu J, *Multi-Purpose Dams: the Future of Dams*", VIII Conference of Technical Inspection of Dams, Zakopane-Koscielisko, Poland, 20 June 1999.

Metropilitan Water District of Southern California, "Annual Report on Achievements in Conservation, Recycling and Groundwater Recharge". February 2014.

Pegram G, Y. Li, T. Le. Quesne, R. Speed, J. Li, and F. Shen. 2013. "River basin planning: Principles, procedures and approaches for strategic basin planning." Paris, UNESCO.

Sadoff, C., and D. Grey, Beyond the river: the benefits of cooperation on international rivers, Water Policy, 4 , 389-403, 2002.

Tilmant, A., Q. Goor, and D. Pinte, Agricultural-to-hydropower water transfers: sharing water and benefits in hydropower-irrigation systems, Hydrology and Earth System Sciences, 13, 1091-1101, 2009.

United Nations Department of Public Information. 2006 "Ten Stories the World should hear more about: From Water Wars to Bridges of Cooperation- Exploring the Peace-Building Potential of a Shared Resource". Available at: www.un.org/events/tenstories/06/story.asp?storyID=2900

United Nations Environmental Programme "Dams and Development Program- Compendium of relevant practices for decision-making on dams and their alternatives" UNEP DDP Secretariat, Nairobi Kenya, 2007.

World Bank "Efficient and Cost Effective Integration of Environmental and Social Safeguards into Infrastructure Projects- A Good Practice Note" Multilateral Financial Institutions, Working Group on Environment, November 2012.

4. ÉVALUATION ÉCONOMIQUE ET FINANCIÈRE DES PROJETS DE STOCKAGE DE L'EAU À USAGES MULTIPLES

4.1. PERSPECTIVES ÉCONOMIQUES ET FINANCIÈRES

L'évaluation économique des projets à usages multiples est généralement liée à une forme d'analyse multicritère afin de fournir une perspective globale des avantages économiques du projet, ainsi qu'une clarté sur la base financière des investissements monétaires. L'analyse multicritère (Analyse Multicritère - Manuel, 2009) peut être utilisée pour décrire toute approche structurée visant à déterminer les préférences globales parmi des options alternatives, notamment lorsque ces options intègrent plusieurs objectifs. L'AMC est souvent utilisée pour décrire ces méthodes qui ne reposent pas principalement sur des évaluations monétaires, le niveau d'analyse étant spécifique au projet.

L'analyse économique des projets à usage unique et à usages multiples utilise généralement les mêmes outils économiques. Cependant, les analyses d'un projet à usage unique et d'un projet à usages multiples fourniront généralement des résultats très différents. Par exemple, un projet d'irrigation autonome pourrait présenter des rendements très différents de celui associé à une grande composante hydroélectrique fournissant de l'électricité bon marché et facilitant la construction de routes de haute qualité, entre autres. Ce sujet sera approfondi dans les sections suivantes lorsqu'il s'agira des multiplicateurs économiques, où les rendements d'un investissement sont influencés par le contexte (coûts, installations connexes et augmentation des revenus/demande de la communauté).

Les indicateurs économiques et financiers traditionnels tels que la valeur actuelle nette (VAN), le taux de rentabilité interne (TRI), le rapport coût-bénéfice, etc., sont utilisés dans l'analyse économique des projets à usages multiples. Un aspect qui représente une tendance récurrente et un défi en matière de développement est le suivant :

- Bien que la performance économique des projets de stockage d'eau à usages multiples puisse être bonne, leur performance financière peut être moins satisfaisante.

Les limites de l'analyse diffèrent en fonction de la perspective économique ou financière. L'analyse financière se concentre sur les coûts et les bénéfices qui reviennent à l'entité du projet et préoccupe particulièrement le développeur et les investisseurs. En revanche, l'analyse économique cherche à monétiser les gains et pertes en termes de bien-être. Ainsi, l'analyse économique adopte une vue plus large pour déterminer l'impact sur la société ; elle inclut les externalités et préoccupe les autres parties prenantes, en particulier le gouvernement.

Que ce soit le gouvernement qui investisse dans le projet ou non, celui-ci impliquera l'utilisation des ressources du pays et le gouvernement doit s'assurer que ces ressources sont utilisées efficacement pour le développement du pays. La viabilité économique devrait être la base sur laquelle les projets stratégiquement importants sont sélectionnés et optimisés, bien que la viabilité financière détermine finalement comment ils pourraient être financés. Les projets d'infrastructures hydrauliques se situent souvent dans la zone entre la viabilité économique et la viabilité financière (C. Head, 2005). Un projet peut être économiquement attractif et être l'option préférée lorsqu'on le considère du point de vue national à long terme, mais lorsqu'on le considère comme un investissement commercial, il peut être incapable de générer des rendements financiers adéquats.

4.2. ALLOCATION DES COÛTS DANS LES PROJETS À USAGES MULTIPLES

L'allocation des coûts d'investissement lors de la phase de planification d'un projet de stockage d'eau à usages multiples repose sur deux principes principaux :

- Séparer les coûts qui peuvent être clairement attribués à chaque objectif,

- Allouer les coûts restants proportionnellement aux avantages attendus de chaque objectif.

4.   ECONOMIC AND FINANCIAL ASSESSMENT OF MPWS PROJECTS

4.1.   ECONOMIC AND FINANCIAL PERSPECTIVES

Economic assessment of multipurpose projects typically connects to some form of multi-criteria analysis to provide the holistic perspective of the economic benefits of the project, and clarity of financial basis for the monetary investments. Multi-criteria analysis (Multi Criteria Analysis – A Manual, 2009) can be used to describe any structured approach to determine overall preferences among alternative options particularly where the options accomplish several objectives. MCA is often used to describe those methods, which do not rely predominantly on monetary evaluations with the level of analysis being project specific.

The economic analysis of single purpose and multipurpose projects typically use the same economic tools. However, analyses of a single purpose and multipurpose project will generally provide very different results. As an example, a standalone irrigation project could have very different returns from one associated with a large hydro component that provides cheap power and brings in high quality roads etc. The subject will be expanded in the following sections when dealing with economic multipliers, whereby returns of an investment are influenced by context (costs, related facilities and growing income/demand of the community).

Traditional economic and financial indicators such as Net Present Value, Internal Rate of Return, Benefit Cost Ratio, etc. are utilized in economic analysis of multipurpose projects, and one aspect represents a recurrent trend and development challenge, being:

- While economic performance of MPWS projects can be good, their financial performance can be less than satisfactory.

The boundaries of analysis differ depending on whether the perspective is economic or financial. Financial analysis concentrates on costs and benefits that accrue to the project entity and is of particular concern to the developer and investors. Differently, economic analysis seeks monetization of welfare gains and losses. That way economic analysis takes a wider view to determine the impact on society; it includes externalities and is of concern to the other stakeholders, particularly government.

Whether government is investing in the project or not, the project will involve the use of the country's resources, and the government must ensure that those resources are used effectively for the country's development. Economic viability should be the basis on which strategically important projects are selected and optimized, although financial viability will ultimately determine how they might be financed. Water infrastructure projects often fall in the gap between economic and financial viability (Head C., 2005). A project can be economically attractive and the preferred option when seen from the long-term national perspective, but when considered as a commercial investment it may be unable to generate adequate financial returns.

4.2.   COST ALLOCATION IN MULTIPURPOSE PROJECTS

Allocating investment costs at the planning stage of a MPWS project is based on two main principles:

- Separating costs that can be clearly attributed to each purpose, and

- Allocating remaining costs in proportion to expected benefits from each purpose.

Le SCRB (Separable Cost Remaining Benefits : Les bénéfices restants des coûts séparables) et l'ENSC (Egalitarian Non-Separable Cost : Coût non séparable égalitaire) sont des méthodes économiques bien établies utilisées pour l'allocation des coûts des projets de réservoirs à usages multiples (Young, 1985).

Dans certains cas, il peut être possible de restructurer le projet sur le plan géographique, de sorte que les infrastructures physiques destinées à différentes fins puissent être financées et construites séparément. C'était le cas du Projet Multi-usages de San Roque aux Philippines (voir encadré ci-dessous) où le secteur privé a financé la centrale électrique, tandis que le secteur public a financé le barrage et les structures auxiliaires. Avec cet arrangement, les éléments financièrement peu rentables ou particulièrement risqués, qui ne sont pas viables pour un financement par le secteur privé, ont été développés par le secteur public.

L'allocation des coûts d'exploitation et de maintenance pendant l'exploitation du projet est généralement basée sur les accords conclus lors de la phase de planification entre les parties impliquées. Certaines institutions publiques ont des réglementations en place pour l'allocation des coûts pendant la construction et l'exploitation du projet.

Le Projet multi-usages de San Roque, Philippines

Un partenariat public-privé basé sur la propriété partagée

Ce projet comprend un grand barrage qui alimente le système d'irrigation d'environ 87 000 hectares et un complexe de centrale électrique de 345 MW. En plus de fournir de l'électricité et de l'eau pour l'irrigation, le projet comporte des avantages en matière de mitigation des inondations et de qualité de l'eau.

Le projet a été développé avec succès en tant que partenariat public-privé sous propriété partagée. Le complexe énergétique a été développé par une entreprise privée dans le cadre d'un arrangement BOOT (Build-Own-Operate-Transfer), et financé sur une base commerciale. Le barrage et les structures auxiliaires ont été considérés comme des projets publics et financés publiquement, bien que leur mise en œuvre ait été gérée par le secteur privé.

Bien qu'il y ait eu un solide argument économique en faveur du projet, il n'était pas financièrement viable dans son ensemble en raison des faibles rendements financiers de l'irrigation et des avantages secondaires, ainsi que des risques associés à la construction du barrage. En transférant le barrage au secteur public, ces problèmes ont été surmontés et environ la moitié du projet a été financée par le secteur privé.

Des références peuvent être faites, par exemple à l'USBR, processus d'établissement des tarifs / Allocation des coûts pour les coûts d'installation en service (construction) et les coûts annuels d'exploitation et de maintenance, voir encadré ci-dessous :

Processus d'établissement des tarifs de l'USBR - Allocation des coûts (www.usbr.gov)

Définition : La "répartition des coûts" est le processus d'identification et d'allocation des coûts d'un projet polyvalent entre les différents usages du projet. Les allocations de coûts sont effectuées annuellement pour les coûts d'installation (construction) et les coûts annuels d'exploitation et de maintenance (O&M). La phase d'allocation des coûts met à jour (1) les obligations de remboursement respectives des fonctions remboursables du projet (qui incluent l'irrigation, l'approvisionnement en eau pour les municipalités et l'industrie, et l'énergie) et (2) les coûts alloués aux fonctions non remboursables du projet, y compris le contrôle des inondations, la navigation, les loisirs, la faune et la flore, et l'amélioration de la qualité de l'eau.

La méthode utilisée pour allouer les coûts d'installation en service est basée sur les facteurs dérivés de la méthode d'allocation des coûts restants séparables (SCRB). Il s'agit de la méthode économique standard que l'USBR utilise pour répartir les coûts des projets multi-usages entre les différentes fins autorisées du projet.

Objectif : L'objectif des allocations annuelles de coûts est d'identifier les responsabilités de paiement des bénéficiaires du projet pour les coûts remboursables.

La méthode utilisée pour allouer les coûts d'exploitation et de maintenance (O&M) suit de près l'allocation des coûts d'installation en service, bien que lorsque les coûts O&M ne sont pas spécifiquement liés à des caractéristiques particulières des installations en service du CVP, des facteurs alternatifs sont utilisés pour identifier les coûts liés aux objectifs du projet.

The Separable Cost Remaining Benefits (SCRB) and Egalitarian Non-Separable Cost (ENSC) are well established economic methods used for cost allocation of multipurpose reservoir projects (Young, 1985).

In some cases, it may be possible to restructure the project in a geographical sense, so that physical infrastructures devoted to different purposes can be financed and built separately. That was the case of San Roque Multipurpose Project in the Philippines (see box below) where private sector financed the power plant, and the public sector the dam and ancillary structures, with this arrangement it left the financially weak or particularly risky elements that are not viable for private sector financing to be developed in the public sector.

Allocation of operation and maintenance costs during project operation is typically based on the agreements reached at the planning stage among the parties involved. Some public institutions have regulations in place for cost allocation during project construction and operation.

San Roque Multipurpose Project, Philippine

A Public-Private partnership based on Split Ownership

This project involves a large dam that supplies around 87,000 ha of irrigation and a 345 MW power complex. In addition to proving power and water for irrigation, the scheme has flood mitigation and water quality benefits.

The project has been successfully developed as a public-private partnership under split ownership. The power complex was developed by a private company on a BOOT arrangement and financed on a commercial basis. The dam and ancillary structures were treated as public projects and financed publicly, although their implementation was managed by the private sector.

Although there was a strong economic case for the project, it was not financially viable in its entirety due to the weak financial returns from irrigation and secondary benefits, and the risks associated with building the dam. By moving the dam into the public sector these problems were overcome, and approximately half of the project was still funded from private sector.

Reference can be made, for example to United States Bureau of Reclamation (USBR) Rate Setting Process/ Cost allocation for plant-in-service costs (construction) and of annual Operation & Maintenance costs; see box below.

USBR Ratesetting Process – Cost Allocation
(www.usbr.gov)

Definition. "Cost allocation" is the process of identifying and allocating the costs of a multi-purpose project among the various authorized project purposes. Cost allocations are performed on an annual basis for plant-in-service (construction) costs and of annual operation and maintenance (O&M) costs. The cost allocation phase updates (1) the respective repayment obligations of the reimbursable project functions (which include irrigation and M&I water supply and power) and (2) the costs allocated to non reimbursable project functions including flood control, navigation, recreation, fish and wildlife and water quality improvement.

The method used to allocate plant-in-service costs is based upon the factors derived in the separable cost-remaining benefits (SCRB) allocation method. This is the standard economic method that Reclamation uses to allocate costs of multipurpose projects to authorized project purposes.

Purpose. The purpose of the annual cost allocations is to identify responsibilities for payment by project beneficiaries of reimbursable costs.

The method used to allocate O&M costs closely follows the plant-in-service allocation, although when O&M costs are not specifically related to particular CVP plant in service features, alternative factors are used for identifying costs to project purposes.

En guise d'exemple supplémentaire, le tableau suivant présente les parts des coûts d'exploitation et de maintenance réparties entre tous les utilisateurs d'eau du Projet Polyvalent Chira-Piura développé au Pérou (étude de cas n°45). Pour le Projet Chira-Piura, le montant total payé par les utilisateurs d'eau au concessionnaire a été déterminé sur la base d'un rendement raisonnable sur l'investissement financier, avec les pourcentages de paiement annuel basés sur les bénéfices attendus des utilisateurs d'eau en raison des disponibilités de flux régulés.

Utilisateurs d'eau	Participation aux coûts d'exploitation et de maintenance
Utilisateurs agricoles existants	58
Nouveaux utilisateurs agricoles	38
Energie hydraulique	1
Eau potable	1
Pisciculture	1
Industrie	1
Total	100%

En pratique, la répartition des coûts pour le développement de projets sera inévitablement le résultat d'accords négociés entre les parties impliquées et sera influencée par le marché financier pertinent. En d'autres termes, la viabilité financière contrôle en grande partie la répartition des coûts pour les projets de stockage à usages multiples. Ce contrôle était moins important dans les premiers développements de grands projets à usages multiples, lorsque les entités publiques étaient les principaux développeurs ; par exemple, la méthode SCRB mentionnée ci-dessus a été initialement proposée par la Tennessee Valley Authority en 1938. La tendance croissante et l'implication des entités privées, seules ou dans le cadre de partenariats public-privé, font de la viabilité financière le facteur déterminant pour la répartition des coûts des projets à usages multiples.

Taux d'actualisation économique

La sélection du taux d'actualisation approprié est un sujet très débattu en économie du développement et qui n'est pas encore complètement résolu. Pour contextualiser le lecteur, on peut se référer, entre autres, à (Poulos et Whittington, 2000) ou à (Moore, M, et al. 2013) pour des discussions sur les taux d'actualisation sociale.

En ce qui concerne les projets de stockage à usages multiples (MPWS), il est important de réaliser que les sites de qualité pour les barrages sont des ressources rares, et l'impact de l'utilisation non durable de ces ressources sur la société a souvent été sous-estimé par le passé. Les paradigmes passés de conception des barrages et d'analyse économique considéraient les bénéfices et les coûts sur une période souvent comprise entre 20 et 30 ans, communément appelée la "durée de vie de conception". De nos jours, des organisations comme la Banque Mondiale (Karki P., 2016) recommandent que la période utilisée dans l'analyse économique des projets reflète des estimations raisonnables de la durée complète des coûts et des bénéfices associés au projet, plutôt que d'être limitée à 20 ans ou à une date de coupure arbitraire. De plus, en utilisant 3 % comme estimation approximative du taux de croissance à long terme attendu dans les pays en développement, la Banque mondiale envisage d'utiliser un taux d'actualisation de 6 %. Lorsqu'il y a des raisons de s'attendre à un taux de croissance plus élevé (ou plus bas), un taux d'actualisation plus élevé (ou plus bas) devrait être choisi. Une réflexion est également menée sur l'utilisation d'un taux d'actualisation dégressif pour tenir compte de l'incertitude associée à la croissance économique future.

As a further example, the following table presents the shares of operation and maintenance costs allocated among all water users of the Chira- Piura Multipurpose Project developed in Peru (case study #.45). For the Chira-Piura Project the total amount paid by the water users to the concessionaire was determined on the basis of a reasonable return on financial investment, with the annual payment percentage amounts based on expected profits of water users due to the availability of regulated flows.

Water user	Participation in O&M costs
Existing agricultural users	58
New agricultural users	38
Hydropower	1
Drinking water	1
Fish farming	1
Industry	1
Total	100%

In practice, cost allocation for project development will inevitably be the result of negotiated agreements among the parties involved and be influenced by the relevant financial market. In other words, financial viability largely controls cost allocation for multipurpose storage projects. Such control was less important in the early development of large multipurpose projects, when public entities were the main developers, e.g. the above-mentioned SCRB method was initially proposed by the Tennessee Valley Authority in 1938. The increasing trend and involvement of private entities, on their own, or within public-private-partnerships, makes financially viability the controlling factor for cost allocation of multipurpose projects.

Economic Discount Rate

Selecting the appropriate discount rate is a much-debated subject in development economics and one that is not yet fully solved. To put the reader in context, reference can be made, among others, to (Poulos and Whittington, 2000) or to (Moore, M, et al. 2013) on discussion of social discount rates.

Regarding MPWS projects, it is important to realise that quality dam sites are scarce resources, and how non-sustainable use of these resources impacts society has been often underappreciated in the past. Past dam design and economic analysis paradigms considered benefits and costs over a period of time that often ranged from 20 to 30 years, commonly known as the "design life". Nowadays, organisations like the World Bank (Karki P., 2016) recommend that the time period used in economic analysis of projects should reflect reasonable estimates of the full duration of costs and benefits associated with the project, rather than be capped at 20 years or some arbitrary cut-off date. Besides, using 3%, as an approximate estimate for expected long-term growth rate in developing countries, the World Bank is considering using a discount rate of 6%. Where there is reason to expect a higher (lower) growth rate, a higher (lower) discount rate should be chosen. Consideration is also being given to the use of a declining discount rate to account for the uncertainty associated with future economic growth.

Les coûts et bénéfices économiques du projet

L'une des principales difficultés de la planification est d'évaluer pleinement les coûts et bénéfices économiques du projet. De nombreux projets tendent à limiter l'analyse en se concentrant sur la composante énergétique, qui est la plus facilement quantifiable. Si cette composante énergétique fournit un taux de rentabilité économique positif, les autres bénéfices peuvent être répertoriés comme « non quantifiables ». Agir ainsi revient à sous-estimer les véritables coûts et bénéfices du projet et peut conduire à une prise de décision non-optimale, en particulier lors de l'optimisation de la taille et de la performance du projet. Une telle analyse limitée est de peu d'utilité pour les gouvernements lorsqu'ils doivent prendre des décisions entre des projets en concurrence pour des ressources rares ou dans des circonstances changeantes.

Par exemple, un objectif très important pour les projets de stockage est l'atténuation des inondations. (Doocy et al., 2013) ont réalisé une revue complète des impacts des inondations sur la période de 1980 à 2009. Ils ont répertorié 540 000 décès (sur une plage de 511 000 à 569 000), 362 000 blessés et 2,8 milliards de personnes affectées par les inondations au cours de cette période. Des rapports inconsistants suggèrent que ceci est une sous-estimation, notamment en ce qui concerne les populations blessées et affectées. La valeur économique du contrôle des inondations pour un pays justifie souvent l'allocation de fonds du secteur public.

4.3. COÛTS ET BÉNÉFICES ÉCONOMIQUES INDIRECTS

Les impacts économiques directs sont ceux qui découlent de la construction du projet, des autres services fournis par la structure et des changements dans les régimes de flux, qu'ils aient été initialement prévus ou non. Les impacts indirects et induits sont ceux qui résultent des liens entre les conséquences directes d'un projet et le reste de l'économie. Parmi eux, il y a les impacts dus aux changements dans l'utilisation des produits et des intrants dans des secteurs autres que ceux directement affectés par le projet, ou encore les changements dans les prix relatifs, l'emploi et les salaires des employés.

Les impacts indirects et induits d'un projet sont estimés en termes de valeur de multiplicateur. Les multiplicateurs sont des mesures récapitulatives exprimées sous forme de ratio des effets totaux (directs et indirects) d'un projet par rapport à ses effets directs.

Un projet d'hydroélectricité et d'irrigation peut avoir des résultats moins que satisfaisants en ce qui concerne l'irrigation ; cependant, la prise en compte des liens directs et indirects avec les économies régionales/nationales permettra d'évaluer la performance économique réelle liée à l'irrigation. Les composantes d'un projet d'EDM qui ne sont pas financièrement solides ont souvent besoin de fonds propres et/ou de financements concessionnels pour devenir financièrement viables et tirer parti de l'ensemble des avantages économiques (directs et indirects).

Multiplicateurs économiques

Bhatia et al. (2008) ont calculé les multiplicateurs économiques de trois projets à usages multiples et ont obtenu les valeurs suivantes :

Cas étudié	Pays	Méthodologie utilisée et son analyse	Multiplicateur économique
Bhakra	Inde	Matrices de Comptabilité Sociale (MCS)	1.90
Le barrage d'Assouan	Égypte	Équilibre général calculable - MCS	1.4
Le barrage de Sobhradinho et les réservoirs en cascade	Brésil	Semi-entrée-sortie	2.4

Le lecteur intéressé peut consulter la référence pour les procédures computationnelles et les hypothèses utilisées.

Economic costs and benefits of the project

One of the key planning difficulties is to fully appraise the economic costs and benefits of the project. Many projects tend to limit the analysis to focus on the energy component, which is most easily valued. If this energy component provides a positive economic rate of return then the remaining benefits may be listed as 'unquantifiable'. To do this is to under-represent the true costs and benefits of the project and may lead to sub-optimal decision making; particularly when optimizing the size and performance of the project. Such limited analysis is of little benefit to Government's when trying to make decisions between projects competing for scarce resources or in changing circumstances.

For example, a very important purpose of storage projects is flood mitigation. (Doocy et al. 2013) carried out a comprehensive review of the impacts of floods in the 1980-2009 period. They reported 540,000 casualties (range 511,000 to 569,000), 362,000 injuries and 2.8 billion people affected by floods in that period. Inconsistent reporting suggested this is an underestimate, particularly in terms of the injured and affected populations. The economic value of flood control to a country often justifies the allocation of funds from the public sector.

4.3.   INDIRECT ECONOMIC BENEFITS AND COSTS

Direct economic impacts are those descending from the construction of the MPWS project, other services provided by the structure, and changes in flow regimes - regardless of whether these impacts were initially planned. Indirect and induced impacts are those that stem from the linkages between the direct consequences of a project and the rest of the economy. Among them are impacts due to changes in output and input use in sectors other than those affected directly by the project, or changes in relative prices, employment and factor wages.

The indirect and induced impacts of a project are estimated in terms of a multiplier value. Multipliers are summary measures expressed as a ratio of the total effects (direct and indirect) of a project to its direct effects.

A MPWS project featuring hydropower and irrigation may have performed less than satisfactorily on the irrigation component; however, consideration of direct and indirect linkages to regional/ national economies will capture the real standing of the irrigation-related economic performance. Non-financially strong components of a MPWS project are often in need of equity and/ or concessionary financing to become financially viable and to capture the total (direct and indirect) economic benefits.

Economic multipliers

Bhatia et al (2008) calculated ex-post economic multipliers of three multipurpose projects obtaining the following values.

Case Study	Country	Methodology used in the analysis	Economic Multiplier
Bhakra	India	Social Accounting Matrices (SAM)	1.90
Aswan High Dam	Egypt	Computable General Equilibrium-SAM	1.4
Sobhradinho Dam and Cascading Reservoirs	Brazil	Semi Input-Output	2.4

The interested reader should consult the reference for computational procedures and assumptions.

Il existe une controverse académique sur l'utilisation des multiplicateurs dans le contexte de l'analyse économique partielle traditionnelle. Si l'analyse est réalisée correctement et que les prix fictifs sont utilisés de manière appropriée, alors certains des bénéfices indirects sont identifiés. La meilleure façon de capturer l'ensemble des bénéfices est à travers le modèle d'équilibre général calculable (EGC). John Briscoe (dans Bhatia et al.) a exprimé une opinion autorisée sur l'utilisation des multiplicateurs pour l'évaluation des projets. Étant donné que les investissements dans l'eau ne sont pas "marginaux" ou de petite envergure par rapport au reste de l'économie, il est important de capturer tous les bénéfices du projet dans le contexte du développement régional. Ces considérations visant à créer de l'emploi et des revenus régionaux étaient à l'origine des grands projets d'infrastructure hydraulique et d'autres infrastructures aux États-Unis, en Europe et dans d'autres pays. Les bénéfices régionaux étaient la raison pour laquelle des projets majeurs tels que le barrage Hoover, le barrage de Grand Coulee et le projet du bassin de la Columbia ont été entrepris avec des fonds fédéraux aux États-Unis. Comme l'a souligné John Briscoe (2003), les multiplicateurs régionaux étaient précisément le but de tels projets et l'on s'attendait à ce que les investissements dans l'eau "modifient la trajectoire des économies régionales". Les multiplicateurs étaient la raison explicite et manifeste de ces projets.

4.4. MULTIPLICATEURS ÉCONOMIQUES ET PROJETS TRANSFORMATIONNELS

Évaluer les multiplicateurs ex-ante est difficile et peut être discutable, mais négliger les multiplicateurs (et donc ne pas identifier les coûts et bénéfices économiques dans leur intégralité) lors de l'évaluation ex-post des performances économiques des projets peut conduire à des résultats sans signification. Les bénéfices économiques indirects, ou multiplicateurs économiques, revêtent une importance particulière dans le cas des "projets transformationnels", c'est-à-dire des projets conçus pour provoquer des changements majeurs dans les économies régionales ou nationales.

Les études de cas présentées en annexe ont mis en évidence plusieurs de ces projets ; le barrage d'Atatürk, en Turquie, est un cas remarquable.

Le Barrage d'Atatürk et le projet d'Anatolie du sud

Le projet d'Anatolie du Sud-Est (connu sous le nom de GAP en turc) est l'un des plus grands projets de développement des ressources en eau au monde, impliquant la construction de 22 barrages, 19 centrales hydroélectriques d'une capacité de 7526 MW, et l'irrigation de 1,7 million d'hectares dans le bassin des rivières Euphrate et Tigre. Le barrage d'Atatürk est la pièce maîtresse du GAP. Achevé en 1995, il s'agit d'un barrage en remblai rocheux avec un noyau central d'une hauteur de 169 m. La crête a une longueur de 1 664 m et une largeur de 15 m. Le lac derrière le barrage couvre une superficie de 817 km² au niveau de la retenue normale, et sa capacité de stockage (48,7 km³) permet de contrôler presque deux années de débit moyen de l'Euphrate à l'emplacement du barrage.

La capacité de stockage du barrage d'Atatürk sert 4 objectifs :

1.) Régulation saisonnière pour l'irrigation : L'objectif principal est de réguler les saisons pour irriguer environ 1 million d'hectares.
2.) Production hydroélectrique : Avec une capacité installée de 2 400 MW et une production de 5 300 GWh annuellement lorsque les systèmes d'irrigation seront pleinement développés.
3.) Centrales hydroélectriques au fil de l'eau de Birecik et Karkamis : Ces centrales bénéficient de la régulation du débit opérée par le réservoir d'Atatürk.
4.) Production de poisson.
5.) Tourisme et loisirs.

Academic controversy exists on the use of multipliers in the context of traditional partial economic analysis. If the analysis is done correctly, and shadow prices are properly used, then some of the indirect benefits are captured. The best way to capture overall benefits is through CGE (Computable General Equilibrium) modeling work. John Briscoe (in Bhatia et al.) has given an authoritative opinion on the use of multipliers for project appraisal. Since water investments are not "marginal" or small in comparison with the rest of the economy, it is important to capture the total benefits of the project in the context of the regional development. Such considerations of creating employment and regional incomes were the motivation behind large-scale water and other infrastructure projects in the United States, Europe and other countries. Regional benefits were the reasons that major projects such as the Hoover dam, Grand Coulee dam and Columbia Basin Project were undertaken with federal funds in the United States. As pointed out by John Briscoe, (2003), regional multipliers were precisely the point of such projects, and it was expected that water investments would "change the trajectory of regional economies". Multipliers were the explicit and overt reason for these projects.

4.4. ECONOMIC MULTIPLIERS AND TRANSFORMATIONAL PROJECTS

Assessing multipliers ex- ante is difficult and can be questionable, but neglecting multipliers (and thus failing to identify economic costs and benefits in full) in ex-post assessment of economic performance of projects may lead to meaningless results. Indirect economic benefits, or economic multipliers, assume particular relevance in the case of "transformational projects", i.e. projects conceived to cause major changes in regional/ national economies.

Case studies presented in annex have evidenced several such projects; the Ataturk Dam, in Turkey, represents an outstanding case.

Atatürk Dam and the Southeastern Anatolia Project

The Southeastern Anatolia Project (referred to as GAP in Tukish) is one of the largest water resources development projects in the world involving the construction of 22 dams, 19 hydroelectric power plants with an installed capacity of 7526 MW, and the irrigation of 1.7 million ha in the Euphrates and Tigris river basin. The Atatürk dam is the master piece of the GAP. Completed in 1995, it features a 169m high rockfill with central core dam. The crest has a length of 1,664m and a width of 15m. The lake behind the dam has an area of 817 km^2 at full supply level and its storage capacity (48.7 km^3) can control almost two years of the average Euphrates discharge at the dam location.

The storage of the Atatürk scheme has been designed to serve four purposes:

1) The primary objective is seasonal regulation to irrigate around 1 million hectares.
2) Hydropower, with 2,400MW installed capacity and a generation of 5,300GWh annually when the irrigation schemes will be fully developed.
3) Birecik and Karkamis Hydropower run-of-river plants benefit from the flow regulation operated by the Atatürk reservoir.
4) Fish production.
5) Tourism and recreation purposes.

Pour les projets transformationnels, les bénéfices économiques indirects devraient être :

- Considérés ex-ante : dans l'analyse des externalités et comme guide pour les politiques visant à un partage équitable des bénéfices.

- Calculés ex-post : Pour surveiller la performance économique globale d'un projet et tirer des leçons pour les futurs investissements.

4.5. COÛTS ÉCONOMIQUES EN CAS DE NON-RÉALISATION DU PROJET

L'évaluation économique des projets de SEP sous-estime souvent ou ignore le coût économique de l'option sans projet. Pour certains projets, les conséquences de l'inaction - l'absence de réalisation du projet - peuvent être plus vastes que ce qui est traditionnellement considéré lors de l'évaluation économique. Cela peut s'avérer dans le domaine de l'hydrologie, où l'absence d'infrastructures adéquates peut entraîner une augmentation du stress hydrique sur une grande superficie. Dans cette situation, une véritable évaluation économique devrait inclure les coûts plus larges de l'option "sans action", ce qui pourrait impliquer une perte de production alimentaire due au manque d'irrigation, une diminution de l'emploi, des dommages causés par les inondations et une baisse générale du niveau d'activité économique. De même, il peut y avoir un coût économique à retarder une action, qui est urgemment nécessaire pour soutenir le développement. Une grande partie du potentiel hydroélectrique inexploité du monde se trouve dans les pays en développement, dont beaucoup sont en manque désespéré d'électricité et de stockage d'eau pour soutenir leur développement. Des considérations similaires s'appliquent à la protection contre les inondations et au potentiel d'irrigation dans les pays en développement. Pourtant, ces projets, bien que très nécessaires, sont généralement sujets à des retards considérables tant avant qu'au cours de leur construction, ce qui augmente leurs coûts et impacts et menace leur durabilité.

Les ingénieurs se sont concentrés sur la question des retards de construction et ont apporté des améliorations dans la gestion de projet, mais les conséquences des retards durant la pré-construction sont rarement documentées ou analysées. Une recherche récente (Plummer et Guthrie, 2015) examine les impacts des retards durant la pré-construction des projets hydroélectriques et identifie comment les impacts négatifs des retards peuvent être mis en évidence auprès des décideurs pour améliorer la durabilité du projet. Les impacts incluent les impacts économiques évidents sur les pays concernés, mais aussi des impacts environnementaux, sociaux et même économiques secondaires moins évidents dus aux retards de projet, tels que le stress sur les communautés attendant des années pour être relogées, la déforestation des zones du projet, le manque d'investissement local et de services, et un désintérêt pour l'investissement étranger causé par le manque d'approvisionnement électrique fiable. Cela met également en lumière les impacts économiques des retards de construction, rarement reconnus par le promoteur à moins que des pénalités de retard ne soient spécifiées, mais pouvant entraîner une perte significative pour le pays concerné en termes de manque d'électricité ou de nécessité de recourir à des formes d'énergie plus coûteuses.

4.6. RÉFÉRENCES

R. Bhatia, M. Scatasta, R. Cestti, R. Malik « *Indirect Economic Impacts of Dams- Case studies from India, Brazil and Egypt*» Academic Foundation, New Delhi : IBRD, Washington DC – 2008.

John Briscoe (2003). Note sur la révision de l'analyse économique des grands projets hydrauliques, communication personnelle, juin 2003.

S. Doocy, A. Daniels, S. Murray, T. Kirsch, (2013) « The human impact of floods: a historical review of events 1980-2009 and systematic literature review», PLOS Current Disasters. 16 avril 2013.

C. Head, 2005 Le financement des infrastructures hydrauliques – une revue des études de cas. Banque mondiale, Washington DC.

For transformational projects, indirect economic benefits should be:

- Considered Ex-ante: in the analysis of externalities and as guidance for policies aimed at equitable benefit sharing.

- Calculated Ex-post: to monitor the overall economic performance of a project and to learn lessons for future investments.

4.5. ECONOMIC COST OF THE NO-PROJECT OPTION

The economic assessment of MPWS projects often underestimates or ignores the economic cost of the no-project option. For some projects the consequences of taking no action at all - the project not proceeding - may be wider than has traditionally been considered during the economic evaluation. This is particularly the case in the water sector, where lack of suitable infrastructure can lead to increased water stress over a large area. In this situation, a true economic appraisal should include the wider costs of the "no action" option, which might imply lost food production through lack of irrigation, diminished employment, flood damage and a general lowering in the level of economic activity. Similarly, there may be an economic cost to delaying action, which is urgently needed to support development. Much of the world's unexploited hydropower potential is in developing countries, many of whom are desperate for electricity and for water storage to support development. Similar considerations apply to flood protection and irrigation potential in developing countries. Yet these much-needed projects are typically subject to extensive delays both before and during construction, which add to their cost and impacts and threaten their sustainability.

Engineers have focused on the question of construction delay and made improvements in project management, but the implications of pre-construction delays are rarely documented or analyzed. A recent research (Plummer and Guthrie, 2015) considers the impacts of pre-construction delay in hydropower projects and identifies how the adverse impacts of delay can be highlighted to decision makers to improve project sustainability. The impacts include obvious economic impacts on the countries concerned, but also less obvious environmental, social and even secondary economic impacts from project delays such as the stress on communities of waiting years to be resettled; deforestation of project areas; lack of local investment and services and a disincentive for foreign investment caused by a lack of reliable power supply. This also highlights the economic impacts of construction delay, which are rarely recognized by the developer unless liquidated damages are specified, but which can cause significant loss to the country concerned in terms of lack of electricity or the necessity to rely on more expensive forms of energy.

4.6. REFERENCES

Bhatia R., Scatasta M., Cestti R., Malik R. "*Indirect Economic Impacts of Dams- Case studies from India, Brazil and Egypt*" Academic Foundation, New Delhi: IBRD, Washington DC – 2008.

Briscoe, John (2003). Note on Revisiting Economic Analysis of Large Water Projects, personal communication, June 2003.

Doocy, S., Daniels, A., Murray, S., Kirsch, T. (2013) "The human impact of floods: a historical review of events 1980-2009 and systematic literature review" PLOS Current Disasters. 2013 Apr 16.

Head, C., 2005 The Financing of Water Infrastructure- a review of case studies. World Bank, Washington DC.

P. Karki, 2016 « *The World Bank's Programmatic Approach to Climate Change Resilience*» Réunion annuelle de la CIGB, Johannesburg, mai 2016

M. Moore, A. Boardman, A. Vining. 2013. « More appropriate discounting: The rate of social time preference and the value of the social discount rate», Journal of Benefit-Cost Analysis 4 (1): 1–16.

«Multi Criteria Analysis- a manual» Department for Communities and Local Government – Londres, Royaume Uni, janvier 2009.

J. Plummer, J. Braeckman et P. Guthrie, « *Loss of Value - Effects of delay on hydro-power stakeholders*» ICE Proceedings - Engineering Sustainability 2015.

Poulos, Christine, et Dale Whittington. « Individuals' Rates of Time Preference in Developing Countries: Results of a Multi-country Study.» Environmental Science and Technology.15 avril 2000. 43 :8 1445-1455. [pubs.acs.org/isubscribe/journals/esthag/34/i08/pdf/es990730a.pdf]

Young, H.P., éd. (1985) " *Cost allocation: Methods, Principles, Applications* ". Amsterdam : Nord de la Hollande.

Karki, P., 2016 "The World Bank's Programmatic Approach to Climate Change Resilience" ICOLD Annual Meeting, Johannesburg May 2016

Moore, M., Boardman, A., Vining, A. 2013. "More appropriate discounting: The rate of social time preference and the value of the social discount rate" Journal of Benefit-Cost Analysis 4 (1): 1–16.

"Multi Criteria Analysis- a manual" Department for Communities and Local Government- London, UK, January 2009.

Plummer J, Braeckman J and Guthrie P, "*Loss of Value - Effects of delay on hydro-power stakeholders.*" ICE Proceedings - Engineering Sustainability 2015.

Poulos, Christine, and Dale Whittington. "Individuals' Rates of Time Preference in Developing Countries: Results of a Multi-country Study." Environmental Science and Technology. April 15, 2000. 43:8 1445-1455. [pubs.acs.org/isubscribe/journals/esthag/34/i08/pdf/es990730a.pdf]

Young, H.P.ed. (1985) "*Cost allocation: Methods, Principles, Applications*". Amsterdam: North-Holland.

5. LA NÉCESSITÉ D'UNE PLANIFICATION À LONG TERME

5.1. LE CYCLE DES INFRASTRUCTURES HYDRAULIQUES

Comme dans de nombreux autres domaines, la planification et le développement des infrastructures hydrauliques suivent un cycle, il est essentiel de comprendre que, en raison de la durée de vie beaucoup plus longue des infrastructures hydrauliques par rapport à d'autres secteurs, ce cycle est naturellement plus long. Cela doit être pris en compte lors de la prise de décisions au niveau de la planification stratégique, notamment lors de la prise en compte des risques et des compromis.

Lorsque la densité de population et la demande en eau associée sont faibles, le stockage naturel dans les lacs, les nappes souterraines, les accumulations de neige, etc..., est suffisant pour garantir l'approvisionnement nécessaire en eau (m³/capita). À mesure que la population augmente jusqu'à un certain niveau, des réservoirs artificiels de petite taille peuvent être ajoutés pour renforcer la régulation naturelle des ressources en eau (exemples : collecte des eaux de pluie, "réservoirs" d'irrigation sur le continent sud-asiatique, retenues collinaires, aquifères peu profonds, etc...). Avec la croissance ultérieure de la population et du niveau de vie, les besoins en m³ par habitants augmentent jusqu'à nécessiter une régulation plus poussée des débits naturels. La demande en eau des grandes agglomérations urbaines, des zones industrielles, de l'agriculture étendue/irrigation, etc..., nécessite des infrastructures hydrauliques de plus grande échelle et plus sophistiquées, ainsi que des institutions capables de les gérer. Les infrastructures hydrauliques à grande échelle comprennent le stockage des eaux de surface, les transferts d'eau entre bassins versants, les champs de poches d'eau souterraine, l'utilisation conjointe des eaux de surface et souterraines, et autres. Ces mesures structurales doivent être complétées par des mesures non structurales telles que l'amélioration de l'efficacité de l'irrigation, la réutilisation de l'eau, la réduction des fuites, le renforcement institutionnel. L'expérience des nations développées montre une relation étroite entre la croissance de la population et économique d'une part, et le stock d'infrastructures hydrauliques de l'autre. Ce sujet est déjà illustré dans le chapitre 2 "Le rôle du stockage de l'eau". L'histoire récente du Japon en est un exemple probant (Matsumoto, 2006).

Population, croissance économique et infrastructures hydrauliques - Étude de cas japonaise

La population au Japon a commencé à augmenter à partir du XVIIème siècle. Le graphique suivant montre une relation très claire entre la croissance démographique et le développement des zones irriguées. Un grand nombre de barrages à travers le pays ont assuré l'approvisionnement en eau tant pour l'irrigation que pour les besoins domestiques.

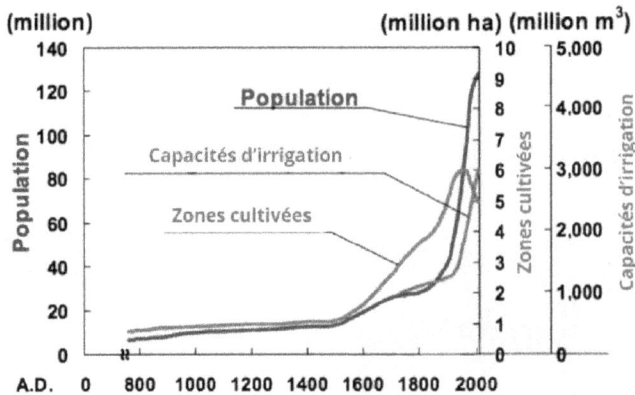

Fig 5.1
Graphique de Matsumoto N. (2006)

5. THE NEED FOR LONG TERM PLANNING

5.1. THE WATER INFRASTRUCTURE CYCLE

As in many other themes, water infrastructure planning and development follows a cycle and one has to realize that, given the much longer life-time of water infrastructure, compared to other sectors, such a cycle is naturally longer. This has to be kept in mind when making decisions at strategic planning level and when considering risks and tradeoffs in particular.

When population density, and associated water demand is low, natural storage in lakes, groundwater, snowpack, etc. is sufficient to guarantee the needed supply of water (m³/capita). As population increases to a certain level, additional water resources regulation can be provided by small artificial storage which enhances natural regulation (examples: rainwater harvesting, irrigation "tanks" of South Asian Continent, hilly ponds, shallow aquifers, etc.). With further growth of population and standard of living, m³/ capita requirement goes up to levels requiring higher regulation of natural flows. Water demand from large urban agglomerates, industrial areas, extended agriculture/ irrigation, etc. requires progressively larger scale and more sophisticated water infrastructure, and capable institutions for its governance. Large-scale water infrastructure includes surface water storage, inter-basin water transfers, groundwater well fields, conjunctive use of surface and ground water, etc. Such structural measures have to proceed in parallel with non-structural ones such as improved irrigation efficiency, water re-use, leakage reduction, institutional strengthening, etc. The path followed by all developed nations demonstrates close relationship between population and economic growth, on one side, and the stock of water infrastructure on the other. The subject has been already illustrated in Chapter 2 "The Role of Water Storage". The recent history of Japan is a case in point (Matsumoto, 2006).

Population, economic growth and water infrastructure – A Japanese case study

Population in Japan started to increase from the 17th century. The following graph shows a very clear relationship between demographic growth and development of irrigated areas. A large number of dams throughout the country secured water supply for both irrigation and domestic needs.

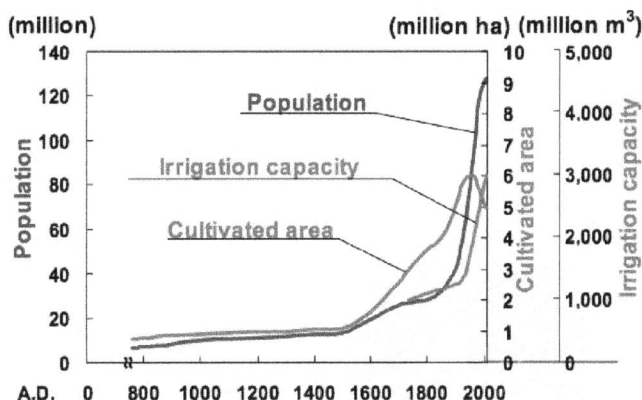

Fig 5.1
Graphic by Matsumoto N. (2006)

Le Japon a ouvert ses portes aux pays étrangers à la fin du XIXème siècle, lorsque plusieurs ports ont été équipés pour le commerce. Les premiers barrages au Japon ont été construits pour approvisionner en eau les villes portuaires et les navires. À cette époque, des épidémies éclataient fréquemment dans le pays. L'eau publique chlorée a considérablement réduit le taux de mortalité infantile et la transmission des maladies liées à l'eau. Le graphique suivant raconte clairement cette histoire :

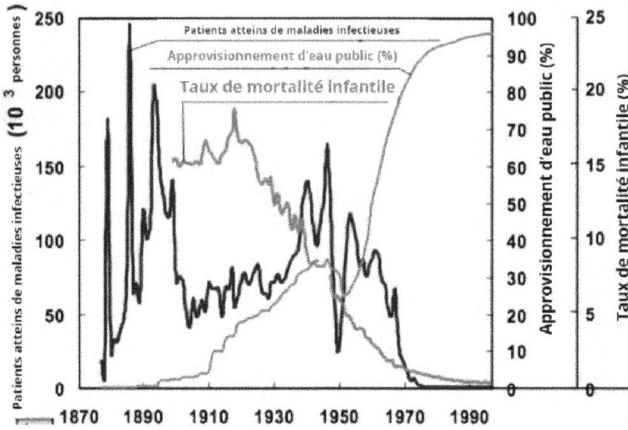

Fig 5.2
Graphique de Matsumoto N. (2006)

Jusqu'aux années 1950, l'eau de Tokyo provenait des aquifères souterrains. Pour répondre aux besoins d'une croissance démographique extrêmement rapide, une surexploitation a eu lieu, entraînant un affaissement du sol. Cela a conduit au développement progressif du stockage des eaux de surface et à la construction de barrages dans plusieurs bassins versants. La photo suivante montre la contribution des barrages de la rivière Tone pour répondre à la demande en eau de Tokyo :

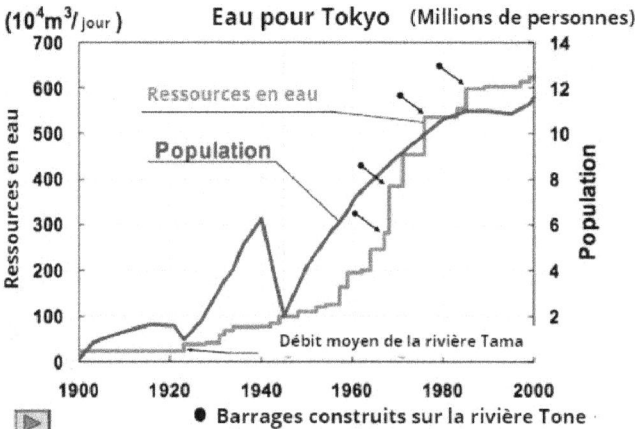

Fig 5.3
Graphique de Matsumoto N. (2006)

Réhabilitation versus réingénierie

Il viendra un moment, dans le schéma de développement d'un pays, où les mesures structurelles seront principalement de nature de réhabilitation et de conservation, et la construction de nouvelles infrastructures hydrauliques diminuera naturellement. C'est ce que nous avons observé jusqu'à présent, par exemple en Europe, en Amérique du Nord et en Australie.

Japan opened its door to overseas countries in the late 1800's when several ports were prepared for trades. The first dams in Japan were built to supply water to port cities and to ships. At that time, outbreaks of epidemic frequently struck the country. Chlorinated public water dramatically reduced infant mortality rate and the transmission of water-related diseases. The following graph tells the story very clearly.

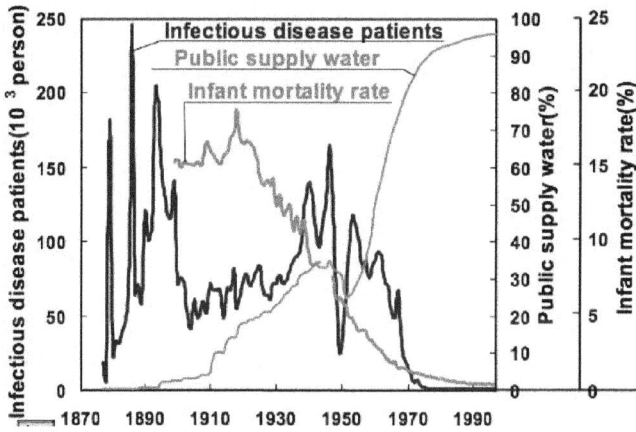

Fig. 5.2
Graphic by Matsumoto N. (2006)

Until the 1950's, Tokyo's water came from underground aquifers. To meet demands of an extremely rapid population increase, over-abstraction took place, which caused ground subsidence. That determined progressive development of surface water storage and dams were built in several river basins. The following picture shows the contribution of Tone River dams to meet Tokyo's water demand.

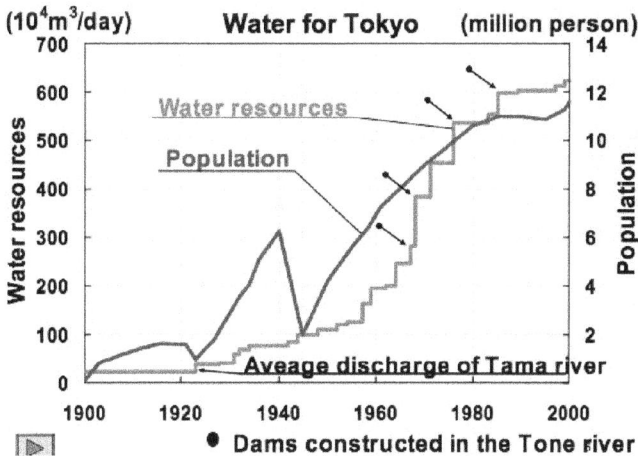

Fig 5.3
Graphic by Matsumoto N. (2006)

Rehabilitation vs re-engineering

There will be a time, in a country's development pattern, when structural measures will be mainly of rehabilitation and conservation nature, and construction of new water infrastructure will naturally diminish. This is what we have observed so far, for example, in Europe, North America, and Australia.

Ce que nous commençons à observer, mais qui n'a pas encore attiré une attention générale, ce sont des cas où les options du côté de l'offre, ayant été négligées depuis trop longtemps, nécessitent un investissement urgent dans de nouvelles infrastructures hydrauliques. De plus, même des infrastructures bien entretenues peuvent devenir obsolètes ou nécessiter une réingénierie en raison des évolutions démographiques et des préoccupations liées au réchauffement climatique.

Quelques exemples de cette tendance émergente sont listés dans le tableau ci-dessous :

Barrage	Achèvement	Localisation	Usages
Élévation du barrage d'Olivenhain et du barrage de San Vicente	2012	San Diego (Californie, Etats-Unis)	Approvisionnement en eau
Barrage de la rivière Berg	2009	Le Cap, Afrique du Sud	Approvisionnement en eau
Nouveau barrage de Yesa	2008	Rivière Ebro, Espagne	Contrôle des crues, approvisionnement en eau, gestion des débits fluviaux

Cela nous fait revenir à la case départ et recommencer, dans un contexte social et économique différent de celui au début du processus, mais avec l'expérience des échecs et des réussites du passé.

5.2. CONSERVATION DES RÉSERVOIRS

Gestion des sédiments

Parmi les nombreuses sessions du troisième forum mondial de l'eau, tenu à Kyoto, au Japon en mars 2003, il y en avait une intitulée « Les défis de la gestion des sédiments pour la durabilité des réservoirs ». Deux messages principaux ont émergé de cette session :

   i) Alors que le siècle dernier était axé sur le développement des réservoirs, le 21ème siècle devra se concentrer sur la gestion des sédiments ; l'objectif sera de convertir le parc actuel de réservoirs non durables en infrastructures durables pour les générations futures.

   ii) La communauté scientifique dans son ensemble devrait œuvrer à créer des solutions pour la conservation des installations de stockage d'eau existantes afin de prolonger autant que possible leur fonctionnement, potentiellement à perpétuité.

La sédimentation des réservoirs entraîne une perte de capacité de stockage lorsque les sédiments transportés par les rivières se déposent dans les réservoirs et occupent l'espace initialement prévu pour le stockage de l'eau. La figure suivante (Schleiss et al., 2008) représente une projection de l'impact de la sédimentation sur la capacité de stockage en Suisse et à l'échelle mondiale.

What we have started to observe, but that has not yet attained general attention, are cases in which supply- side options, having been neglected for too much time, require urgent investment in new water infrastructure. In addition to that, even well-maintained infrastructure may become outdated or in need of re-engineering because of changing demographics and concerns associated with global warming.

A few examples of this emerging trend are listed below:

Dam	Completion	Location	Purposes
Olivenhain Dam and San Vincente Dam raise	2012	San Diego (CA, US)	Water Supply
Berg River Dam	2009	Cape Town, South Africa	Water Supply
New Yesa Dam	2008	Ebro River, Spain	Flood control, water supply, managed river flows

This is like returning to square one and starting over again, in a different social and economic context than that when the process started, but with the experience of failures and successes of the past.

5.2.   RESERVOIR CONSERVATION

Sediment management

Among the many sessions of the Third World Water Forum, held in Kyoto, Japan in March 2003, there was one titled "Sedimentation Management Challenges for Reservoir Sustainability". Two main messages emerged from that session:

i)   Whereas the last century was concerned with reservoir development, the 21st century will need to focus on sediment management; the objective will be to convert today's inventory of non-sustainable reservoirs into sustainable infrastructures for future generations.

ii)   The scientific community at large should work to create solutions for conserving existing water storage facilities in order to enable their functions to be delivered for as long as possible, possibly in perpetuity.

Reservoir sedimentation leads to storage loss when river-carried sediment deposits in reservoirs and takes up space originally intended for storage of water. The following figure (Schleiss et al, 2008) is a projection of the impact of sedimentation on storage capacity in Switzerland and at global level.

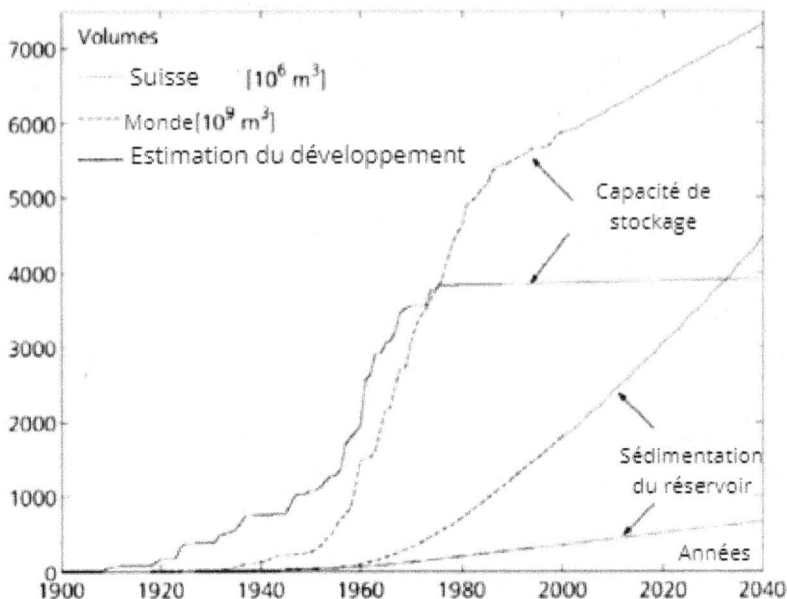

La réduction de l'espace de stockage des réservoirs due à la sédimentation a un impact significatif et néfaste sur la fiabilité de l'approvisionnement en eau. La sédimentation peut également obstruer les sorties des barrages et accélérer considérablement l'abrasion des équipements hydrauliques et des voies navigables (par exemple, les déversoirs), réduisant ainsi l'efficacité, augmentant les coûts de maintenance et diminuant la sécurité. L'accumulation de sédiments sur un barrage peut également augmenter les charges et réduire les marges de sécurité contre le glissement et le renversement pour certains types de barrages.

La gestion de la sédimentation devrait être un élément clé dans la planification des nouveaux réservoirs ainsi que dans celle des infrastructures existantes.

Trois bulletins de la CIGB traitent de la sédimentation des réservoirs :

- B147 (2009) « Sédimentation et utilisation durable des réservoirs et des systèmes fluviaux » ;

- B140 (2007) « Transport et dépôt des sédiments dans les réservoirs » ;

- B115 (1999) « Gestion de la sédimentation ».

Une référence clé sur les mesures d'ingénierie pour atténuer les impacts de la sédimentation est Morris et Fan (1997).

Dans son livre récent, Annandale (2013) place la sédimentation dans une perspective plus large de la sécurité de l'eau. Le diagramme suivant, extrait de cette référence, contient des données sur les mesures d'ingénierie qui ont été utilisées pour gérer la sédimentation dans plusieurs réservoirs à travers le monde.

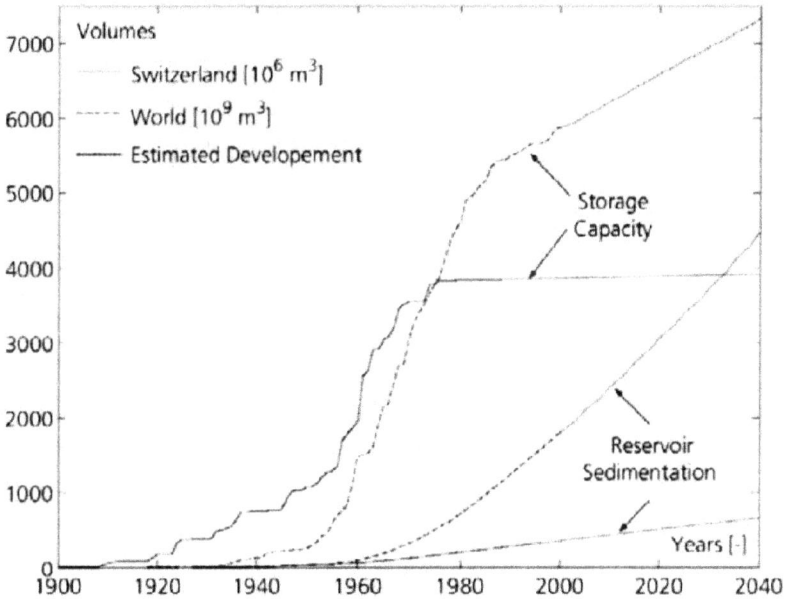

The reduction of reservoir storage space due to reservoir sedimentation has a significant adverse impact on water supply reliability. Sedimentation may also clog dam outlets and greatly accelerate abrasion of hydraulic machinery and waterways (e.g., spillways), thereby decreasing efficiency, increasing maintenance costs and reducing safety. Increased loads on a dam by sediment build up may also lead to reductions in safety factors against sliding and overturning for some types of dams.

Sediment management should be a key element in planning of new reservoirs and in addressing existing ones.

Three ICOLD Bulletins deal with reservoir sedimentation:

- B147 (2009) "Sedimentation and Sustainable use of Reservoirs and River Systems"

- B140 (2007) "Sediment Transport and Deposition in Reservoirs";

- B115 (1999) "Dealing with Reservoir Sedimentation".

A key reference on engineering measures for mitigating sedimentation impact is Morris and Fan (1997).

In his recent book, Annandale (2013) puts sedimentation in the broader perspective of water security. The following diagram, from that reference, contains data on engineering measures, which have been used for managing sedimentation in a number of reservoirs worldwide.

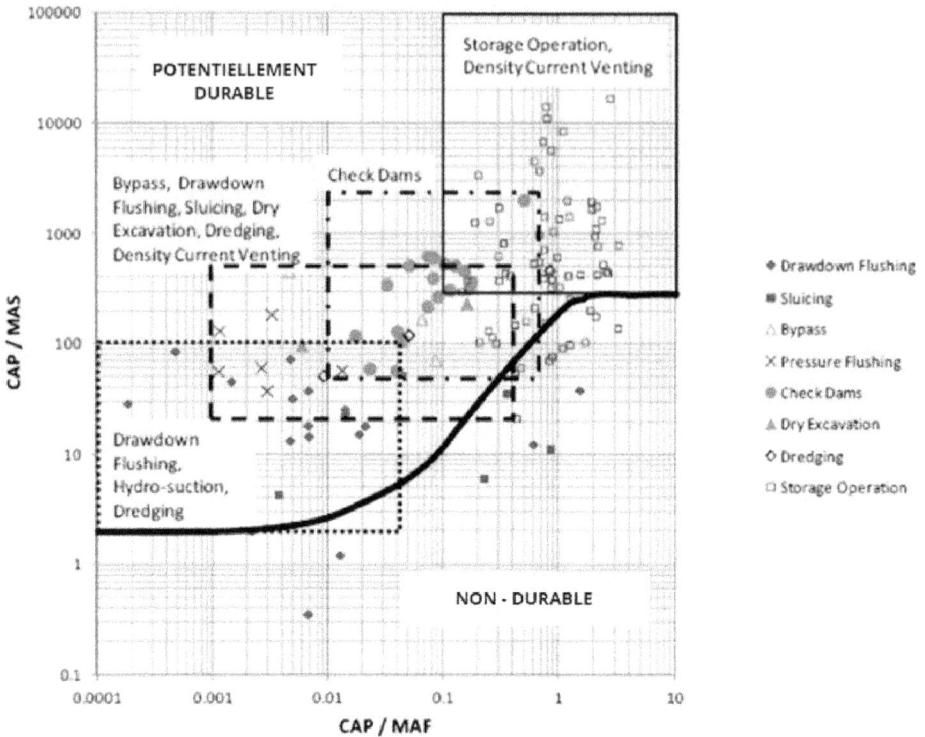

L'axe des abscisses représente le ratio entre la capacité de stockage (CAP) et le débit moyen annuel (DMA) de la rivière ; ce ratio est indicatif de la "taille hydrologique" du réservoir. L'axe des ordonnées indique le ratio entre la CAP et le rendement sédimentaire moyen annuel (RSMA) atteignant le réservoir ; plus ce ratio est élevé, plus longue est la durée de vie utile du réservoir. La ligne courbe continue sépare une zone supérieure, où la gestion de la sédimentation est considérée comme possible, d'une zone inférieure où les sédiments sont susceptibles de remplir irréversiblement l'espace du réservoir. Ce graphique est utile pour obtenir une idée préliminaire des techniques qui pourraient être appropriées ; cependant, la faisabilité réelle des solutions d'ingénierie nécessitera toujours des études spécifiques au cas par cas.

Connaissances actuelles

En se limitant eux éléments clés, les connaissances actuelles peuvent être résumées comme suit :

- Les taux de sédimentation varient énormément d'une région géographique à une autre.

- Certains réservoirs ensablés, mais pas tous, peuvent être réhabilités et la durée de vie du réservoir prolongée, grâce à un ensemble de techniques de gestion.

- La taille des sédiments est un facteur important pour évaluer l'applicabilité des techniques de gestion des sédiments ; la charge de sédiments est classée en trois catégories de taille : la charge de lavage (d< 0,075 mm), le sable (0,075<d<2 mm) et les graviers (d>2mm).

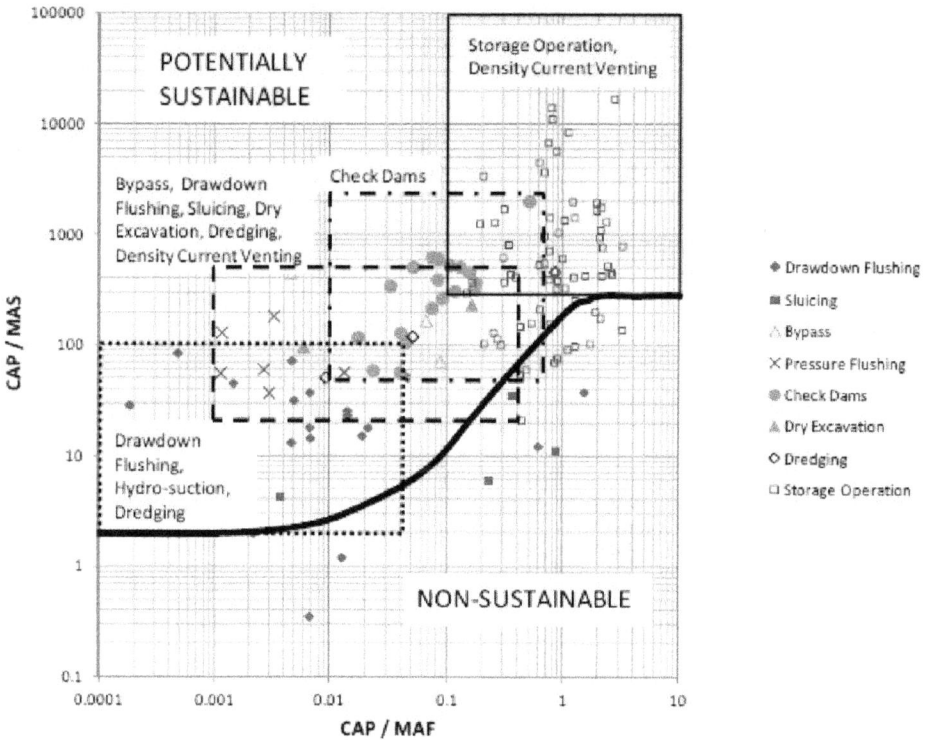

The X-axis shows the ratio between storage capacity (CAP) and mean annual flow (MAF) of the river; this ratio represents the "hydrological size" of the reservoir. The Y-axis has the ratio between CAP and the mean annual sediment yield (MAS) reaching the reservoir, the higher this ratio, the longer the useful life of the reservoir. The solid curved line separates an upper area, where sedimentation management is considered possible, from a lower area where sediments are expected to irreversibly fill reservoir space. The graph is useful to obtain a preliminary idea of which technique could be suitable; however, actual feasibility of the engineering solutions will always require case specific studies.

Current knowledge

Limiting to key elements, current knowledge can be summarized as follows:

- Sedimentation rates are extremely variable geographically.

- Several silted reservoirs, but not all can be remediated and reservoir life prolonged, by means of an array of management techniques.

- Sediment size is an important factor for assessing the applicability of sediment management techniques; sediment load is classified in three size categories: wash load (d< 0.075 mm), sand (0.075<d<2 mm), and gravel (d>2mm).

- Les sédiments fins (sables fins et moins) permettent la mise en œuvre de la plupart des techniques disponibles ; les sédiments grossiers (taille du sable et du gravier) sont presque impossibles à gérer à long terme ; heureusement, les sédiments grossiers représentent généralement une petite partie de la charge solide, bien qu'il y ait des exceptions.

- Les mesures de gestion des bassins versants se sont avérées efficaces dans les petits bassins versants (moins de 100 km²) ; pour les grands bassins versants (plus de 1 000 km²), l'expérience ne montre pas d'effets appréciables, à moins que les sols ne soient très fins (Palmieri et al, 2003).

- Dans de nombreux cas, en particulier pour les grands réservoirs, une forme de passage des sédiments en aval du réservoir par rinçage est considérée comme la technique de gestion la plus efficace.

Alors qu'il serait merveilleux que les politiques de gestion à grande échelle des bassins versants puissent servir à limiter la sédimentation des réservoirs et à pratiquer la conservation en même temps, le succès à cet égard a été très limité (Bulletin de la CIGB 147, 2009). Certaines des diminutions des dépôts de sédiments qui ont été observées sont dues à l'épuisement des sols érodables plutôt qu'au succès des mesures de conservation des sols. Quelques exemples montrent qu'il est possible de réduire le rendement en sédiments dans les grands bassins versants, mais à un coût considérable et sur de longues périodes (décennies), (Wark, 2012), (Quininero-Rubio et al, 2014).

Plans de gestion des sédiments et de l'environnement

La gestion des sédiments, comme toute autre tâche traitant des phénomènes naturels, présente des opportunités et des défis environnementaux. Les mesures d'ingénierie traitant de la sédimentation doivent être associées à un plan de gestion environnementale, et le plan doit être conçu au niveau de la faisabilité.

Les opportunités associées à la libération de sédiments en aval du réservoir peuvent être liées à la morphologie de la rivière et à l'atténuation de l'érosion côtière par le rechargement des sédiments. L'incertitude autour de l'élévation du niveau de la mer rend cette planification de l'équilibre des sédiments de plus en plus importante.

Du côté négatif, le déversement des sédiments à des impacts sur la qualité de l'eau de la rivière. Dans le tableau suivant, les effets sur deux paramètres clés et les moyens d'atténuer ces effets nous sont présentés (Sumi, 2005).

Paramètres à surveiller	Facteurs influençants	Mesures d'atténuation
SS : Solides en suspension (mg/l)	Il n'existe pas de seuil précis pour des concentrations de SS inoffensives, cependant la faune et la flore tolèrent normalement 5-10 mg/l. Les valeurs de SS et DO doivent être enregistrées pendant le déversement pour optimiser les opérations futures.	• Déverser les sédiments pendant les périodes de débit naturel élevé. • Commencer progressivement avec de l'eau claire. • Les opérateurs devraient être en mesure de suspendre et de redémarrer le déversement. • Déverser plus fréquemment • Rinçage après déversement avec de l'eau claire.
OD : Oxygène dissout	L'OD est peu affecté par les sédiments "frais". Les vieux sédiments réduisent l'OD (matière organique, ions métalliques, etc.).	Éviter une vidange rapide car elle met les vieux sédiments en suspension.

- Fine sediments (fine sands and below) permit implementation of most available techniques; coarse sediments (sand and gravel size) are almost impossible to handle in the long term; fortunately, coarse sediments generally represent a minor part of the solid load, although there are exceptions.

- Watershed management measures have proven effective in small catchments (less than 100 km²); for large catchments (more than 1,000km²) experience shows no appreciable effects, unless soils are very fine (Palmieri et al, 2003).

- In many cases, especially for large reservoirs, some form of passing sediments downstream of the reservoir by flushing is found to be the most effective management technique.

Whereas it would be wonderful if large-scale catchment policies could serve to limit reservoir sedimentation and to practice conservation at the same time, success in this regard has been very limited (ICOLD Bulletin 147, 2009). Some of the decreases in sediment loads which have been observed are due to depletion of erodible topsoil's rather than success with soil conservation measures. A few examples show that it is possible to reduce sediment yield in large catchments, but at sizable cost and over long periods (decades), (Wark, 2012), (Quininero-Rubio et al, 2014).

Sediment and environmental management plans

Managing sediment, as with any other task dealing with natural phenomena, presents environmental opportunities and challenges. Engineering measures dealing with sedimentation have to be associated with an environmental management plan, and the plan ought to be conceived at feasibility level.

Opportunities associated with sediment release downstream of the reservoir can be associated with river morphology and coastal erosion mitigation by sediment replenishment. Uncertainty around sea level rise makes this planning of the sediment balance increasingly important.

On the negative side, sediment flushing has impacts on river water quality. Effects on two key parameters and ways to mitigate such effects are shown in the following table (Sumi, 2005).

Parameter to monitor	Influencing factors	Mitigation measures
SS: Suspended Solids (mg/l)	Precise threshold for harmless SS concentrations do not exist, however fauna and flora normally tolerate 5-10 mg/l. Values of SS and DO should be recorded during flushing to optimize future operations.	• Flushing sediments during high natural flow periods. • Start gradually using clear water. • Operators should be able to suspend and restart flushing. • Flushing more frequently. • Post-flushing rinsing with clear water.
DO: dissolved Oxygen	DO is little affected by "fresh" sediments. Old sediments reduce DO (organic matter, metallic ions, etc.).	Avoid rapid drawdown because it puts old sediments in suspension.

Le défi de la planification future

Les effets de la sédimentation, et la perte de stockage associée, se développent à long terme, et les planificateurs n'aiment souvent pas prendre des mesures sur des événements incertains qui vont se produire dans un avenir lointain. Politiquement, investir maintenant pour quelque chose d'incertain dans le futur n'est pas une démarche gratifiante. Tant pour cette attitude, que pour une faible prise de conscience des effets de la sédimentation, le problème a été largement sous-estimé au début de la période de planification des barrages du 20ème siècle. Ce qui était le futur lointain il y a 50 ans ou plus est maintenant le présent et, malheureusement, la société et l'environnement ont été laissés avec les conséquences. Le problème est aussi économique :

• La capacité de stockage perdue entraîne des coûts de remplacement pour la construction d'un nouveau stockage si le niveau actuel d'approvisionnement doit être maintenu.

• À mesure que la sédimentation se produit à l'avenir, il y aura des avantages économiques réduits sous forme de moins de production d'hydroélectricité disponible à la vente, moins de terres irriguées pour produire de la nourriture, une capacité de protection contre les inondations réduite, etc…

L'approche Rescon : la faisabilité économique des stratégies de gestion des sédiments

Ayant constaté qu'il y avait peu, voire aucune, information publiée sur l'économie de la sédimentation des réservoirs et son implication pour le développement durable, (Palmieri et al. 2003) ont étudié le problème sous un angle économique.

Leur travail, connu sous le nom de l'"approche Rescon", a produit un cadre pour évaluer la faisabilité économique des stratégies de gestion des sédiments qui permettent de prolonger la vie des barrages autant que possible. Un tel cadre vise à répondre à deux questions liées, mais distinctes :

• Le coût supplémentaire engagé pour entreprendre des activités de gestion des sédiments en vaut-il la peine en termes de prolongation de la vie d'un barrage ?

• Est-il économique de prolonger indéfiniment la vie d'un barrage ?

Rescon préconise une approche de "gestion du cycle de vie", qui vise à concevoir et à gérer l'infrastructure des ressources en eau pour une utilisation durable, c'est-à-dire atteindre une capacité de stockage à long terme, qui est une fraction de la capacité initiale, mais qui est toujours capable de fournir des fonctions économiquement valides. Cela nécessite l'incorporation et l'utilisation d'installations de gestion des sédiments et/ou la mise en œuvre d'un plan d'actions à long terme pour prolonger la durée de vie de l'actif. Un tel plan devrait être conçu à l'étape de la faisabilité et nécessitera des examens et des ajustements périodiques pour assurer son adéquation pendant la durée de vie du réservoir.

Les adaptations à long terme envisagées pour le projet de Rogun HPP, au Tadjikistan, représentent un exemple pertinent.

The challenge of future planning

The effects of sedimentation, and associated loss of storage, develop in the long term, and planners often do not like to take action on uncertain events that are going to occur in the far future. Politically, investing now for something uncertain in the future is not a rewarding exercise. Both for such attitude, and for poor awareness of sedimentation effects, the issue has been largely underestimated in the early dam planning period of the 20th century. What was the far future 50 or more years ago is now the present and, unfortunately, society and the environment has been left with the consequences. The problem is also an economic one:

- The lost storage capacity entails replacement costs for construction of new storage if the present level of supply is to be maintained.

- As sedimentation occurs in the future, there will be reduced economic benefits in the form of less hydropower production available for sale, less irrigated land to produce food, reduced flood routing capacity, etc.

The Rescon approach: economic feasibility of sediment management strategies

Having found that there was little, if any, published information on the economics of reservoir sedimentation and its implication for sustainable development, (Palmieri et al. 2003) studied the problem from an economic angle.

Their work, known as "the Rescon approach", produced a framework to assess the economic feasibility of sediment management strategies that allow the life of dams to be prolonged as much as possible. Such a framework aims at answering two related, but distinct questions:

- Is the extra cost incurred in undertaking sediment management activities worthwhile in terms of extending the productive life of a dam?

- Is it economical to extend the life of a dam indefinitely?

Rescon advocates a "life cycle management" approach, which aims at designing and managing water resource infrastructure for sustainable use, i.e. reaching a long-term storage capacity, which is a fraction of the initial one, but still is able to deliver economically valid functions. This requires the incorporation and use of sediment management facilities and/ or the implementation of a long-term action plan to prolong asset life. Such a plan should be conceived at the feasibility stage and will require periodic reviews and adjustments to ensure its adequacy during the life of the reservoir.

The long-term arrangements being considered for the proposed Rogun HPP, in Tajikistan, represent a pertinent example.

En raison du niveau élevé de sédiments transportés, tout réservoir de stockage sur la rivière Vakhsh est destiné à avoir une durée de vie limitée de l'ordre de 100 à 200 ans. Cela nécessite le développement de stratégies spécifiques pour assurer une configuration sûre du site à long terme.

À la fin de la vie utile, le déversoir de surface pourrait également décharger les apports solides et gérer l'équilibre des sédiments, longtemps après que l'usine et les autres installations de déversoir seront mises hors service. Une option de gestion à long terme ultime pourrait être de retirer les vannes du déversoir de surface permettant aux sédiments d'éroder un chenal creusé à travers le déversoir et la roche sous-jacente sur une période de plusieurs décennies.

Mettre en place un fonds de décommissionnement le plus tôt possible, alimenté par une partie des bénéfices du projet, permettrait de financer les coûts de démantèlement à long terme.

Dans le cas des barrages existants, qui ont été construits selon le concept de "stockage mort", il convient d'étudier la possibilité de les convertir en projets durables. Les actions pertinentes peuvent comprendre une modification substantielle de l'usine (par exemple, la protection des prises d'eau et la conversion en un schéma d'aménagement au fil de l'eau), un changement de finalité (par exemple, loisirs, agriculture, création d'écosystèmes) et dans des cas extrêmes, la mise à la retraite du barrage avec sa suppression partielle ou complète.

5.3. LE DÉFI D'ENVISAGER DES CHANGEMENTS À LONG TERME

Les périodes de planification de grands projets à usages multiples durent rarement moins d'une décennie ; normalement, elles durent quelques décennies. Pendant ces longues périodes, les besoins à satisfaire par le projet prévu évoluent et changent. Le cas suivant de la Chine en est un parfait exemple.

Projet de maîtrise des eaux de Dalong

Évolution de la fonction polyvalente au cours de la planification (43 ans) :

- 1958 à 1966 : orientée vers l'hydroélectricité
- 1969 à 1985 : l'irrigation, l'approvisionnement en eau des villes, la lutte contre les inondations et l'hydroélectricité ; la capacité de stockage a été portée à 373 Mm3
- 1988 à 1995 : approvisionnement en eau urbaine, irrigation, hydroélectricité, lutte contre les inondations
- 1998 à 2001 : lutte contre les inondations orientée, capacité de lutte contre les inondations augmentée à 148 Mm3, irrigation, approvisionnement en eau urbaine, irrigation, hydroélectricité
- 2013 : inclus dans le parc aquatique « Green Island » (zone de conservation de l'eau) dans la province de Hainan

Due to the high level of carried sediment, any storage reservoir on the Vakhsh River is bound to have a limited lifetime of the order of 100 to 200 years. This requires the development of specific long-term strategies to ensure a safe long term configuration of the site.

At the end of useful life, the surface spillway could also discharge the solid inflows and manage the sediment balance, long after the plant and the other spillway facilities will be put out of operation. An ultimate long-term management option could be to remove the surface spillway's gates allowing sediments to erode an incised water way through the spillway and underlying rock over a period of several decades.

To put in place a de-commissioning fund as early as possible, fed with part of the projects benefits, would permit to finance long term de-commissioning costs.

In the case of existing dams, which were built along the concept of "dead storage", the potential for converting them into sustainable projects should be investigated. Pertinent actions can comprise substantial plant modification (e.g. protecting the intakes and converting to a run-of-river scheme), change of purpose (e.g. recreation, farming, environment creation) and in extreme cases dam retirement with partial or complete removal of the dam.

5.3. THE CHALLENGE OF ENVISIONING LONG-TERM CHANGES

Planning periods of large multipurpose projects last rarely less than a decade; normally they last a few decades. During those long periods, the needs to be fulfilled by the planned project evolve and change. The following case from China is a pertinent example.

Dalong Water Control Project

Evolution of multipurpose function during the planning period (43 years):

- 1958 to 1966: hydropower oriented.
- 1969 to 1985: irrigation oriented, urban water supply, flood control and hydropower; storage capacity increased to 373 Mm3.
- 1988 to 1995: urban water supply-oriented, irrigation, hydro, flood control.
- 1998 to 2001: flood control oriented, flood control capacity increased to 148 Mm3, irrigation, urban water supply, irrigation, hydro.
- 2013: included in "Green Island "water park (water conservancy area) in Hainan Province.

Réservoir de Danjiangkou, Chine

Construit en 1968 pour le contrôle des inondations, l'hydroélectricité (900MW), l'approvisionnement en eau, l'irrigation et la navigation. La valeur stratégique de l'actif à usages multiples réside dans son adaptation, par des mesures structurelles (élévation du barrage), pour servir une fonction supplémentaire, après 37 ans d'exploitation. En permettant la voie médiane du projet de transfert d'eau du Sud au Nord, Danjiangkou a produit des avantages économiques indirects majeurs.

Il est raisonnable de s'attendre, comme le démontrent plusieurs études de cas, à ce que de tels changements se produisent également pendant le cycle de vie du projet. Les encadrés ci-dessous illustrent deux autres cas de ce type :

Réservoir de Xhafzotaj, Albanie

Initialement construit pour l'irrigation, Xhafzotaj est un petit réservoir hors cours d'eau, qui était autrefois rempli par un canal d'alimentation et par pompage. Ni le canal d'alimentation, ni le pompage n'ont été en fonctionnement depuis environ 1999. Le lac est pratiquement vide et des établissements sont présents sur la plupart des rives du lac, bien en dessous du niveau d'exploitation minimum. Les zones autour du réservoir sont presque totalement urbanisées et il n'y a guère de demande significative d'irrigation depuis longtemps. En même temps, une ville voisine a besoin d'un approvisionnement en eau supplémentaire et la modernisation du barrage de Xhafzotaj peut répondre à cette demande.

Barrage de Waipori, Nouvelle-Zélande

Construit en 1907 pour l'hydroélectricité (83 mW). Le barrage a permis la récupération des terres en aval, ce qui a favorisé le développement agricole. L'investissement en aval a donc été jugé nécessitant un niveau plus élevé de protection contre les inondations, de sorte que l'exploitation du réservoir a dû inclure la gestion des inondations. Les fonctions de loisirs et écologiques ont été ajoutées environ un siècle après la construction.

L'infrastructure hydraulique se caractérise par sa longévité et par son large impact sur l'environnement et la société. L'échelle, la sélection du site et les caractéristiques opérationnelles doivent être évaluées dans une perspective de planification à long terme, en intégrant les tendances prévues et en mettant l'accent sur l'adaptabilité. Cela garantira que les générations futures héritent d'institutions et d'infrastructures capables de s'adapter à leurs valeurs en évolution. Il ne fait aucun doute que ce principe de durabilité est valide ; sa mise en œuvre pratique n'est cependant pas un exercice trivial.

Suivi et évaluation Post-Projet

Une approche raisonnable consiste à établir un processus de suivi et d'évaluation post-projet pour examiner périodiquement les performances, les avantages et les impacts. La comparaison des résultats avec les résultats prévus suggérerait des mesures pour optimiser/corriger/améliorer ces résultats. Lorsque les barrages font partie d'un schéma plus large de développement de bassin fluvial et régional, le processus devrait prendre en compte les effets au niveau du bassin de tous les composants du projet et du programme liés au projet en considération. Dans de tels cas, l'évaluation des impacts croisés (voir section 8.2) pourrait être un outil utile.

Danjiangkou Reservoir, China

Built in 1968 for flood control, hydropower (900MW), water supply, irrigation, navigation. The strategic value of the multipurpose asset lays in its adaptation, by structural measures (dam rising), to serve an additional function, after 37 years of operation. Allowing the middle route of the South to North Water Transfer Project, Danjiangkou produced major indirect economic benefits.

It is reasonable to expect, as several case studies demonstrate, that such changes will also occur during the life cycle of the project. The boxes below illustrate other two such cases.

Xhafzotaj Reservoir, Albania

Initially built for irrigation, Xhafzotaj is a small off-stream reservoir, which used to be filled by a feeder canal and by pumping. Neither the feeder canal, nor pumping have been in operation since about 1999. The lake is practically empty and settlements are present on most of the lakeshores well below minimum operating level. Areas around the reservoir are almost totally urbanized and there is hardly any significant irrigation demand any longer. At the same time, a nearby town is in need of additional water supply and modernization of Xhafzotaj Dam can meet that demand.

Waipori Dam, New Zealand

Built in 1907 for hydropower (83 MW). The dam allowed reclamation of land downstream, which promoted agricultural development. The investment downstream therefore was deemed to need a higher level of flood protection, so reservoir operation had to include flood management. Recreation and ecological functions were added about a century after construction.

Hydraulic infrastructure is characterized by its longevity and by its broad impact on the environment and society. Scale, site selection and operational characteristics need to be assessed from a long-term planning perspective, incorporating anticipated trends and emphasizing adaptability. This will ensure that future generations inherit institutions and infrastructure that can adapt to their evolving values. There is no doubt that this sustainability principle is valid; how to implement it in practice is not a trivial exercise.

Post-project monitoring and evaluation

A reasonable approach is to establish a post-project monitoring and evaluation process to periodically review performance, benefits and impacts. Comparing findings with planned outcomes would suggest measures to optimize/ rectify/ improve those outcomes. Where dams are part of a larger river basin and regional development scheme, the process should take into account basin-level effects of all project and program components linked to the project in consideration. In such cases, Cross Impact Assessment (see section 8.2) could be a useful tool.

La construction de scénarios

La construction de scénarios est également utile pour gérer les problèmes associés à la planification à long terme. Il est en fait impossible d'anticiper ce qui se passera dans un siècle ou plus, cependant, un scénario relatif à la performance à long terme du projet à usages multiples peut être postulé à l'étape de faisabilité. Un facteur clé dans la construction de scénarios est généralement la sédimentation, mais d'autres facteurs pourraient jouer un rôle tels que la fiabilité et la sécurité, les effets cumulatifs des futurs projets, les effets du changement climatique, les demandes émergentes, etc.

Concept de gestion des actifs

Sumi et al. (2009) ont soutenu que, pour maintenir les fonctions des réservoirs et éviter de transférer l'intégralité de leur entretien à la génération suivante, il est essentiel d'appliquer le concept de gestion des actifs aux barrages. Dans un avenir proche, la gestion stratégique des actifs, y compris les mesures préventives contre la sédimentation des rivières, sera un défi important. Ils ont noté que les concepts de gestion des actifs s'appliquent normalement aux machines et équipements ayant des durées de vie relativement courtes, pour diagnostiquer la détérioration de l'équipement hydroélectrique et pour enquêter sur les coûts d'entretien. Cependant, la gestion globale des actifs des systèmes de barrages et de réservoirs, y compris les corps de barrage, n'est généralement pas poursuivie. Cela est probablement dû au fait qu'une structure de barrage a une durée de vie très longue, difficile à caractériser, et que le besoin de discuter du plan de maintenance optimal est généralement faible pour un barrage relativement nouveau. Le tableau suivant (Sumi et al., 2009) catégorise les installations liées aux barrages et les priorités de gestion par période de renouvellement :

Période de renouvellement	Installation, etc.	Priorités de gestion	Remarques
Courte (de quelques années à quelques décennies)	- Machines et équipements - Équipements électriques - Bâtiments	- Réduction du coût total des inspections, des améliorations, des réparations et des renouvellements	- Amélioration du niveau de service - Réponse aux progrès technologiques
Longue (quelques décennies à quelques siècles)	- Réservoir (sédimentation)	- Prolongation de la durée de vie - Réduction des coûts du cycle de vie	- Si des mesures appropriées sont prises, la période de renouvellement est prolongée.
Extrêmement longue (incertaines)	- Corps du barrage	- Inspections - Réduction des coûts de maintenance - Évaluations des risques	- Si une gestion appropriée est effectuée, le renouvellement est inutile pendant une très longue période, et la valeur actuelle des coûts de renouvellement ne peut être évaluée.
Contingente	- Pentes du réservoir - Glissements de terrain - Réponse aux séismes, etc.	- Inspections - Réponse d'urgence	- Réponse lors de la construction à un niveau stipulé.

Sumi et al. (2009) ont étendu le concept de gestion des actifs à la sédimentation des réservoirs et ont conclu qu'il devrait de préférence être mis en œuvre sur un système de réservoirs. L'optimisation des mesures de gestion des sédiments dans le contexte d'un système de barrages implique l'application périodique de contre-mesures de sédimentation à un réservoir, tandis que les autres continuent à fournir des services. En pratique, cela nécessite N+1 réservoirs dans le système, le "barrage N+1" fournissant une sauvegarde de service lorsque des contre-mesures, impliquant l'abaissement du réservoir, sont mises en œuvre à un autre réservoir. En bref, la gestion de la sédimentation devrait être reconnue comme "un autre utilisateur de l'eau".

Scenario building

Scenario Building is also useful in managing issues associated with long-term planning. It is in fact impossible to anticipate what will happen in one century or so, however, a scenario pertaining to long-term performance of the multipurpose project can be postulated at feasibility stage. A key factor in scenario building is generally sedimentation, but other factors could have a role such as reliability and safety, cumulative effects of future projects, effects of climate change, emerging demands, etc.

Asset management concept

Sumi et al. (2009) argued that, in order to sustain reservoir functions and to avoid transferring the full burden of their maintenance to the next generation, it is essential to apply asset management concept to dams. In the near future, strategic asset management including preventive countermeasures for river sedimentation will be an important challenge. They noted that asset management concepts normally apply to machinery and equipment with relatively short service lifetimes, to diagnose deterioration of hydropower equipment and to survey maintenance costs. However, overall asset management of dam and reservoir systems, including dam bodies, is generally not pursued. This is presumably a result of the fact that a dam body has such a long service lifetime, which is difficult to specify, and that the need to discuss the optimum repair plan is generally low at a relatively new dam. The following table (Sumi et al., 2009) categorizes dam-related facilities and management priorities by renewal period.

Renewal period	Facility etc.	Management Priorities	Remarks
Short (a few years to a few decades)	- Machinery & equipment - Electrical equipment - Buildings	- Reducing total cost of inspections, improvement, repair, and renewal	- Improving the service level - Responding to technological progress
Long (a few decades to a few centuries)	- Reservoir (sedimentation)	- Prolonging service lifetime - Lowering life cycle costs	- If appropriate measures are taken, renewal period is prolonged.
Super long (unclear)	- Dam body	- Inspections - Reducing maintenance costs - Risk assessments	- If appropriate management is performed, renewal is unnecessary for a very long time, and the present value of renewal costs cannot be assessed.
Contingent	- Reservoir slopes - Landslides - Earthquake response etc.	- Inspections - Emergency response	- Response when constructing to a stipulated level.

Sumi et al. (2009) extended the concept of asset management to reservoir sedimentation and concluded that it should preferably be implemented on a system of reservoirs. Optimizing sediment management measures in a dam system context implies periodic application of sedimentation countermeasures at one reservoir, while the others continue to deliver services. In practice, this requires N+1 reservoirs in the system, whereby the "N+1 dam" provides service backup when countermeasures, involving reservoir drawdown, are implemented at another reservoir. In brief, sedimentation management should be recognized as "another water user".

Aspects financiers de la planification du retrait des actifs

Une question récurrente, dans ce contexte, est le taux d'actualisation à utiliser en présence d'une période d'actualisation très longue, qui est discutée dans la section 4.1 ci-après. Le fait que les coûts et les bénéfices se produisant loin dans le futur aient un impact limité sur les décisions présentes peut être atténué par un plan financier adéquat pour le financement du retrait/remplacement des actifs lorsque l'actif approche de la fin de sa vie économique.

Au moment de l'étude de faisabilité, le plan de retrait doit être abordé à un niveau conceptuel. Le plan de conception et de financement correspondant doit être progressivement développé pendant la période d'exploitation. Le plan doit assurer, non seulement des ressources pour le retrait du projet et la restauration du site, mais aussi pour la continuité de la fourniture des services du barrage/réservoir. Une politique de remplacement financier devrait aborder :

a) la création d'un fonds de remplacement et son solde initial ;

b) les retraits annuels du fonds de remplacement ;

c) les sources externes nécessaires pour le renouvellement des fonds propres (par exemple, surtaxes des frais d'utilisateur, transferts opérationnels, émissions d'obligations, etc.).

La surveillance du vieillissement du barrage/réservoir (notamment, mais pas seulement, la sédimentation) devrait déterminer comment la vie résiduelle de l'actif se compare à celle anticipée. Les dépôts annuels au fonds propres devraient être augmentés si l'estimation actuelle de la vie résiduelle est inférieure à celle anticipée. Les dépôts pourraient être réduits dans le cas contraire (vie résiduelle plus longue). Ce mécanisme, de type gestion adaptative, encourage l'allocation de fonds propres appropriés pour l'exploitation et la gestion récurrentes des actifs, et aboutit à des projets plus durables.

5.4. LA MISE HORS SERVICE DES BARRAGES MISE EN CONTEXTE

La mise hors service des barrages en contexte : la mise hors service des barrages est un phénomène relativement récent, qui devrait être considéré comme un processus normal dans les pays où la construction de barrages a commencé il y a environ un siècle. La 'normalité' du processus est due au fait que les demandes et les priorités sociétales changent avec le temps, il ne devrait donc pas être surprenant qu'elles puissent devenir radicalement différentes après un siècle ou plus. Notamment, de nombreux barrages qui ont été mis hors service aux États-Unis, et incidemment les plus hauts, sont de vieux barrages miniers, qui ont été construits pendant la Ruée vers l'Or. En même temps, de nombreux barrages construits pour fournir de l'eau et de l'énergie pour l'exploitation minière sont toujours en service ; la plupart ont été modifiés et renforcés pour répondre aux normes actuelles de sécurité des barrages.

La CIGB a créé un comité en 2005 pour développer des informations qui peuvent être utilisées pour répondre aux demandes sur la mise hors service des barrages et pour fournir un forum d'échange d'informations sur le sujet. En 2012, le comité a publié le Bulletin 160 "Directives sur la mise hors service des barrages" pour fournir des orientations sur le processus de prise de décision, la consultation et les approbations réglementaires, les problèmes de conception et de construction, la gestion de la sédimentation et le suivi des performances.

Mise hors service versus réingénierie

Les États-Unis sont le principal endroit où la mise hors service des vieux barrages est effectuée. Les barrages sont retirés principalement pour des raisons environnementales, de sécurité et économiques. D'autres pays où ce processus peut, dans une certaine mesure, être mis en oeuvre sont l'Australie, le Canada et quelques pays européens (France, Italie, Suisse, Suède et Royaume-Uni) ; dans tous les cas, l'ampleur est beaucoup plus faible qu'aux États-Unis. Inutile de dire que le sujet est loin d'être envisagé dans des pays en développement qui n'ont pas encore construit leur stock d'infrastructures hydrauliques.

Financial aspects of asset retirement planning

A recurrent issue, in this context, is the discount rate that should be used in the presence of a very long discount period, which is discussed in section 4.1 herewith. The circumstance that costs and benefits happening far in the future have limited impact on present decisions, may be attenuated by a suitable financial plan for funding asset retirement/ replacement when the asset gets close to the end of its economic life.

At the time of feasibility, the retirement plan should be addressed at a conceptual level. The corresponding design and financing plan should be progressively developed during the operation period. The plan should ensure, not only resources for project retirement and site restoration, but also for the continued supply of the dam/ reservoir purposes. A financial replacement policy should address:

   a) establishment of a replacement fund and its initial balance;

   b) annual withdrawals from the replacement fund;

   c) required outside sources of fund replenishment (e.g., user fee surcharges, operational transfers, bond issues, etc.).

Monitoring of dam/ reservoir aging (notably, but not limited to, sedimentation) should determine how the residual life of the asset compares with the anticipated one. Annual deposits to the fund should be increased if the current estimate of the residual life falls short of the anticipated one. Deposits could be reduced in the opposite case (longer residual life). This mechanism, of the adaptive management type, encourages allocation of suitable funds for recurrent operation and management of the assets, and results in more sustainable projects.

5.4. DAM DECOMMISSIONING PUT IN CONTEXT

Decommissioning of dams is a relatively recent happening, which should be regarded as a normal process in countries where dam construction started about a century ago. The 'normality' of the process is because societal demands and priorities change over time, therefore it should not be surprising that they may become radically different after a century or so. Notably, many dams that have been decommissioned in the United States, and incidentally the highest ones, are old mining dams, which were built during the Gold Rush. At the same time, many dams built to provide water and power for mining are still in service; most have been modified and strengthened to meet current dam safety standards.

ICOLD established a Committee in 2005 to develop information that can be used to respond to inquiries on dam decommissioning and to provide a forum for exchange of information on the subject. In 2012, the committee issued Bulletin 160 "Dam Decommissioning Guidelines" to provide guidance on the decision-making process, consultation and regulatory approvals, design and construction issues, sedimentation management and performance monitoring.

Decommissioning vs re-engineering

The United States is the principal place where decommissioning of old dams is being carried out. Dams are removed principally for environmental, safety, and economic reasons. Other countries where that process can, to some extent, be traced are Australia, Canada, and a few European countries (France, Italy, Switzerland, Sweden, and UK); in all cases, the extent is much lower than in the USA. Needless to say, the subject is far from being contemplated in those developing countries which have not yet built their stock of hydraulic infrastructure.

Aux États-Unis (Charlwood, 2004), la suppression (ou décommissionnement) des barrages est devenue une alternative acceptée pour gérer les barrages vieillissants, avec environ 500 cas documentés comme le montre le tableau suivant ; notez que ce nombre est faible comparé aux 87 000 barrages répertoriés dans l'Inventaire National des Barrages (NID).

Total des barrages décommissionnés aux États-Unis (de 1946 à 2004) : 467

État	Nombre	Les plus haut (m)	Hauteur moyenne (m)
California	48	17.1	4.6
Wisconsin	73	17.7	3.0
Connecticut	16	7.9	3.4
Ohio	38	12.2	5.8
Pennsylvanie	38	9.1	2.7
Tennessee	26	48.8*	14.3*
Illinois	17	29.3	7.9

*Supprimé et sous la possession de compagnies minières

On peut voir que la plupart des barrages décommissionnés sont de taille très modeste.

Lorsqu'il s'agit de grands projets polyvalents avec une très longue durée de vie, il est très peu probable que le décommissionnement ou la suppression totale du barrage devienne l'option privilégiée. La réingénierie du projet, avec des investissements majeurs en réhabilitation et en amélioration, est l'alternative évidente. Des options intermédiaires, avec un remplacement total ou partiel des services, devraient également être envisagées. Les deux encadrés suivants fournissent des exemples d'un projet de décommissionnement de barrage aux États-Unis, et d'un projet de réingénierie de barrage en Chine.

Projet de restauration de la rivière Elwha (États-Unis, WA)

Projet de restauration de la rivière Elwha (États-Unis, WA) : Construits pour fournir de l'électricité au secteur minier, les deux barrages (Elwha et Glines Canyon) ont assuré, pendant leur existence, des fonctions supplémentaires telles que la gestion des inondations et l'approvisionnement en eau domestique/industrielle. En 1992, après 70 ans d'exploitation, la loi sur la restauration de l'écosystème et des pêcheries de la rivière Elwha a suspendu la re-licence de la FERC. La loi de 1992 a prévu l'acquisition du projet par le gouvernement américain à un prix fixe (29,5 millions de dollars) auprès du propriétaire privé. La production d'électricité a été interrompue. La continuation des services non électriques aux parties affectées serait assurée : quantité et qualité de l'approvisionnement en eau, protection contre les inondations, protection des ressources culturelles. Coût total supporté par le secteur public : 325 millions de dollars ; temps de mise en œuvre 7 ans. Problème technique majeur : gestion des sédiments."

Réingénierie du Réservoir de Fengman (Chine)

Le réservoir de Fengman est en service depuis près de 70 ans. Il s'agit du premier barrage en Chine atteignant la fin de sa durée de vie et du premier grand barrage en Chine à être reconstruit. Plusieurs instituts chinois ont mené une comparaison approfondie entre différentes options et la reconstruction complète s'est imposée comme la meilleure solution. En octobre 2012, la Commission nationale du développement et de la réforme a approuvé le projet de reconstruction. La réingénierie comprend la démolition partielle du barrage original et la construction d'un nouveau barrage 120 mètres en aval de l'original. Le nouveau barrage aura une longueur de 1068 mètres et une hauteur maximale de 94,5 mètres. Après l'achèvement du programme de reconstruction, un spectacle de "deux barrages sur un même site" apparaîtra à l'embouchure du canyon. Six nouveaux groupes turbines-générateurs, de 200 MW chacun, seront installés sur le nouveau site, et deux groupes de 140 MW chacun sur le barrage original. La capacité installée totale passera de 1022 MW à 1480 MW, avec une capacité de production annuelle de 1709 GWh. La réingénierie et la modernisation du projet du réservoir de Fengman coûteront 9,1 milliards de RMB (estimation de l'année 2010).

In the United States (Charlwood, 2004), dam removal (or decommissioning) has become an accepted alternative for dealing with ageing dams with about 500 documented cases as shown in the following table; note that this is a small number compared to the 87,000 dams in the National Inventory of Dams (NID).

Total dams decommissioned in United States (1946 to 2004): 467

State	Number	Highest (m)	Average Height (m)
California	48	17.1	4.6
Wisconson	73	17.7	3.0
Connecticut	16	7.9	3.4
Ohio	38	12.2	5.8
Pennsylvania	38	9.1	2.7
Tennessee	26	48.8*	14.3*
Illinois	17	29.3	7.9
*Owned and removed by mining companies			

It can be seen that most of these decommissioned dams are of very modest size.

When dealing with large, multipurpose projects with a very long service life, it is very unlikely that decommissioning or total dam removal becomes the preferred course of action. Re-engineering the project, with major rehabilitation and upgrading investments, is the obvious alternative. Intermediate options, with full or partial replacement of services, should also be considered. The following two boxes provide examples of a dam decommissioning project in USA, and a dam re-engineering project in China.

Elwha River Restoration Project (United States, WA)

Built for electricity supply to the mining sector, the two dams (Elwha and Glines Canyon) delivered, during their life, additional functions such as flood management of domestic/ industrial water supply. In 1992, after 70 years of operation, the Elwha River Ecosystem and Fishery Restoration Act suspended FERC re-licensing. The 1992 Act provided for project acquisition by U.S. Government at a fixed price ($29.5 million) from the private owner. Electricity production discontinued. Continuation of non-electricity services to affected parties would be ensured: quantity and quality for water supply, flood protection, protection of cultural resources. Overall cost sustained by the public sector: 325 million USD; implementation time 7 years. Major technical issue: sediment management.

Fengman Reservoir Re-engineering (China)

Fengman Reservoir has been in operation for nearly 70 year. It is the first dam in China reaching the expiry of service life and the first large dam in China to be rebuilt. Several Chinese institutes carried out in-depth comparison among different options and full reconstruction emerged as the preferred course of action. In October 2012, the state Development and Reform Commission approved the reconstruction project. Re-engineering includes partial demolition of the original dam and building a new dam 120m downstream of the original one. The new dam will have a length of 1068m, and maximum height of 94.5m. After completion of the reconstruction program, "a site of two dams" spectacle will appear at the mouth of the canyon. Six new turbine generator sets, 200MW each, will be installed at the new site, and 2*140MW at the original dam. The total installed capacity will go from 1022 to 1480MW, with an annual generation capacity of 1709 GWh. Re-engineering and uprating of Fengman Reservoir Project will cost 9.1 billion RMB (year 2010 estimate).

Dans de nombreux cas, des bénéfices réels pour la société et l'environnement apparaissent à la suite de la suppression d'un vieux barrage. Cependant, retirer un barrage d'une rivière n'est pas toujours une solution appropriée. En effet, il y a eu des problèmes significatifs et imprévus résultant de projets de suppression mal planifiés et mal exécutés. L'élimination des sédiments du réservoir et/ou le transport des sédiments après la suppression du barrage doit être soigneusement planifiés et exécutés pour prévenir des effets indésirables en aval. De plus, il y a des données insuffisantes dans la littérature pour soutenir ou réfuter de manière définitive l'idée que la suppression des barrages améliore effectivement la santé d'un système fluvial.

La restauration des rivières et la conception de canaux naturels sont devenues un objectif en soi dans de nombreux cas au cours des dernières décennies. Des millions de dollars ont été, ou seront, dépensés pour des projets de restauration de rivières à travers toute l'Amérique du Nord. Les objectifs de ces projets sont souvent de restaurer une rivière à son état antérieur à la perturbation ou simplement de ramener une rivière à une condition naturelle.

Cependant, dans de nombreux cas, ces objectifs ne peuvent pas être atteints parce que :

1. Connaître et restaurer toutes les variables complexes et dynamiques constituant un système fluvial à leur état naturel est presque impossible.

2. Dans certains cas, il n'est pas possible de définir l'état de la rivière avant la perturbation.

3. Même lorsque l'état de la rivière avant la perturbation peut être établi, restaurer la rivière à cet état peut ne pas être durable ou souhaitable compte tenu des nouvelles réalités démographiques et climatiques, ainsi que des adaptations environnementales qui ont eu lieu durant la vie de l'infrastructure.

Souvent, ce qui est nécessaire, c'est un plan pour établir un nouveau système fluvial à comportement naturel qui maintient autant que possible les composants souhaitables du système. Cependant, dans certains cas, ces composants souhaitables peuvent être en contradiction avec les caractéristiques de la rivière avant la perturbation. Par conséquent, le terme restauration devrait être défini de manière à inclure des significations plus larges, telles que la réhabilitation, l'amélioration et la stabilisation par une gestion durable. Il est donc clairement très important de définir des objectifs réalisables pour un projet de restauration de rivière afin de garantir la réussite de la mise en œuvre du plan de restauration.

Il ne faut pas sous-estimer le besoin d'une évaluation adéquate des impacts environnementaux des projets de démantèlement de barrages. Contrairement à l'idée générale, cet exercice peut être aussi complexe, voire plus complexe, que l'évaluation des nouveaux projets de barrage. Le besoin d'une évaluation adéquate des impacts environnementaux du démantèlement de barrages est crucial. De plus, il peut également y avoir une opposition significative du public au démantèlement des barrages. L'USSD (United States Society on Dams) a publié des lignes directrices (Randle et al., 2013) pour les projets de démantèlement de barrages, y compris sur l'évaluation environnementale.

5.5. RÉFÉRENCES

G. Annandale, " *Quenching the Thirst- sustainable water supply and climate change* ", Plateforme d'édition indépendante, Nord de Charleston, SC, États-Unis, 2013.

R.G. Charlwood, " Current Issues in the Management of Dams in the United States ", United States Society on Dams, 2004.

CIGB Bulletin 147 (2009), "Sedimentation and Sustainable Use of Reservoirs and River Systems" .

N. Matsumoto, " *The Role of Dams in Japan - Past, Present, and Future* ", XXIIème Congrès de la CIGB, Barcelone, juin 2006.

In many cases, real benefits to society and to the environment occur following the removal of an old dam. However, removing a dam from a river is not always an appropriate solution. Indeed, there have been significant unanticipated problems that have resulted from inadequately planned and executed removal projects. Sediment removal from the reservoir and/or sediment transport after dam removal must be carefully planned and executed to prevent unwanted downstream effects. As well, there is insufficient data available in the literature to definitively support (or refute) the notion that dam removal actually enhances the health of a river system.

River restoration and natural channel design has become an objective in itself in many cases during the last few decades. Millions of dollars have been, or will be, spent on river restoration projects all over North America. The objectives of these projects are often intended to restore a river to its pre-disturbance status or simply to return a river to a natural condition.

However, in many cases these objectives cannot be achieved because:

1. Knowing and restoring all of the complex and dynamic variables making up a river system to their natural status is almost impossible.

2. In some cases, it is not possible to define a river's pre-disturbance status.

3. Even when the pre-disturbance status of a river system can be established, restoring the river to that status may not be sustainable or desirable under new demographic and climate futures, and taking account of environmental adaptations that have taken place during the life of the infrastructure.

Often, what is needed is a plan to establish a new, naturally behaved river system that maintains as many of the desirable components of the system as possible. However, in some cases these desirable components may be at odds with the pre-disturbance characteristics of the river. Therefore, the term restoration should be defined to include broader meanings including rehabilitation, enhancement and stabilization through sustainable management. Clearly then, defining achievable objectives for a river restoration project is extremely important for successful implementation of a river restoration plan.

The need for an adequate environmental impact assessment of dam decommissioning projects should not be underestimated. Contrary to general belief, the exercise can be as complex, if not more, than the assessment of new dam projects. The need for an adequate environmental impact assessment of dam decommissioning cannot be underestimated. Besides, there can also be significant public opposition to dam decommissioning. The USSD has published guidelines (Randle et al., 2013) for dam decommissioning projects, including on environmental assessment.

5.5.   REFERENCES

Annandale G. "*Quenching the Thirst- sustainable water supply and climate change*" Create Space Independent Publishing Platform, North Charleston, SC, US. 2013.

Charlwood R.G. "Current Issues in the Management of Dams in the United States", United States Society on Dams, 2004.

ICOLD Bulletin 147 (2009) "Sedimentation and Sustainable Use of Reservoirs and River Systems".

Matsumoto N. "*The Role of Dams in Japan - Past, Present, and Future*" XXII ICOLD Congress, Barcelona, June 2006.

Morris, G.L. et J. Fan, 1997, " Reservoir Sedimentation Handbook: Design and Management of Dams, Reservoirs and Watersheds for Sustainable Use ", New York : McGraw Hill.

A. Palmieri, F. Shah, G. Annandale, A. Dinar, " Reservoir Conservation- The Rescon Approach-economic and engineering evaluation of alternative strategies for managing sedimentation in storage reservoirs", La Banque Mondiale, juin 2003.

Palmieri A., Shah F., Annandale G., Dinar A. "Reservoir Conservation- The Rescon Approach-economic and engineering evaluation of alternative strategies for managing sedimentation in storage reservoirs" La Banque Mondiale, juin 2003.

Quininero-Rubio, J.M. et al., 2014, " Evaluation of the effectiveness of forest restoration and check-dams to reduce catchment sediment yield ", Land Degradation & Development,wileyonlinelibrary.com.

T.J Randle, T.E. Helper, " USSD Guidelines for Dam Decommissioning Projects ", United States Society on Dams (organisation américaine spécialisée dans les barrages), 2013. www.ussdams.org.

A.J. Schleiss, G. De Cesare, J. Jenzer Althaus, " Reservoir sedimentation and sustainable development", Atelier sur l'érosion, le transport et le dépôt des sédiments, Lausanne, 2008.

T. Sumi, " Sediment flushing efficiency and selection of environmentally compatible reservoir sediment management measures ", Université de Kyoto, 2005.

T. Sumi, K. Kobayashi, K. Yamaguchi, Y. Takata, "*Study of the Applicability of the Asset Management for Reservoir Sediment Management*", Q.89-R.4 au 23ème Congrès de la CIGB, Brasilia, mai 2009.

B. Wark 2012. " Controlling the deposition of sediment in Lake Argyle - A success story ", Q. 92 - R.3, CIGB, Kyoto.

Morris, G.L. and J. Fan. 1997. "Reservoir Sedimentation Handbook: Design and Management of Dams, Reservoirs and Watersheds for Sustainable Use" New York: McGraw Hill.

Palmieri A., Shah F., Annandale G., Dinar A. "Reservoir Conservation- The Rescon Approach- economic and engineering evaluation of alternative strategies for managing sedimentation in storage reservoirs" The World Bank, June 2003.

Palmieri A., Shah F., Annandale G., Dinar A. "Reservoir Conservation- The Rescon Approach- economic and engineering evaluation of alternative strategies for managing sedimentation in storage reservoirs" The World Bank, June 2003.

Quininero-Rubio, J.M. Et al. 2014. *"Evaluation of the effectiveness of forest restoration and check-dams to reduce catchment sediment yield",* Land Degradation & Development, wileyonlinelibrary.com

Randle T.J., Helper T.E. "USSD Guidelines for Dam Decommissioning Projects" United States Society on Dams, 2013. www.ussdams.org.

Schleiss A.J., De Cesare G., Jenzer Althaus J. "Reservoir sedimentation and sustainable development" Workshop on Erosion, Transport and Deposition of Sediments, Lausanne, 2008.

Sumi T., "Sediment flushing efficiency and selection of environmentally compatible reservoir sediment management measures" Kyoto University, 2005.

Sumi T., Kobayashi K., Yamaguchi K., Takata Y. *"Study of the Applicability of the Asset Management for Reservoir Sediment Management"* Q.89- R.4 at 23rd ICOLD Congress, Brasilia, May 2009.

Wark, B. 2012. "Controlling the deposition of sediment in Lake Argyle - A success story", Q. 93 - R.3, ICOLD, Kyoto.

6. ASPECTS INSTITUTIONNELS ET D'APPROVISIONNEMENT

6.1. GOUVERNANCE DE L'EAU

La gouvernance de l'eau est définie (par la PNUD : programme des nations unies pour le développement, Facilité de Gouvernance de l'Eau (FGE) et le SIWI) par les systèmes politiques, sociaux, économiques et administratifs en place, qui affectent directement ou indirectement l'utilisation, le développement et la gestion des ressources en eau, ainsi que la prestation des services d'eau à différents niveaux de la société. Il est important de noter que le secteur de l'eau fait partie des développements sociaux, politiques et économiques plus larges et, à ce titre, est influencé par des décisions prises en dehors du secteur de l'eau. De plus en plus, la gouvernance d'entreprise devient un facteur clé de la gouvernance de l'eau, avec la croissance de la privatisation ou semi-privatisation des infrastructures hydrauliques, en particulier pour les systèmes d'approvisionnement en eau potable (RUM). L'aspect des influences corporatives, de la conformité et de la gestion des risques, de la responsabilité et des actions des conseils d'administration, et des exigences des actionnaires doit être intégré dans le processus de prise de décision.

La gouvernance des projets d'eau à usages multiples a été discutée lors d'une session du 7ème Forum Mondial de l'Eau (Branche, 2015) où le concept SHARE a été proposé. La figure suivante résume le concept SHARE (PARTAGER) :

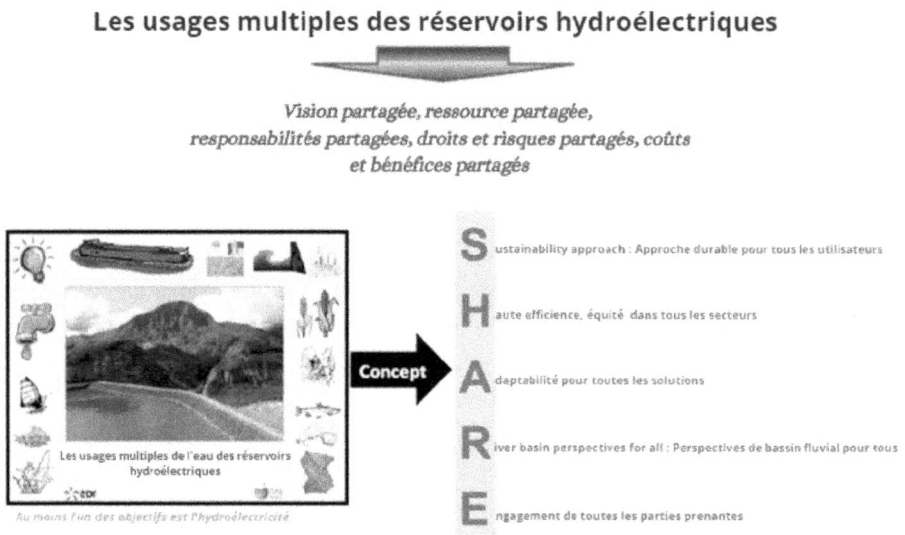

Fig 6.1
Les usages multiples des réservoirs hydroélectriques

Le Comité du SEP de la CIGB a coordonné avec l'équipe EDF-WWC les premières étapes[9] du processus dans le but de minimiser les redites et de maximiser les synergies entre les deux initiatives. Il a été convenu de :

- Partager des études de cas d'intérêt mutuel, et

9 Réunion de lancement et atelier - Paris 6 décembre 2013

6.   INSTITUTIONAL AND PROCUREMENT ASPECTS

6.1.   WATER GOVERNANCE

Water governance is defined (UNDP Water Governance Facility (WGF) and SIWI) by the political, social, economic and administrative systems that are in place, and which directly or indirectly affect the use, development and management of water resources and the delivery of water services at different levels of society. Importantly, the water sector is a part of broader social, political and economic developments and, as such, it is affected by decisions outside of the water sector. Increasingly Corporate Governance is becoming a key factor of Water Governance, with the growth of privatization or semi-privatization of water infrastructure, particularly for MPWS schemes. The aspect of corporate influences, compliance and risk management, board responsibility and actions, and shareholder demands needs to be integrated into the decision-making process.

Governance of multipurpose water projects was discussed in a session of the 7th World Water Forum (Branche, 2015) where the SHARE concept was proposed. The following plate summarizes the SHARE concept.

The multipurpose water uses of hydropower reservoirs

Shared vision, Shared resource,
Shared responsibilities, Shared rights and risks,
Shared costs and benefits

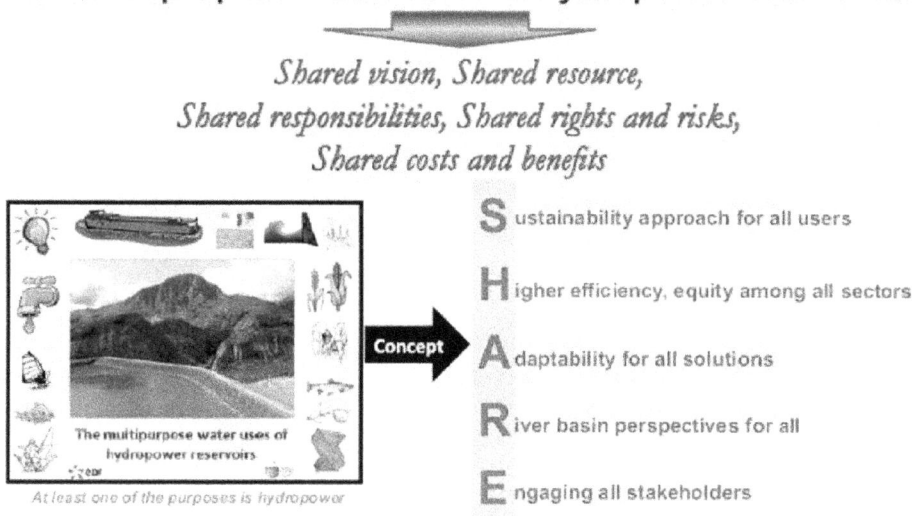

The multipurpose water uses of hydropower reservoirs

At least one of the purposes is hydropower

Concept

S ustainability approach for all users

H igher efficiency, equity among all sectors

A daptability for all solutions

R iver basin perspectives for all

E ngaging all stakeholders

Fig 6.1
Multipurpose water use of hydropower reservoirs

The ICOLD-MPWS Committee coordinated with the EDF-WWC Team in the early stages of the process[9] with the objective of minimizing duplication and maximizing synergies between the two initiatives. It was agreed to:

- Share case studies of mutual interest, and

---

9 Kick-off meeting and workshop- Paris 6 December 2013

- Explorer en détail, dans le bulletin du SEP, quelques sujets sur la Gouvernance de l'eau où les connaissances de la CIGB peuvent être une valeur ajoutée.

Sur cette base, le présent chapitre discute de deux sujets supplémentaires, pertinents pour la gouvernance : les arrangements institutionnels et les aspects de passation de marchés. En raison de son importance dans les projets du SEP, le présent bulletin aborde certains sujets importants de la gouvernance de l'eau, en particulier l'engagement des parties prenantes (Chapitre 3.6).

Nous conseillons de faire référence au concept SHARE pour un traitement plus large du sujet de la Gouvernance de l'eau.

6.2. INSTITUTIONS ET DISPOSITIONS INSTITUTIONNELLES

Investissement dans l'infrastructure : institutions

La clé du développement réussi et durable des ressources en eau réside dans l'équilibre et le séquencement des investissements à la fois dans les institutions de l'eau et dans l'infrastructure (Grey et Sadoff, 2006).

Alors que les pays développés avec des infrastructures en nombre suffisant se concentrent de manière appropriée sur la mise en œuvre de la gestion de l'eau et de l'exploitation des infrastructures, il existe des pays en développement dans lesquels il est plus approprié de mettre l'accent sur des investissements dans les infrastructures. Le coût social et économique de ne pas développer la ressource en eau, ou simplement de maintenir le statu quo, peut également être beaucoup plus élevé dans les économies en développement où de nombreuses personnes sont physiquement vulnérables et vivent dans la pauvreté.

Lorsque le nombre d'infrastructures hydrauliques est limité, les investissements dans les infrastructures (artificielles et naturelles) peuvent offrir des rendements relativement élevés. L'investissement dans la capacité de gestion, et l'exploitation de l'infrastructure et des institutions peut augmenter à mesure que des infrastructures plus grandes et sophistiquées sont construites. Le graphique suivant visualise ce concept :

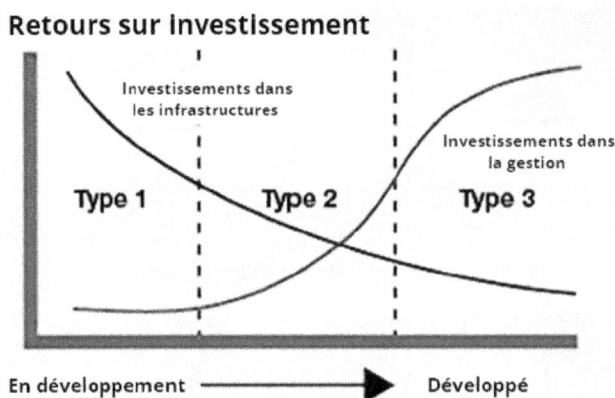

Fig 6.2
Stratégie d'assistance pour les ressources en eau de la Chine, 2002 - Banque Mondiale

- Exploring to some detail, in the ICOLD MPWS Bulletin, a few topics about Water Governance where ICOLD's knowledge can be of comparative value.

Based on the above, the present chapter discusses two additional subjects, which are relevant to governance: institutional arrangements, and procurement aspects. Because of its importance in MPWS projects, the present bulletin addresses some important topics of water governance, "stakeholder engagement" in particular (Chapter 3.6).

We advise to make reference to the SHARE concept for a broader treatment of the Water Governance subject.

6.2.   INSTITUTIONS AND INSTITUTIONAL ARRANGEMENTS

Investment in infrastructure: Institutions

The key to successful and sustainable development of water resources lays in balancing and sequencing investments in both water institutions and infrastructure (Grey and Sadoff, 2006).

While developed countries with ample infrastructure stocks appropriately focus on the implementation of water management and infrastructure operation, there are developing countries in which it is more appropriate to place a relatively greater emphasis on infrastructure investments. The social and economic cost of not developing water, or simply maintaining the status quo, may also be much higher in developing economies where many people are physically vulnerable and live in life-threatening poverty.

When stocks of hydraulic infrastructure are low, investment in (man-made and natural) infrastructure may provide relatively higher returns. Investment in management capacity, and infrastructure operation and institutions may become increasingly important as larger and more sophisticated infrastructure stocks are built. The following graph visualizes the concept.

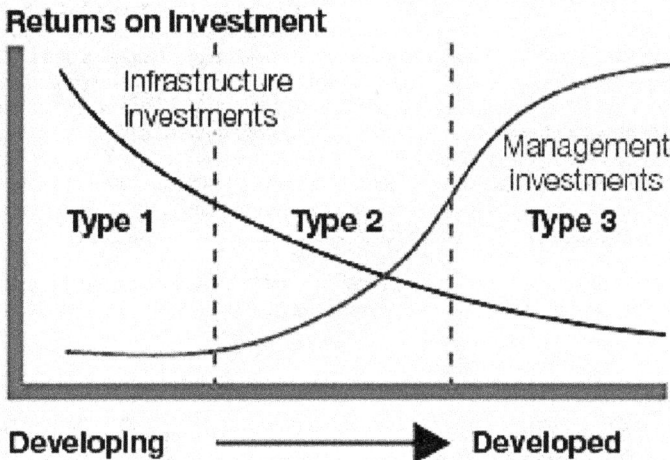

Fig 6.2
China's Water Resources Assistance Strategy, 2002 - World Bank

Au fur et à mesure que les investissements dans l'infrastructure augmentent, il est impératif d'équilibrer les investissements dans les institutions et le renforcement des capacités, reconnaissant que le développement institutionnel et la réforme peuvent être lents et difficiles; la traduction des politiques en pratique est particulièrement difficile.

"Le concept de 3I"

Hall et al. (2014) vont plus loin sur le sujet, introduisant le concept des "3I" : Institutions, Infrastructure et Information. Les institutions et la gouvernance (y compris l'organisation des bassins fluviaux, les systèmes juridiques, les gouvernements nationaux et les organisations non gouvernementales) soutiennent la planification proactive et le développement d'instruments juridiques et économiques pour gérer et partager les risques (allocation de l'eau, droits de propriété, zonage des terres, protection des bassins versants, tarification et commerce de l'eau, assurance, et libéralisation du commerce alimentaire). L'investissement dans l'infrastructure tamponne la variabilité et minimise le risque (stockage, transferts, puits d'eau souterraine, digues, traitement des eaux usées, et dessalement). La collecte, l'analyse, et le transfert d'information (systèmes de surveillance, de prévision et d'alerte, savoir-faire expert, modèles de simulation, et systèmes d'aide à la décision) sont essentiels pour le fonctionnement des institutions et de l'infrastructure.

Cadres réglementaires

Les cadres réglementaires pour les barrages polyvalents sont plus complexes que ceux des projets à usage unique. Les droits d'eau et les quotas d'allocation doivent être répartis entre différents utilisateurs, avec des demandes potentiellement concurrentes et des impacts généralement répartis sur une grande partie du bassin hydrographique. Par conséquent, les exigences de coordination intersectorielle et trans-sectorielle sont beaucoup plus élevées, nécessitant des capacités institutionnelles relativement solides.

Les institutions « de l'eau »

Saleth et Dinar (2008) ont mené l'une des analyses les plus complètes des institutions liées à l'eau. Leur étude présente un cadre analytique pour spécifier des modèles alternatifs d'interaction entre les institutions et la performance au sein du secteur de l'eau, en fonction de différentes hypothèses concernant les liens institutionnels et leurs propriétés structurelles. Sur la base des résultats du modèle, l'étude offre des preuves quantitatives sur les liens institutionnels et leurs implications en termes de performance, et conclut en indiquant les rôles politiques, notamment pour développer des principes de conception et de mise en œuvre des réformes utiles pour surmonter les contraintes techniques et politiques de l'économie institutionnelle.

Cela dit, le plus grand défi dans la réforme institutionnelle est de progresser, non pas d'atteindre la perfection. La stratégie du secteur de l'eau de la Banque Mondiale (World Bank 2004) a constaté que :

- La sélectivité et le séquencement (des réformes institutionnelles) sont importantes.

- Le progrès se réalise davantage à travers un développement « déséquilibré » qu'avec des approches de planification exhaustive.

- Les déclencheurs des réformes proviennent généralement de l'extérieur du secteur de l'eau, souvent du secteur de l'énergie.

L'objectif devrait être de définir des actions pratiques, applicables et donc séquencées et prioritaires qui peuvent conduire à des institutions efficaces. Les institutions dotées de processus consultatifs transparents favorisent le développement de systèmes d'information sur l'eau qui incluent des bases de données sur les ressources en eau et les données socio-économiques.

As infrastructure investments grow, it is imperative to balance investments in institutions and capacity building, recognizing that institutional development and reform can be slow and difficult; particularly difficult is translating policies into practice.

"3Is Concept"

Hall et al. (2014) go further on the subject, introducing the "3Is" concept: Institutions, Infrastructure, and Information. Institutions and governance (including river basin organization, legal systems, national governments, and non-governmental organizations) support proactive planning and development of legal and economic instruments to manage and share risks (water allocation, and property rights, land zoning, watershed protection, water pricing and trading, insurance, and food trade liberalization. Investment in infrastructure buffers variability and minimizes risk (storage, transfers, groundwater wells, levees, wastewater treatment, and desalination). Information collection, analysis, and transfer (monitoring, forecast and warning systems, expert know-how, simulation models, and decision support systems) are essential for operating institutions and infrastructure.

Regulatory frameworks

Regulatory frameworks for multi-purpose dams are more complex than those of single-purpose projects. Water rights and allocation quotas have to be distributed among different users, with potentially competing demands and impacts usually spread over a large portion of the river basin. Consequently, inter- and cross-sectorial coordination demands are much higher, requiring relatively strong institutional capacities.

Water institutions

Saleth and Dinar (2008) carried out one of the most comprehensive analyses of water institutions. Their study presents an analytical framework for specifying alternative models of institution-performance interaction within the water sector under different assumptions concerning institutional linkages and their structural properties. Based on the model results, the study offers quantitative evidence for institutional linkages and their performance implications, and concludes by indicating policy roles, especially in developing some reform design and implementation principles useful to overcome the technical and political economy constraints for institutional reforms.

Having said that, the greatest challenge in institutional reform, is making progress, not achieving perfection. The World Bank's Water Sector Strategy (World Bank 2004) found out that:

- Selectivity and sequencing (of institutional reforms) are important,

- Progress takes place more through "unbalanced" development than comprehensive planning approaches.

- Triggers for reforms usually come from outside the water sector, often from the power sector.

The goal should be to define practical, implementable and therefore sequenced and prioritized actions that can lead to effective institutions. Institutions with transparent consultative processes promote the development of water information systems that include water resources and socio-economic databases.

Un projet majeur peut devenir la pierre angulaire de réformes politiques et institutionnelles importantes, comme cela s'est produit au Laos.

Organisations d'usagers de l'eau/de consommateurs d'eau

Les aspects institutionnels sont généralement perçus comme étant associés aux organisations du secteur public de taille moyenne à grande. En plus de ces organisations, il existe d'autres entités institutionnelles qui jouent des rôles très importants. Les organisations d'usagers de l'eau, dans le contexte de la gestion des bassins fluviaux, représentent une forme importante d'institution privée. Dans ce contexte, les associations d'usagers de l'eau sont généralement plus importantes que les "associations d'usagers de l'eau d'irrigation". Lorsque l'irrigation est l'un des objectifs de projet de stockage d'eau, l'implication des bénéficiaires par le biais d'une association d'usagers de l'eau instituée est désormais considérée comme une composante indispensable de la planification du projet. Un sujet typique de planification partagée est le séquençage temporel des infrastructures et des travaux à la ferme. Très souvent, ces bénéficiaires sont des parties prenantes d'éventuels objectifs de protection contre les inondations.

Il existe de nombreux exemples de planification des bassins fluviaux/ressources en eau, principalement au niveau des bassins versants. (Delli Priscoli, 2004) donne un aperçu complet des dispositifs de gestion des bassins fluviaux dans différents pays.

6.3. ASPECTS LIÉS À LA PASSATION DES MARCHÉS

Estimations des coûts pour les grands travaux de génie civil

Les méthodes de passation des marchés sont abordées ici à titre de complétude seulement ; leur discussion dépasse clairement le cadre du présent bulletin. Les méthodes varient d'un pays à l'autre, cependant, au niveau international, les méthodes de passation de marchés les plus fréquemment utilisées, ou du moins mentionnées, sont celles codifiées par la FIDIC (Fédération Internationale des Ingénieurs-Conseils) et par la Banque mondiale.

Avant d'aborder les méthodes de passation des marchés, il est nécessaire de clarifier quelques concepts de base associés à l'estimation des coûts des grands travaux de génie civil. Une erreur fréquemment commise, parfois accidentellement et parfois délibérément, est de comparer les estimations initiales des coûts de construction (l'estimation de l'ingénieur) avec les coûts finaux du projet. L'estimation de l'ingénieur ne concerne souvent que les coûts de construction et d'ingénierie basés sur l'année où l'estimation est faite. Les coûts finaux du projet incluront les coûts de l'employeur, les coûts environnementaux et de compensation, les intérêts pendant la construction (c'est-à-dire les coûts de financement) et l'inflation sur une période de plusieurs années jusqu'à la réalisation. Même lorsque les coûts sont correctement comparés sur une base similaire, un dépassement apparent de 30 % par rapport au prix soumis ou offert est assez courant. De plus, lorsqu'il s'agit d'un groupe d'entrepreneurs préqualifiés, il est difficile de ne pas confier le travail à l'offre la plus basse, à moins que la différence de risque ne soit pleinement appréciée, ce qui, bien sûr, élargit encore la différence entre l'estimation initiale et le contrat attribué.

A major project can become the cornerstone of important policy and institutional reforms as has happened in Laos.

Lao PDR, Nam Theun 2 HPP

Nam Theun 2, with support from 27 financing parties from around the world, has helped usher in changes to government budgeting and spending, to consultation, resettlement, environmental protection, and national hydropower development policy. Nam Theun 2, a build-own-operate-transfer project, trans-basin diversion hydro-power plant, enables Lao PDR to generate 75 MW for domestic use and export 995 MW to Thailand. NT2 consists of several complementary projects, which include the Lao Environment and Social Project, the proposed Khammouane Rural Livelihoods Project, and the Rural Electrification Project.

Water user organizations

Institutional aspects are generally perceived as associated with medium to large size public sector organizations. In addition to such organizations, there are other institutional entities that play very important roles. Water user organizations, in the context of river basin management, represent an important form of private institution. In that context, water user's associations are usually broader than "irrigation water users associations". When irrigation is one of the purposes of a water storage project, involvement of beneficiaries through an instituted water user association is now considered an indispensable component of project planning. A typical subject for shared planning is time sequencing of infrastructure and on-farm works. Very often those beneficiaries are also stakeholders for possible flood protection purposes.

There are quite a few examples of river basin/ water resources planning, mostly at watershed level. (Delli Priscoli, 2004) gives a comprehensive overview of arrangements for river basin management in different countries.

6.3.   PROCUREMENT ASPECTS

Cost estimates for large civil works

Procurement methods are addressed for sake of completeness only; clearly, their discussion goes far beyond the scope of the present bulletin. Methods differ from country to country. However, at international level, the most frequently used, or at least referred to, procurement methods are those codified by FIDIC (International Federation on Consulting Engineers) and by the World Bank

Before touching on procurement methods, it is necessary to clarify some basic concepts associated with cost estimate of large civil works. One mistake often made, sometimes accidentally and sometimes deliberately, is to compare initial construction cost estimates (the Engineer's Estimate) with eventual Project Costs. The Engineer's Estimate may only be for construction and engineering costs based on the year the estimate is made. The eventual project costs will include Employer's costs, environmental and compensation costs, interest during construction (i.e. funding costs) and escalation over a period of years to completion. Even when costs are compared properly on a like-by like basis, an apparent overrun of 30% on the tendered or bid price is quite common. In addition to that, when dealing with a group of pre-qualified bidders, it is challenging NOT to give the job to the lowest bid, unless the difference in risk is fully appreciated, which, of course, further widens the difference between initial estimate and awarded contract.

Méthodes de passation des marchés

Les méthodes de passation des marchés dépendent de plusieurs facteurs :

- Le type de financement,

- Les sources de financement, et

- La forme du contrat de construction.

L'institution la plus autorisée sur ce dernier sujet est la FIDIC (Fédération Internationale des Ingénieurs-Conseils), et la plupart des professionnels travaillant sur de grands projets de génie civil sont familiers avec leurs lignes directrices et leurs "livres". Le graphique 19, disponible sur le site web de la FIDIC, offre un aperçu utile des principaux éléments qui influencent la sélection du type de contrat.

QUEL CONTRAT FIDIC DEVRAIS-JE UTILISER ?

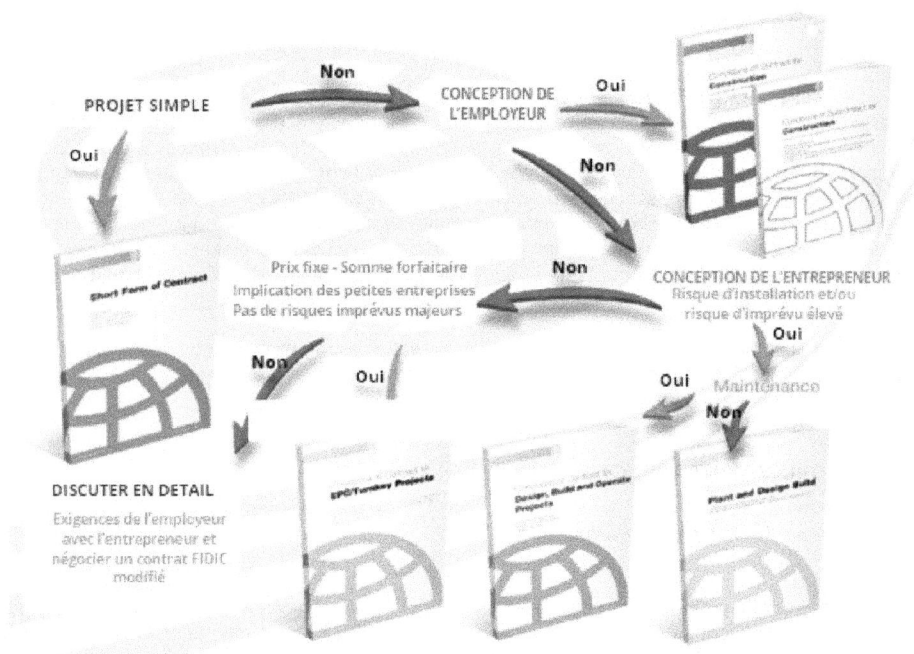

Fig 6.3
Aperçu des principaux éléments qui influencent la sélection du type de contrat
Source : www.fidic.org/

Guide FIDIC	Application
Livre vert	Projet simple, rapide ou à faible coût
Livre rouge	Projet traditionnel avec conception par l'employeur
Livre rose	Project conceptualisé par l'employeur, financé par les Banques multilatérales de développement
Livre jaune	Projet traditionnel avec conception par l'entrepreneur
Livre d'argent	Projet EPC (clé en main)
Livre d'or	Projet conception, construction, exploitation

Procurement methods

Procurement methods depend on:

- The type of financing,

- Financing sources, and

- The form of construction contract.

The most authoritative institution on the latter subject is FIDIC (International Federation on Consulting Engineers), and most professionals working on large civil engineering projects are familiar with their guidelines and "books". Figure 19, from FIDIC's website, provides a useful overview of the key elements that affect the selection of the preferred form of contract.

WHICH FIDIC CONTRACT SHOULD I USE?

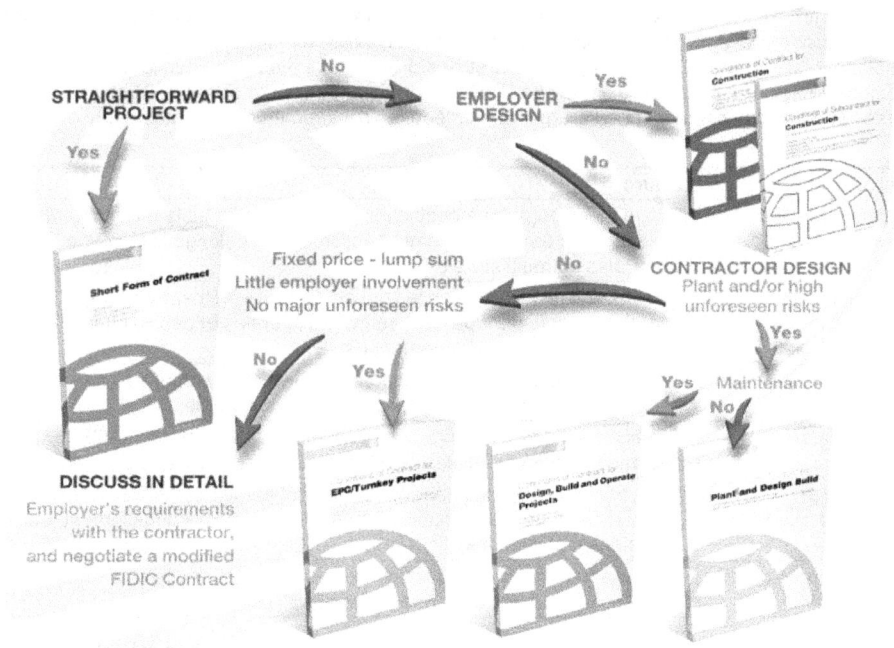

Fig 6.3
Overview of the main factors influencing the choice of contract type : From: www.fidic.org/

FIDIC Guidelines	Application
Green Book	straight forward, quick or cheap project
Red Book	employer design (traditional project)
Pink Book	employer design (Multilateral Development Banks providing finance)
Yellow Book	contractor design (traditional project)
Silver Book	EPC/Turnkey project
Gold Book	design, build, operate project

Le lecteur est invité à consulter la FIDIC pour de plus amples informations.

Une bonne gestion et mise en œuvre des marchés publics est également une pierre angulaire de la bonne gouvernance, qui est d'une importance capitale pour les grands projets d'infrastructure. Selon de nombreux experts, le Groupe de la Banque mondiale dispose de l'ensemble de directives le plus complet en matière de passation de marchés (www.worldbank.org\procurement). L'institution estime que l'amélioration de l'efficacité, de l'équité et de la transparence dans l'utilisation des ressources publiques est essentielle au développement durable et à la réduction de la pauvreté.

En termes de passation des marchés, les projets de stockage d'eau à usages multiples ne sont pas nécessairement différents des projets à usage unique. Cependant, un élément qui caractérise les premiers est le "déficit de financement", qui a été abordé dans la partie 4 (Évaluation économique et financière des projets de stockage d'eau à usages multiples).

Instruments de financement

Plusieurs instruments financiers, allant des fonds propres privés au financement concessionnel, ont été utilisés pour financer des projets d'infrastructure ; leur choix dépend fortement de la structure et de la propriété du projet (Head, 2005). Il existe un large éventail d'instruments de financement, allant des subventions publiques et des prêts à taux réduit au financement selon des conditions strictement commerciales. En généralisant quelque peu, il est possible de regrouper ces diverses sources de financement en six grandes catégories d'instruments de financement.

Instrument	Source
Financement concessionnel	Subventions ou prêts à conditions avantageuses (faible taux d'intérêt ou longue durée), généralement accordés par des agences d'aide bilatérales ou multilatérales.
Fonds propres publics	Investissement public avec le soutien du gouvernement, souvent financé indirectement par des sources bilatérales et des Banques Multilatérales de Développement (BMD).
Dette publique	Prêts spécifiques au projet accordés par le gouvernement ou par des banques bilatérales et multilatérales de développement.
ACE et garanties	Financement direct des Agences de Crédits à l'Exportation (ACE), ou des banques commerciales privées utilisant des garanties des BMD.
Dette privée « commerciale »	Prêts accordés par des banques privées et par les branches commerciales des BMD publiques. Également, occasionnellement, des émissions d'obligations.
Fonds propres privés	Investissements directs réalisés par des sponsors privés et d'autres investisseurs privés, ainsi que par les BMD publiques.

En général, plus l'écart entre la viabilité économique et financière d'un projet est important, plus ce projet nécessitera un financement concessionnel et/ou public. Un projet financièrement solide peut être entièrement soutenu par un financement privé et, de plus, générer des externalités économiques positives.

6.4.   RÉFÉRENCES

E. Branche, 2015, " *Sharing the water uses of multipurpose hydropower reservoirs: the SHARE concept*", Cadre EDF-WWC, 7e Forum Mondial de l'Eau, Daegu, avril 2015.

J. Delli Priscoli (2004), " *River Basin Organizations* ". World Bank Training on building RBOs, Abuja, Nigéria, juin 2004. Disponible en ligne sur: www.transboundarywaters.orst.edu/research/case_ studies/River_Basin_Organization_New.htm

The reader is advised to consult FIDIC for detailed information.

Good procurement management and implementation is also a cornerstone of good Governance, which is of key relevance to large infrastructure projects. According to many, the World Bank Group has the most comprehensive set of procurement guidelines (www.worldbank. org\procurement). The institution believes that increasing the efficiency, fairness, and transparency of the expenditure of public resources is critical to sustainable development and the reduction of poverty.

In terms of procurement, multipurpose water storage projects are not necessarily different from single purpose ones. However, one element that characterizes the former is the "financing gap", which has been discussed in Section 4 (Economic and Financial Assessment of MPWS Projects).

Financing instruments

Several financial instruments, from private equity to concessionary finance, have been used for financing infrastructure projects; their choice is strongly dependent upon project structure and ownership (Head, 2005). There is a wide spectrum of financing instruments, ranging from publicly sourced grants and soft loans to financing on strictly commercial terms. With some generalization, it is possible to group these disparate sources of finance into six broad categories of financing instruments.

Instrument	Source
Concessionary finance	Grants or soft loans (low interest or long tenor), usually from bilateral or multilateral aid agencies
Public equity	Public investment with the support of the government, often indirectly funded from bilateral and Multilateral Development Bank (MDB) sources.
Public debt	Project-specific loans from the government or from bilateral and multilateral development banks.
ECAs and Guarantees	Finance direct from the Export Credit Agencies (ECAs), or from private commercial banks using Guarantees from public MDBs.
Private "commercial" debt	Loans from private banks, and from the commercial arms of the public MDBs. Also occasionally bond issues.
Private equity	Direct investments made by private Sponsors and other private investors, and by the public MDBs.

In general, the wider the gap between economic and financial viability in a project, the more that project will require concessionary and/ or public finance. A financially strong project can be fully sustained by private financing and in addition provide positive economic externalities.

6.4. REFERENCES

Branche E., 2015 "*Sharing the water uses of multipurpose hydropower reservoirs: the SHARE concept*", EDF-WWC Framework, 7th World Water Forum, Daegu, April 2015.

Delli Priscoli, J. (2004). "*River Basin Organizations*". For World Bank Training on building RBOs, Abuja, Nigeria, June, 2004. Available on line at: www.transboundarywaters.orst.edu/research/case_ studies/River_Basin_Organization_New.htm

D. Grey, C. Sadoff, " *Water for Growth and Development* " - Document thématique du 4e Forum Mondial de l'Eau, Mexico, 2006.

J.W. Hall, D. Grey, D. Garrick, F. Fung, C. Brown, S.J. Dadson, C.W. Sadoff, " *Coping with the curse of freshwater variability* ", Science, vol. 346, n°6208, 24 octobre 2014.

C. Head, 2005, " The Financing of Water Infrastructure- a review of case studies ", Banque Mondiale, Washington DC.

R.M Saleth et A. Dinar (2008), " *Linkages within institutional structure: an empirical analysis of water institutions* ", Journal of Institutional Economics, vol. 4, p. 375-401.

UNDP Water Governance Facility (WGF) et SIWI - www.watergovernance.org

Banque Mondiale, 2004, " Water resources sector strategy: strategic directions for World Bank engagement ", Washington, DC.

Grey D., Sadoff C. *"Water for Growth and Development"*- A Theme Document of the 4th World Water Forum, Mexico City, 2006.

Hall J.W., Grey D., Garrick D., Fung F., Brown C., Dadson S.J., Sadoff C. W. *"Coping with the curse of freshwater variability"* Science, Vol. 346, Issue 6208, 24 October 2014.

Head, C., 2005 "The Financing of Water Infrastructure- a review of case studies". World Bank, Washington DC.

Saleth R.M. and Dinar A. (2008). *"Linkages within institutional structure: an empirical analysis of water institutions"*. Journal of Institutional Economics, 4, pp 375-401.

UNDP Water Governance Facility (WGF) and SIWI - www.watergovernance.org

World Bank. 2004. Water resources sector strategy: strategic directions for World Bank engagement. Washington, DC: World Bank.

7.   RÉSOLUTION DE PROBLÈMES DE SEP

7.1.   LE DÉFI DE TROUVER DE BONNES SOLUTIONS

Les projets de stockage d'eau à usages multiples posent des défis d'ingénierie supplémentaires par rapport aux projets à usage unique, et la tâche typique des professionnels de la planification est de développer et de mettre en œuvre des solutions à ces défis. Compte tenu de la longévité de l'infrastructure des grands projets de stockage, ces solutions peuvent s'avérer correctes ou incorrectes si elles sont, ou n'ont pas été, conçues avec une flexibilité adéquate pour s'adapter aux changements ou aux divers besoins des schémas à usages multiples. Au moment de la décision de mettre en œuvre un schéma, du concept à la réalité construite, la solution développée doit être bénéfique pour l'infrastructure, l'environnement et la société. Le présent chapitre examine les éléments permettant d'améliorer les chances d'obtenir de bonnes solutions à ces défis.

Bien qu'elles soient parfois de nature mixte, les solutions d'ingénierie sont présentées ici séparément comme "structurelles" et "non structurelles". Les deux types sont souvent dépeints comme concurrents, les premières étant soutenues par les ingénieurs, et les secondes par d'autres. Dans le contexte de ce bulletin, cette interprétation est considérée comme incorrecte pour deux raisons :

a) les bonnes solutions impliquent inévitablement une combinaison intelligente des deux, et

b) plusieurs solutions non structurelles nécessitent un apport important de l'ingénierie, par exemple la prévision des crues, l'alerte précoce, les plans de préparation aux urgences, etc...

7.2.   SOLUTIONS STRUCTURELLES

Répondre aux changements du cycle de la vie

Beaucoup considèrent les barrages de stockage d'eau comme des structures immuables avec une sorte de présence "éternelle" dans le paysage. D'autres soutiennent que tous les barrages devraient être démantelés à la fin de leur durée de vie. Comme d'habitude, la vérité se situe quelque part entre ces deux points de vue extrêmes. Il est un fait que les grands barrages ont un cycle de vie qui dépasse celui de la plupart des autres structures de génie civil. Comme discuté dans le Chapitre 5, au cours de cette vie, qui peut être de l'ordre d'un siècle ou plus, de nombreuses circonstances changent et l'ouvrage, ainsi que son utilisation opérationnelle, est appelé à répondre à ces changements. Introduire des modifications structurelles pour adapter le projet en conséquence pose des problèmes non négligeables, mais ces problèmes ne peuvent être évités et seront de plus en plus récurrents dans les années à venir.

De nombreuses études de cas ont fourni des exemples de cette nécessité et ont montré les solutions d'ingénierie adoptées pour répondre aux demandes évolutives. L'encadré suivant met en lumière des exemples pertinents.

7.   MPWS PROBLEM SOLVING

7.1.   THE CHALLENGE OF GOOD SOLUTIONS

Multipurpose water storage projects pose additional engineering challenges when compared to single purpose projects, and the typical task of planning professionals is to develop and implement solutions to these challenges. Given the longevity of the infrastructure of large storage projects, such solutions can prove either correct or incorrect if they are, or were not, conceived with adequate flexibility to adapt to changes or to the diverse needs of multipurpose schemes. At the time of decision to implement a scheme from concept to constructed reality, the solution developed needs to be good for the infrastructure, the environment and the society. The present chapter discusses elements to improve the chance of good solutions to these challenges.

Although sometimes they are of a mixed nature, engineering solutions are herewith presented separately as "structural" and "non-structural". The two types are often portrayed as competitive, with the former supported by engineers, and the latter by others. In the context of this bulletin this is considered an incorrect interpretation for two reasons:

a)   good solutions inevitably involve an intelligent combination of both, and

b)   several non-structural solutions require an important engineering input, for example flood forecast, early warning, emergency preparedness plans, etc.

7.2.   STRUCTURAL SOLUTIONS

Responding to changes over the life cycle

Many see dams for water storage as immovable structures with a kind of "eternal" presence in the landscape. Others argue that all dams should be decommissioned at the end of their lifetime. As usual, the truth sits somewhere between these two extreme views. It is a fact that large dams have a life cycle, which exceeds that of most other civil engineering structures. As discussed in Chapter 5, during that life, which can be in the order of a century or more, many circumstances change and the asset, and its operational use, is called upon to meet such changes. Introducing structural modifications to adapt the project accordingly poses non-trivial problems, but such problems cannot be dodged and will be increasingly recurrent in the years to come.

Many case studies have provided examples of such necessity and shown engineering solutions adopted to meet changing demands. The following box summarizes relevant examples.

Étude de cas #	Pays	Projet	Solutions structurelles
3	Chine	Danjiangkou Water Control Project	En tant que source d'eau de la phase 1 - ligne centrale - du projet de transfert d'eau du Sud vers le Nord, le réservoir de Danjiangkou a été surélevé de 157 à 170 m, avec une augmentation de la capacité de stockage de 11,6 milliards de mètres cubes. Grâce à une planification optimisée, la capacité de contrôle des crues a été améliorée, l'approvisionnement annuel en eau a atteint 12 milliards de m³, rendant possible l'atténuation de la pénurie d'eau dans le Nord de la Chine jusqu'en 2030.
13	Chine	Miyun Reservoir	Achevé en 1960, Miyun a fait l'objet de plusieurs expansions et travaux de modernisation pour améliorer sa fonction de protection contre les inondations. Ainsi, il est devenu l'un des projets clés pour assurer la protection contre les inondations de Pékin.
16	Chine	Barrage Sanmenxia	Construction d'orifices de purge des sédiments à travers le barrage en béton pour prolonger la durée de vie du réservoir
30	Grèce	N. Plastira	Dérivations inter-bassins pour fournir 25 millions de mètres cubes d'eau supplémentaires afin d'atténuer les sécheresses et les pénuries pendant les mois d'été. Les apports supplémentaires permettent également de répondre aux exigences écologiques, aux loisirs et à la pisciculture.
44	Pakistan	Mangla Dam	Rehaussement du barrage pour améliorer la production d'électricité, la protection contre les inondations et la sécheresse de la plaine inondable de Jhelum, l'extension des zones irriguées, et l'augmentation de la valeur des propriétés à proximité du réservoir
47	Russie	Cheboksarskaya Dam and Hydro	Modernisation des infrastructures pour faire face à l'augmentation des besoins de navigation ainsi qu'aux exigences environnementales et sociétales

Deux tendances émergentes, représentant des solutions structurelles, peuvent être mises en évidence :

1. Prises d'eau multiples et installation de soutirage,

2. Gestion des débits fluviaux.

Prises d'eau multiples et installations de soutirage

Des prises d'eau à différentes hauteurs du réservoir permettent un prélèvement sélectif de l'eau. Cela présente des avantages évidents en termes de qualité de l'eau, ainsi qu'en termes de température et d'oxygène dissous. Cela introduit également une flexibilité d'utilisation pour l'approvisionnement en eau, l'irrigation, les loisirs, etc..., et offre des opportunités de reconsidération future des usages. Cela permet aussi de prolonger les fonctions du réservoir dans le contexte de la gestion de la sédimentation.

L'encadré suivant illustre les prises d'eau multiples pour des prélèvements sélectifs au barrage de Mohale (Lesotho) :

Case Study #	Country	Project	Structural solutions
3	China	Danjiangkou Water Control Project	As the headwater of phase 1 – middle line- of the South to North water transfer project, Danjiangkou Reservoir was raised from 157 to 170m, with an increase in storage capacity of 11.6 billion cubic meters. Through optimized scheduling, the flood control capacity has been improved, annual water supply reached 12 billion m3, making it possible to mitigate water shortage of North China until year 2030.
13	China	Miyun Reservoir	Completed in 1960, Miyun has undergone several expansions and upgrading works to enhance its flood protection function. As such, it has become one of the key projects to ensure flood protection to Bei Jing.
16	China	Sanmenxia Dam	Construction of sediment flushing orifices through the concrete dam to extend the reservoir's service life.
30	Greece	N. Plastira	Inter catchment diversions to provide an additional 25 million cubic meters of water to mitigate droughts and shortages during summer months. The added inflows also allow meeting ecological requirements, recreation, and fish farming.
44	Pakistan	Mangla Dam	Dam raise to enhance electricity generation, flood and drought protection of Jhelum flood plain, extension of irrigated areas, increase of property value near the reservoir.
47	Russian Federation	Cheboksarskaya Dam and Hydro	Infrastructure upgrades to cope with increased navigation needs as well as environmental and social demands.

Two emerging trends, representing structural solutions, can be highlighted:

1. multiple intakes and draw-off facilities, and

2. managed river flows.

Multiple Intakes and Draw-off Facilities

Intakes at different reservoir elevations allow selective water withdrawal. That has obvious benefits in terms of water quality, and in terms of temperature and dissolved oxygen. It also introduces flexibility of use for water supply, irrigation, recreation etc., and provides opportunities for future reconsideration of uses. It also permits to prolong reservoir functions in the context of sedimentation management.

The following box illustrates multiple intakes for selective water withdrawals at Mohale Dam (Lesotho).

La conception du barrage de Mohale comprend une structure d'admission à niveaux multiples capable de passer de 3 à 4 m³/s.

Grâce à cette mesure, la qualité de l'eau, en particulier la température de l'eau et les niveaux d'oxygène dissous, des rejets vers les écosystèmes en aval peut être contrôlée.

La taille des structures de sortie de bas niveau permet de décharger l'eau du réservoir à un débit pouvant atteindre 57 m³/s, offrant ainsi la capacité de libérer occasionnellement des débits qui simuleraient une inondation.

Gestion des débits fluviaux

Au cours des dernières décennies, le sujet des débits environnementaux relâchés des barrages pour maintenir la santé des rivières et des écosystèmes a également reçu une attention significative. En témoignent le grand nombre de publications et de congrès sur le sujet ou ses sous-thèmes. Plusieurs organisations professionnelles et groupes d'intérêts se sont également formés autour de ce thème. Dans le contexte des réservoirs à usages multiples, qui sont créés pour modifier la disponibilité naturelle des ressources en eau, il est trompeur d'utiliser le terme "débits environnementaux", car il peut être interprété comme une pratique visant à garantir des régimes d'écoulement fluvial pratiquement égaux aux régimes naturels. Dans le contexte des réservoirs à usages multiples, il est considéré plus approprié d'utiliser le terme "lâchers en rivière" ou mieux encore "débits fluviaux gérés", c'est-à-dire "gérer les rejets d'un Réservoir Multi-Usages de manière que l'écosystème fluvial puisse s'adapter aux conditions d'écoulement modifiées, sans dégradations environnementales inacceptables". Cela devrait être considéré comme un élément essentiel pour la conception et l'exploitation d'un projet à usages multiples.

À titre d'exemple, le barrage Gibe III (Éthiopie) régule les crues de la rivière Omo, avec des conséquences pour les zones en aval. En particulier, sur l'habitat du lac Turkana et l'agriculture de décrue autour de ses rives, qui dépendent des épisodes de crue pendant la saison des pluies.

La gestion adaptative est un élément clé d'un programme réussi de gestion des débits fluviaux. L'encadré suivant recommande les étapes clés pour définir et mettre en œuvre un programme de gestion des débits fluviaux. Il n'est pas nécessaire que toutes les étapes reçoivent le même niveau d'attention, mais il est nécessaire de toutes les considérer lors de la phase de planification. (Voir aussi Tilmant et al., 2010).

Multiple intakes at Mohale Dam (Lesotho)

http//www.lhwp.org.ls

The design of Mohale Dam includes a multiple-level intake structure capable of passing 3 to 4 m³/.

With this measure the water quality; in particular, water temperature and dissolved oxygen levels, of releases to downstream ecosystem can be controlled.

The size of low-level outlet structures allows to discharge water from the reservoir at a rate up to 57 m³/s, thus providing the capacity for releasing occasionally flows that would simulate a flood.

Managed River Flows

In the last few decades, the subject of environmental flows released from dams to maintain river and ecological health has also received significant attention. Testimony to that is the large number of publications and congresses on the subject or the topic' subsets. Several professional organizations and interest groups have also formed on the theme. In the context of multipurpose reservoirs, which are created to modify natural water resource availability, it is misleading to use the term "environmental flows" as it can be interpreted as a practice intended to guarantee river flow regimes practically equal to natural ones. In the context of multipurpose reservoirs, it is considered more appropriate to use the term "in stream releases "or better "managed river flows", i.e. "managing discharges from a multipurpose reservoir in such a way that the river ecosystem can adapt to the modified flow conditions, without unacceptable environmental degradations". That should be regarded as an essential element for design and operation of a multipurpose project.

As an example, the Gibe III dam (Ethiopia) regulates the floods of the Omo River, with consequences for the downstream areas. In particular, on the Lake Turkana habitat and recession agriculture around its shores, which depend on flood pulses during the rainy season.

Adaptive management is a key component of a successful managed river flow program. The following box recommends the key steps for defining and implementing a managed river flow program. Not necessarily all steps may receive the same level of attention, but it is necessary to consider all of them at planning stage. (Refer also Tilmant et al, 2010).

a) Cadrage : Évaluer les débits d'étiage sur les affluents et sur le cours principal de la rivière. Cela peut être fait au moyen de mesures de débit, d'analyses hydrologiques et d'informations observées ; les résultats sont présentés sous forme de courbes de durée (débit versus probabilité d'occurrence) en correspondance avec la section immédiatement en aval des confluences des affluents dans le cours principal. Cela permet d'évaluer la longueur de la rivière qui sera significativement affectée par les modifications du régime d'écoulement associées au projet.

b) Études de référence : Des études écologiques de référence sont menées le long du tronçon de rivière affecté ; les études examineront, entre autres aspects, les éléments suivants :
i) utilisations humaines de l'eau de la rivière ;
ii) paramètres chimiques et biologiques clés ;
iii) micro et macro-flore et faune, y compris les poissons et les macros invertébrés dans la colonne d'eau, les sédiments et les dépôts benthiques et les zones humides associées, les principales chaînes alimentaires ;
iv) évaluation des "tronçons de référence" pour établir des sites relativement vierges à des fins de comparaison.

c) Zones critiques : les études écologiques des zones critiques permettent d'évaluer les exigences de débit minimal pour maintenir un "corridor écologique" pendant la période de conditions de débit les plus faibles.

d) Modifications du lit de la rivière : les études visent également à proposer des méthodes de modification du lit de la rivière et des berges afin d'améliorer la résilience des écosystèmes critiques ; ces modifications peuvent prendre la forme de seuils, de déversoirs partiels ou complets, de bassins de dissipation, de digues, etc.

e) Consultations des parties prenantes : des consultations peuvent être nécessaires sur les aspects paysagers liés aux valeurs religieuses/traditionnelles ; les informations recueillies pourraient suggérer des mesures spéciales pour limiter la dégradation de points de vue particulièrement importants.

f) Plan de surveillance : un plan de surveillance des indicateurs écologiques clés devrait être élaboré et lié à un plan de gestion adaptative des lâchers en rivière du projet.

g) Production d'électricité : il faudrait envisager l'installation d'une turbine hydraulique sur le conduit de débit réservé afin que les débits fluviaux gérés puissent également fournir une production d'énergie.

Mesures structurelles permettant une gestion adaptative

La conception des barrages inclut des solutions d'ingénierie permettant la gestion de différentes fonctions environnementales, de manière adaptative, tant à court qu'à long terme. Les dispositifs de déversement temporaires et permanents permettent le transit :

- Du débit minimum vital pendant les périodes les plus sèches, et

- Des épisodes de crue pendant la saison des pluies.

Concernant cette dernière fonction, le déversoir peut libérer des crues artificielles, atteignant une valeur de pointe de 1600 m³/s, imitant ainsi les crues naturelles durant le mois le plus pluvieux de l'année. Étant donné que le remplissage du réservoir est prévu pour durer plusieurs années, les exutoires de niveau intermédiaire sont également dimensionnés pour libérer le même débit, assurant ainsi la même fonction environnementale pendant la période de remplissage du réservoir.

La mise en œuvre efficace de la gestion des débits fluviaux nécessite des mesures structurelles. Tout d'abord, les installations d'évacuation doivent être conçues et construites pour assurer des libérations d'eau adéquates pendant la construction de l'aménagement, le remplissage du réservoir et son exploitation. De plus, une atténuation efficace des impacts peut demander la construction de structures dans le lit de la rivière (seuils, radiers, digues, etc.).

a) **Scoping**: Assess dry season flows on the tributaries and on the main stem of the river. This can be done by means of flow measurements, hydrological analysis, and anecdotal information; results are presented in the form of duration curves (discharge versus probability of occurrence) in correspondence with the section immediately downstream of the confluences of the tributaries in the main stem. This allows assessing the length of the river that will be significantly affected by the flow regime modifications associated with the project.

b) **Baseline surveys**: Ecological baseline surveys are carried out along the affected river stretch; surveys will look, among other aspects, into the following:
   i)   human uses of river water;
   ii)   key chemical and biological parameters;
   iii)   micro and macro flora and fauna including fish and macroinvertebrates in water column, sediment and benthic deposits and associated wetlands, key foodwebs;
   iv)   assessment of "reference reaches" to establish relatively pristine sites for comparison purposes.

c) **Critical areas**: Ecological surveys of critical areas permit assessing the minimum flow requirements to maintain an "ecological corridor" during the period of lowest flow conditions.

d) **Modifications to riverbed**: Surveys are also aimed at proposing methods for modification of the riverbed and shores in order to enhance the resilience of critical ecosystems; such modifications can take the form of sills, partial or full width weirs, plunge pools, dykes, etc.

e) **Stakeholder consultations**: consultation can be necessary on landscape aspects related to religious/ traditional values; information gathered could suggest special measures for limiting degradation of particularly important viewpoints.

f) **Monitoring plan**: a monitoring plan of key ecological indicators should be developed and linked to an adaptive management plan of in-stream releases from the project.

g) **Electricity generation**: Consideration should be given to the installation of a water turbine on the in-stream flow conduit so that managed river flows can also provide an energy output.

Structural measures allowing adaptive management

Dam design includes engineering solutions that allow management of different ecological functions, in an adaptive manner, both in the short and in the long term. Temporary and permanent discharge devices allow the release of:

- minimum vital flow in the driest periods, and

- flood pulses during the rainy season.

Regarding the latter function, the spillway can release artificial floods, up to 1600 m^3/s peak value, which mimic natural floods during the wettest month of the year. Being the impounding expected to last some years, the middle level outlets are also sized to release the same discharge, so providing the same ecological function also during the reservoir-filling period.

Effective implementation of managed river flows requires structural measures. First of all, discharge facilities must be designed and built to ensure adequate releases during river construction, reservoir filling, and operation. In addition to that, effective impact mitigation may suggest building of riverbed structures (weirs, sills, dykes, etc.).

Sur la base de l'expérience et des résultats des études de cas, le tableau suivant répertorie plusieurs mesures structurelles pour améliorer la durabilité des projets SEP.

Étapes du projet	Mesures structurelles
Processus de planification	• Type de barrage : facile à réhausser / résistant à la surverse. • Déviation / stockage d'urgence hors du cours d'eau • Canaux d'alimentation provenant des bassins versants adjacents
Conception	• Conception du déversoir : concept de la "crue à deux niveaux" : crue de conception et crue de vérification de sécurité. • Exutoires de bas niveau pour permettre des lâchers dans le cours d'eau pendant la construction, le remplissage du réservoir et l'exploitation du projet. • Déversoir d'urgence et/ou vannes fusibles pour faire face à des crues extrêmement importantes. • Prises d'eau à plusieurs niveaux pour des prélèvements sélectifs. • Concevoir des structures pour permettre le rehaussement futur du réservoir, si nécessaire.
Construction	• Construire des dérivations de la rivière pour permettre une utilisation future dans la gestion des sédiments.
Exploitation et maintenance	• Tester régulièrement le fonctionnement des vannes pour assurer une réponse rapide en cas d'urgence. • Ajouter des vannes contrôlables aux déversoirs libres. • Augmenter la marge de sécurité du réservoir pendant les saisons de crue. • Modifier le nombre ou le type de turbines pour augmenter la capacité instantanée.
Réingénierie	• Moderniser les barrages pour renforcer leur résistance à la surverse, notamment dans les zones sujettes aux typhons et aux moussons. • Augmenter la capacité du déversoir.

7.3. SOLUTIONS NON-STRUCTURELLES

7.3.1. L'eau virtuelle

L'eau virtuelle est un terme qui relie l'eau, la nourriture et le commerce (Allan, 2003). L'eau virtuelle désigne l'eau nécessaire pour produire des produits agricoles[10]. Par exemple, il faut environ 1 000 mètres cubes d'eau pour produire une tonne de céréales. Si cette tonne de céréales est exportée vers une économie politique confrontée à une pénurie d'eau douce et/ou d'eau du sol, alors cette économie est épargnée du stress économique, et plus important encore, du stress politique, de mobiliser environ 1 000 mètres cubes d'eau. Hoekstra et Hung (2002) suggèrent qu'en 1999, Israël a exporté 0,7 kilomètres cubes d'eau virtuelle et en a importé 6,9 kilomètres cubes. Pour l'Égypte, ils ont calculé que l'importation nette d'eau virtuelle s'élevait à 15,3 kilomètres cubes. Le commerce de l'eau virtuelle, entre partenaires politiquement disposés, peut soulager la pression de développer certains stockages d'eau, ou du moins retarder une telle action. Dans le même temps, la meilleure approche consiste généralement à utiliser à la fois des mesures non structurelles et structurelles, selon une séquence de planification politique et économiquement raisonnable.

---

10 Ce concept peut être élargi pour inclure l'eau nécessaire à la production de denrées non agricoles.

Based on experience and case study findings, the following table lists several structural measures to enhance sustainability of MPWS projects.

Project stage	Structural measures
Planning process	• Dam type: easy to raise/ resistance to overtopping. • Emergency off-stream diversion/ storage. • Feeder canals from adjacent watersheds.
Design	• Spillway design: "Two-tier flood" concept: design flood, and safety check flood. • Low-level outlets to permit in-stream releases during construction, reservoir filling, and operation of the project. • Emergency spillway and/or fuse gates to face extremely high floods. • Multi-level intakes for selective withdrawals • Design structures to allow future reservoir rising, if and when necessary.
Construction	• Build river diversion waterways to allow future use in sedimentation management.
Operation and maintenance	• Test gate operation regularly to ensure responsiveness in emergency conditions. • Add controllable gates to free spillways. • Increase reservoir freeboard during flood seasons. • Change number or type of turbines to increase installed capacity.
Re-engineering	• Retrofit dams to provide more resistance to overtopping; particularly in case of small dams in typhoon/ monsoon areas. • Increase spillway capacity.

7.3. NON-STRUCTURAL SOLUTIONS

7.3.1. Virtual Water

Virtual water is a term that links water, food, and trade (Allan, 2003). Virtual water is the water needed to produce agricultural commodities[10]. For example, it requires about 1,000 cubic meters of water to produce a ton of grain. If the ton of grain is conveyed to a political economy short of freshwater and/or soil water, then that economy is spared the economic, and more importantly, the political stress of mobilizing about 1,000 cubic meters of water. Hoekstra and Hung (2002) suggest that in 1999 Israel exported 0.7 cubic kilometers of virtual water and imported 6.9 cubic kilometers. For Egypt, they calculated the net virtual water import to be 15.3 cubic kilometers. Trading virtual water, among politically willing partners, can ease the pressure of developing some water storage, or at least delay such action. At the same time, the most appropriate course of actions generally consists in using both non-structural and structural measures, with a political and economically sensible planning sequence.

---

10 The concept can be expanded to include the water needed to produce non-agricultural commodities.

7.3.2. Les marchés de l'eau

Les marchés de l'eau fournissent l'environnement propice au processus d'achat et de vente des droits d'accès à l'eau, souvent appelés droits d'eau. Les conditions de ces transactions peuvent être permanentes ou temporaires, en fonction du statut légal des droits d'eau. À long terme, la création de marchés de l'eau peut permettre une plus grande flexibilité dans l'allocation de l'eau, permettant aux ressources en eau limitées de se déplacer vers les utilisations les plus valorisées. Par exemple, une entité d'irrigation à fort volume d'eau mais à faibles revenus pourrait échanger ses allocations d'eau avec des entités industrielles à forte demande d'eau et à revenus élevés.

Non seulement les zones semi-arides et arides sont soumises à une pénurie physique d'eau, mais des difficultés financières apparaissent également lorsque la construction et la maintenance d'infrastructures hydrauliques supplémentaires sont nécessaires.

Il est largement discuté depuis longtemps que les marchés de l'eau représentent un instrument potentiel pour contribuer à une allocation et une utilisation plus efficace des ressources en eau. L'argument principal est que les marchés fournissent des incitations économiques aux utilisateurs d'eau, encourageant l'utilisation et l'allocation de l'eau en fonction de sa valeur réelle et de sa conservation. Un autre argument avancé est que les marchés sont plus flexibles que les mécanismes d'allocation administratifs, qui étaient la norme dans la plupart des pays par le passé. De plus, lorsque les utilisateurs peuvent décider librement d'acheter ou de vendre de l'eau, ceux qui vendent leur eau le font volontairement et reçoivent une compensation financière. Ce n'est souvent pas le cas lorsque l'eau est réallouée ou expropriée par une autorité centrale. Ainsi, le mécanisme du marché peut être utilisé pour réduire les conflits (Marino and Kemper, 1999).

Plusieurs pays développés et en développement ont promu les marchés de l'eau, parmi lesquels on trouve notamment l'Australie, le Brésil, le Chili, le Mexique, le Pérou, l'Espagne et les États-Unis.

7.3.3. Gestion des inondations

Le Bulletin 156-2014 de la CIGB sur "la Gestion Intégrée des Risques d'Inondation" énumère plusieurs approches non-structurelles de la gestion des inondations, parmi lesquelles les plus importantes sont :

- Contrôle du développement des plaines inondables
- Protection contre les inondations (flood proofing),
- Gestion de l'utilisation des terres,
- Assurance contre les inondations,
- Prévision et alerte des inondations,
- Planification des mesures d'urgence en cas d'inondations,
- Évacuation et assistance d'urgence et de secours.

L'expérience indique que les meilleurs résultats sont obtenus en intégrant des mesures structurelles et non-structurelles, avec une conception qui tient compte des spécificités du cas considéré.

7.3.2. Water Markets

Water markets provide the enabling environment for the process of buying and selling water access entitlements, also often called water rights. The terms of the trade can be either permanent or temporary, depending on the legal status of the water rights. In the long run the creation of water markets may permit more flexibility in water allocations, allowing limited water supplies to move to the highest value uses. For example, high water intensive-low revenue irrigation may trade its water allocations with water demanding-high revenue industrial entities.

Not only are semi-arid and arid areas subject to physical scarcity, but also financial scarcity is introduced when construction and maintenance of more water infrastructures is pursued.

It has been argued for a long time that water markets provide a possible instrument to contribute to more efficient water resources allocation and use. The principal argument is that markets provide economic incentives for water users, inducing the use and allocation of water according to its real value and its conservation. A further argument is made that markets are more flexible than administrative allocation mechanisms, which have been the rule in most countries in the past. Also, when users themselves can decide if they want to buy or sell, those who sell their water do so voluntarily and get a financial compensation. This is often not the case when water is reallocated or expropriated by a central authority. Thus, market mechanism can be used to reduce conflict (Marino and Kemper, 1999).

Several developed and developing countries have been promoting water markets, among them as examples are: Australia, Brazil, Chile, Mexico, Peru, Spain, and the USA.

7.3.3. Flood management

ICOLD Bulletin 156-2014 "Integrated Flood Risk Management" lists a number of non-structural approaches to flood management of which the most important are:

- Control of floodplain development,

- Flood proofing,

- Land use management,

- Flood insurance,

- Flood forecasting and warning,

- Flood emergency response planning,

- Evacuation and emergency assistance and relief.

Experience indicates that the best results are obtained by integrating structural and non-structural measures, with a design that takes the specifics of the case under consideration.

7.3.4. Incertitude prédictive dans les systèmes d'aide à la décision

Les systèmes d'aide à la décision

L'optimisation de l'exploitation des réservoirs a été largement documentée dans la littérature depuis le début des années 1980 et les techniques ont évolué au fil des ans, ce qui permet d'appliquer des techniques d'optimisation stochastique implicite aux réservoirs a usages multiple (principalement basées sur des extensions de la technique bien connue de programmation dynamique stochastique).

Les progrès réalisés dans les logiciels et dans la technologie de télédétection ont permis le développement de systèmes sophistiqués d'aide à la décision (SAD) pour optimiser la gestion des ressources en eau à des fins multiples. Les SAD représentent une solution non-structurelle clé pour la planification et la gestion des projets de stockage d'eau polyvalents. Des études de cas en Chine ont révélé des avancées remarquables dans le développement des SAD, comme illustré dans le tableau suivant :

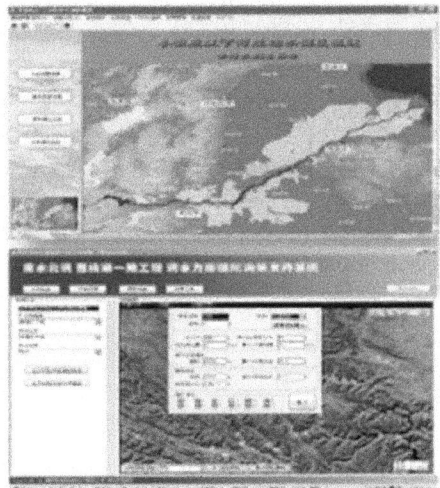

Études de Cas en Chine : Techniques d'Optimisation pour la Régulation Multifonctionnelle

Optimisation des Projets Multifonctionnels :

- De la planification de réservoirs uniques à celle de réservoirs en cascade, voire à la planification combinée de groupes de réservoirs dans différents bassins versants.

- Des méthodes conventionnelles aux méthodes d'intelligence artificielle et à certaines nouvelles méthodes théoriques.

Systèmes d'Aide à la Décision pour le Stockage d'Eau Multifonctionnel :

- Programmes modulaires, ports standardisés, gestion intégrée et interfaces claires et conviviales.

Il est erroné de supposer que les règles d'exploitation doivent être définies à la fin du processus de planification ou même à la fin de la construction, comme cela a été observé dans certains cas de développement. En revanche, la prise en compte de la planification opérationnelle dès le début de la planification du projet est très utile pour optimiser la taille, ainsi que pour définir certaines caractéristiques de conception de l'infrastructure.

L'examen détaillé et l'orientation des systèmes d'aide à la décision (SAD) relèvent du domaine d'un comité distinct de la CIGB (Comité technique sur "l'Exploitation Intégrée des Centrales Hydroélectriques et des Réservoirs"). Ce bulletin estime pertinent de réfléchir au rôle de l'Incertitude Prédictive (IP) pour aider à la prise de décision et, en particulier, à résoudre les conflits entre différents objectifs de stockage (Todini, 2008).

7.3.4. Predictive Uncertainty in Decision Support Systems

Decision support systems

Optimal reservoir operation has been extensively reported in the literature since the early 1980's and techniques have evolved over the years making it possible to apply implicit stochastic optimization techniques to multipurpose multi-reservoir systems (mostly based on extensions of the well-known stochastic dynamic programming technique).

Progress in software and remote sensing technology have allowed development of sophisticated Decision Support Systems (DSS) to optimize water resource management for multiple purposes. DSS represent a key non-structural solution for planning and management of multipurpose water storage projects. Case studies from China revealed remarkable advance in DSS development, as highlighted in the following box.

China case studies : Optimization Techniques for Multipurpose Regulation

Optimization of Multipurpose Projects

- From scheduling of single reservoirs to cascade reservoirs, even to combined scheduling of reservoir groups in different river basins.
- From conventional method to artificial intelligence methods and some new theoretical methods.

Decision Support Systems of MPWS

- Modular programs, standard ports, integrated management and clear, user-friendly interfaces.

It is wrong to assume that operating rules should be defined at the end of the planning process or even by the end of construction, as observed in some development cases. Conversely, consideration of operational planning during the early planning of the project is very useful for optimizing the size as well as for setting certain design features of the infrastructure.

Detailed examination of and guidance on DSS is the scope of a separate ICOLD Committee (Technical Committee on "Integrated Operation of Hydropower Stations & Reservoirs). This bulletin deems it appropriate to reflect on the role of Predictive Uncertainty (PU) in assisting good decision-making and, in particular, in solving conflicts among different storage purposes (Todini, 2008).

Exigences opérationnelles conflictuelles et incertitudes

La gestion des crues entre souvent en conflit avec d'autres objectifs de stockage de l'eau (production d'électricité, irrigation, approvisionnement en eau, etc.), car la gestion des crues nécessite une réduction préventive des niveaux d'eau et du stockage du réservoir pour accueillir les volumes de crue envisagés (imprévisibles). La quantité appropriée à évacuer dépend de la sensibilité de la personne en charge de cette mission. Cette décision doit être prise en équilibrant le coût des dommages causés par les crues attendues avec la perte due au volume évacué, qui ne sera plus disponible pour contribuer aux objectifs planifiés (irrigation, électricité, approvisionnement domestique, etc...). Le coût des dommages causés par les crues diminue à mesure que le stockage disponible pour accueillir les volumes de crue augmente, tandis que le coût de la production perdue augmente avec le volume libéré. Il existe évidemment un niveau considérable d'incertitude dans le processus de prise de décision ; cette incertitude ne peut être éliminée, elle doit donc être gérée.

Incertitude Prédictive

Bien connue en statistique et en théorie de la décision, ce n'est que ces deux dernières décennies que le concept d'Incertitude Prédictive (IP) a émergé en hydrologie et en gestion des ressources en eau, accompagné des techniques appropriées permettant d'évaluer et d'incorporer l'information sur l'incertitude dans le processus de prise de décision.

L'Incertitude Prédictive peut être définie comme l'incertitude qui subsiste quant à la réalisation future d'un paramètre physique ou au statut d'un système, après avoir utilisé toutes les informations disponibles, qui sont généralement, mais pas nécessairement, intégrées dans un ou plusieurs modèles mathématiques. Comprendre le rôle de l'incertitude dans le processus de prise de décision est d'une importance fondamentale, car la donnée nécessaire pour prendre des décisions appropriées est le coût des dommages attendus, et non le coût calculé dans le scénario "le plus probable" attendu.

Traditionnellement, les décisions de planification sont prises sur la base de scénarios supposés pour l'avenir comme hypothèses subjectives ou comme résultats d'un exercice de modélisation. Par exemple, les effets du changement climatique ont été estimés à l'aide d'une série de Modèles de Circulation Générale et, bien que leur fiabilité soit réputée assez faible, des mesures d'adaptation sont planifiées aujourd'hui en prenant l'un ou l'autre des scénarios envisagés. Une prévision de modèle ne peut pas être considérée comme la "réalité", mais plutôt comme une "réalité virtuelle" et, en tant que telle, ne devrait jamais être directement comparée à des quantités réelles telles que des seuils, qui sont fixés sur la base de paramètres mesurés (réels).

Le tableau suivant fournit un exemple de l'utilisation de l'Incertitude Prédictive (IP) pour établir un Système d'Aide à la Décision (SAD) pour la gestion de l'eau du lac de Côme :

Conflicting operational demands and uncertainty

Flood control typically conflicts with other reservoir purposes (electricity, irrigation, water supply, etc.), in that flood management requires preventive reduction of water levels and reservoir storage to accommodate forecast (uncertain) incoming flood volumes. The appropriate quantity to release is a function of the decision maker's risk aversion. It has to be decided upon by trading off the expected flood damage cost, with the loss due to the released volume, which will not be available to meet planned objectives (irrigation, electricity, domestic supply, etc.). Flood damage cost decreases with increasing storage made available to accommodating flood volumes, while the latter cost (forgone production) increases with the released volume. There is obviously a considerable level of uncertainty in the decision-making process; such uncertainty cannot be eliminated; therefore, it must be managed.

Predictive Uncertainty

Although well known in statistics and decision theory, it is only in the last two decades that the concept of Predictive Uncertainty (PU) has emerged in hydrology and water resource management, together with the appropriate techniques allowing assessing and incorporating the uncertainty information into the decision-making process.

PU can be defined as the uncertainty that remains on the future realization of a physical parameter, or status of a system, after using all available information, which is usually, but not necessarily, embedded in one or more mathematical models. Realizing the role of uncertainty in the decision-making process is of fundamental importance because the quantity needed for appropriately taking decisions is the expected damage cost, not the cost computed in the expected "most likely scenario".

Traditionally, planning decisions are taken on the basis of scenarios assumed for the future as subjective hypotheses or as the result of some modelling exercise. For instance, climate change effects have been estimated using a series of General Circulation Models and, although their reliability is known to be quite low, adaptation measures are planned today taking one or the other of the anticipated scenarios. A model forecast cannot be considered "reality", but rather "virtual reality" and, as such, should never be directly compared to real quantities such as thresholds, which are set on the basis of measured (real) parameters.

The following box provides an example of PU use for establishing a Decision Support System (DSS) for Lake Como water management.

Le lac de Côme est un plan d'eau naturel avec un déversoir à plusieurs vannes contrôlant son exutoire. Les débits du lac sont principalement utilisés pour l'irrigation et la production d'hydroélectricité ; la protection contre les inondations est devenue un objectif supplémentaire de plus en plus important. Le volume de contrôle effectif du réservoir, 246 Mm³, ne représente que 1/20ᵉᵐᵉ du volume moyen annuel des apports ; combiné à la faible capacitée d'évacuation des vannes de contrôle, cela rend la gestion du lac un exercice difficile. Les règles d'exploitation pour atteindre les objectifs à long terme (irrigation et hydroélectricité) ont été établies sur une base de 10 jours à l'aide d'un algorithme de programmation dynamique stochastique. La règle à court terme, c'est-à-dire la gestion des pointes de crue, a été conditionnée aux prévisions quotidiennes des apports, avec l'objectif de minimiser les pertes totales attendues. La simulation du DSS sur une période de 15 ans, comparée aux données enregistrées, a montré les améliorations suivantes sur tous les objectifs de gestion, bien qu'antagonistes :

- Réduction de 30% de la fréquence des inondations de la ville de Côme,
- Réduction moyenne de 12% du déficit d'irrigation,
- Augmentation de 3% de la production d'électricité.

Le SAD a été mis en place en 1997. Une évaluation de la gestion du lac de Côme pendant les années de sécheresse 2000-2006 a fourni un résultat très satisfaisant, correspondant pleinement aux résultats anticipés par le SAD.

Étapes pour prendre des décisions en situation d'incertitude

Lors de la prise de décisions en situation d'incertitude, une nécessité fondamentale de tous les systèmes d'aide à la décision, il est important de garder à l'esprit les étapes suivantes :

Étape	Action
Décrire l'incertitude	Évaluer l'Incertitude Prédictive (IP) en termes de fonction de densité de probabilité conditionnelle à toutes les informations disponibles.
Définir une loi d'usage	Les lois d'usage peuvent aller d'une simple description de la propension du décideur envers le risque à des fonctions complexes de perte/bénéfice impliquant des coûts réels
Marginaliser l'effet de l'incertitude	Calculer la valeur attendue de la loi d'usage en intégrant le produit de la probabilité (occurrence) par la fonction d'usage.
Utiliser les résultats	Utiliser la valeur attendue du coût/bénéfice pour informer la prise de décision par le biais d'une analyse de compromis ou par optimisation.
Allocation des risques	Décider de la partie la mieux à même de supporter/atténuer/gérer le risque.

Du point de vue d'un développeur ou d'un gouvernement, lors de la structuration initiale d'un projet, une décision sur l'allocation des risques aux différents acteurs du processus ne devrait être prise qu'après avoir suivi les actions énumérées dans le tableau.

Il est fondamental de comprendre que l'élimination de l'incertitude en utilisant directement une prévision, ou notre propre anticipation, ne résout pas le problème. En effet, en procédant ainsi, on suppose inévitablement, de manière implicite ou non, que l'on connaît de manière déterministe ce qui va se passer. Comme ce n'est pas vrai la plupart du temps, la décision finale est susceptible d'être inadaptée, voire erronée.

DSS for Lake Como (Italy)

Todini, E. (1999) "Using phase-space modelling for inferring forecasting uncertainty in non-linear stochastic decision schemes" Journal of Hydroinformatics. 01.2.75-82.

Lake Como is a natural water body with a multi-gate weir controlling its outlet. Lake outflows are mainly used for irrigation and hydro-electricity generation; protection against floods has become an increasingly important additional purpose. The effective control volume of the reservoir, 246 million m3, is only 1/20 of the mean annual inflow volume; combined with the small discharge capacity of the control gates, that makes management a challenging exercise. Operating rules to meet long term objectives (irrigation and hydro) were established on a 10-day basis using a Stochastic Dynamic Programming algorithm. The shorter term rule, i.e. flood crest subsidence, was derived conditionally to daily inflow forecasts with the objective of minimizing total expected losses. DSS simulation over a 15-year period, compared to recorded data showed the following improvements on all albeit conflicting management objectives:

- 30% frequency reduction of Como city floodings,
- 12% average reduction of irrigation deficit,
- 3% increase of electricity generation.

The DSS was installed in 1997. An evaluation of Lake Como management during the drought years 2000-2006 provided a very satisfactory outcome by fully matching the DSS anticipated results.

Steps for making decisions under uncertainty

In making decisions under uncertainty, a basic need of all decision support systems, one has to bear in mind the following steps.

Step	Action
Describe the uncertainty	By assessing PU in terms of a probability density function conditional upon all the available information.
Define a utility function	Utility functions may range from a simple description of decision maker's propensity towards risk, to complex loss/ benefit functions involving actual costs.
Marginalize the effect of uncertainty	Compute the expected value of the utility function by integrating the product of probability (of occurrence) times the utility function.
Use results	Use the expected value of cost/ benefit to inform decision making by means of trade-off analysis or by optimization.
Risk allocation	Decide on the party best able to bear/mitigate/manage the risk

From a developer or a government's point of view, in the early structuring of a project, a decision on the allocation of risk to different agents within the process should only be taken after the actions listed in the table.

It is fundamental to understand that removing uncertainty by directly using a forecast, or our own expectation, does not solve the problem. In fact, by doing so, one inevitably assumes, implicitly or otherwise, to deterministically know what will happen. Since this is not true most of the time, the final decision is bound to be poor and very often wrong.

7.3.5. Conservation de l'eau

Sélection de sites pour réduire l'évaporation des réservoirs

L'évaporation depuis la surface des réservoirs est l'élément le plus important qui réduit l'efficacité du stockage de l'eau. Ce problème ne se pose pas pour les réservoirs étroits et profonds situés dans les climats froids, mais il est très préoccupant pour les grands réservoirs peu profonds situés dans les zones chaudes et arides.

Les grands bassins fluviaux (comme le Nil, le Niger, l'Amou-Daria, le Syr-Daria, le Bénoué, pour n'en nommer que quelques-uns) disposent de plusieurs sites de réservoirs existants ou potentiels qui peuvent être optimisés en termes de gestion de l'évaporation. Cela représente un grand potentiel pour la conservation de l'eau. Cependant, la faisabilité d'une telle optimisation se heurte souvent à des problèmes transfrontaliers, qui sont très complexes et longs à résoudre. L'harmonisation des politiques et des réglementations, la planification conjointe et l'exploitation des réservoirs sont des mesures typiques sur lesquelles le personnel technique doit se mettre d'accord. Ces mesures doivent ensuite être validées au niveau politique.

Solutions non-structurales contribuant à la conservation de l'eau

Les solutions techniques de nature non-structurale, qui peuvent jouer un rôle important dans l'optimisation de l'utilisation des stockages existants et la planification de nouveaux, sont également utilisées dans l'irrigation.

La production d'eau alimentaire et l'agriculture irriguée associée sont les plus grands consommateurs d'eau. L'espace de stockage à cette fin doit donc être évalué avec soin dans le cadre d'un projet de gestion à usages multiples des ressources en eau (RMU), et toutes les sources d'économies possibles doivent être utilisées pour optimiser l'utilisation des ressources naturelles et financières rares. Après avoir calculé des indices de stress hydrique mensuels pour plus de 11 000 bassins versants avec une couverture mondiale, Pfister et Baumann (2012) ont montré que la période de croissance des cultures exerce une influence considérable et que le décalage des dates de plantation des cultures (ou le choix de cultures ayant des calendriers différents) peut aider à soulager le stress hydrique. De plus, dans certaines régions, la dimension temporelle est cruciale, notamment dans les cas présentant une grande variabilité de l'utilisation et de la disponibilité de l'eau.

Des programmes d'économie d'eau sont également mis en œuvre par Électricité de France (EDF) dans un aménagement à usages multiples sous leur gestion :

FRANCE : DURANCE-VERDON

Le réservoir de Serre-Ponçon, mis en service en 1966, est l'infrastructure principale du système à usages multiples des rivières Durance et Verdon. Avec 32 centrales hydroélectriques, le système permet la production de 6,5 TWh d'électricité renouvelable et une puissance de 2000 MW disponible en moins de 10 minutes. Il fournit de l'eau potable et de l'eau pour les besoins industriels à toute une région et permet l'irrigation de plus de 150 000 hectares de terres agricoles avec un stockage garanti de 200 millions de mètres cubes en été.

EDF est tenu de livrer 200 millions de mètres cubes pour l'irrigation entre le 1er juillet et le 31 septembre, et un bulletin d'information est envoyé chaque semaine aux agriculteurs concernant les débits d'irrigation. EDF encourage les agriculteurs à économiser l'eau en finançant des systèmes modernes de réduction de l'utilisation de l'eau. Grâce à un accord spécifique (Convention d'Économie d'Eau signée en 2000), qui oblige EDF à rembourser une partie des économies réalisées si les objectifs ciblés sont atteints, la consommation agricole d'un partenaire est passée de 310 millions de mètres cubes en 1997 à 201 millions de mètres cubes en 2005. EDF, en association avec l'Agence de l'Eau, a également cofinancé plusieurs initiatives environnementales telles que la reforestation des zones de captage.

7.3.5. Water conservation

Site selection to reduce evaporation from reservoirs

Evaporation from the reservoir surface is the most important element that reduces water storage efficiency. That is not a problem for narrow and deep reservoirs located in cold climates but is very much a problem for large and shallow reservoirs located in hot, arid areas.

Large river basins (Nile, Niger, Amu Darya, Syr Darya, Benoue, to name a few) feature several reservoir sites, existing or potential, which can be optimized in terms of evaporation management. That represents a large potential for conserving water, however the feasibility of such optimization often faces trans- boundary issues, which are very complex and lengthy to solve. Harmonization of policies and regulations, joint planning and operation of reservoirs are typical measures that technical staff have to agree upon. Such measures have then to be vetted at political level.

Non-structural solutions contributing to water conservation

Technical solutions of a non-structural nature, which can play an important role in optimizing the use of existing storage and planning new one, are also being used in irrigation.

Food production and associated irrigated agriculture is the largest consumer of water. Storage space for that purpose has therefore to be assessed carefully in a MPWS scheme and all possible savings introduced to optimize the use of scarce natural and financial resources. After calculating monthly water stress indices for over 11,000 watersheds with global coverage, Pfister and Baumann (2012) showed that the crop growing period has a considerable influence and shifting crop planting dates (or crops with different calendars) can help to relieve water stress. Furthermore, in some regions the temporal dimension is crucial, especially in cases with high variability of water use and availability.

Water saving programs are also adopted by Électricité de France (EDF) in one multipurpose asset under their management.

FRANCE: DURANCE-VERDON RIVER MULTIPURPOSE SYSTEM

The Serre-Ponçon reservoir, commissioned in 1966, is the main infrastructure of the multipurpose Durance and Verdon River system. With 32 hydropower plants, the system enables generation of 6.5 TWh of renewable electricity and an output of 2000 MW within 10 minutes, it supplies drinking water and water for industrial purposes to an entire region, as well as irrigation of over 150,000 ha of farmland with a guaranteed storage of 200 million m3 in summer.

EDF is required to deliver 200 million m3 for irrigation between 1st July and 31st September, and an information bulletin is sent each week to farmers about irrigation flows. EDF encourages farmers to save water by financing modern systems for water use reduction. Through a specific agreement (Water Saving Convention signed in 2000), which causes EDF to payback part of the savings if the targeted objectives are reached, the agricultural consumption for one partner decreased from 310 million m3 in 1997 to 201 million m3 in 2005. EDF, in association with the Water Agency, also co-financed a number of environmental initiatives e.g. reforestation of catchment area.

Sur la base de l'expérience et des conclusions d'études de cas, voici plusieurs mesures non structurales visant à améliorer la durabilité des projets de stockage d'eau polyvalents (RMU) :

Étapes du projet	Mesures non structurales
Processus de planification	• Jaugeage des bassins versants, suivi des apports en eau et transport des sédiments, en impliquant les communautés selon le besoin.
	• Restrictions sur l'utilisation des zones à risque d'inondation ; mise en place d'assurances.
	• Ajustement du prix de l'énergie et/ou de l'eau pour influencer l'extraction d'eau pour l'irrigation, l'industrie et autres activités de consommation.
Conception	• Évaluation des risques : identification des risques, quantification des conséquences et classement des priorités.
Construction	• Analyse des modes de défaillances potentielles : réaliser une PFMA pour évaluer l'impact des conclusions sur la sécurité à long terme et adapter la conception en conséquence.
Exploitation et maintenance	• Suivi hydrologique : surveillance des précipitations, températures, et accumulations de neige.
	• Mise à jour des règles d'exploitation du réservoir.
	• Promotion de la synergie avec des sources alternatives d'électricité.
	• Préparation aux urgences : identification, classification, alerte et réponse aux situations d'urgence.
	• Formation des opérateurs de barrages / population à risque.
	• Systèmes d'aide à la décision liés aux prévisions de crues.
	• Alertes précoces.
Réingénierie	• Fond d'adaptation : estimation initiale à la mise en service, renflouements annuels, réévaluation périodique.

Un mélange de solutions structurelles et non-structurelles

Le Projet d'Eau de Berg, en Afrique du Sud, illustre un exemple efficace de combinaison de mesures structurales et non structurales pour faire face aux pénuries d'eau urgentes dans la ville du Cap.

Le projet d'eau de Berg (Afrique du Sud)

Le projet d'eau de Berg comprend le barrage de la rivière Berg, avec une capacité de stockage de 130 Mm³, un déversoir, un réservoir hors canal, des stations de pompage et une canalisation de 12 km. L'approbation de telles mesures structurelles était conditionnée à la poursuite par la ville du Cap de mesures visant à réduire sa demande en eau pour atteindre des économies d'eau de 20 % d'ici 2020. En outre, des règles d'exploitation intégrées chercheraient à minimiser les pertes du système par déversement et évaporation, avec une augmentation de 18 Mm³/an de la production combinée des sous-systèmes individuels.

Based on experience and case study findings, the following table lists several non-structural measures to enhance sustainability of MPWS projects.

Project stage	Non-Structural measures
Planning process	• Catchment gauging, water inflow and sediment yield, involving communities as appropriate. • Restrictions on use of area at risk of flooding, flood insurance. • Modification to the price of energy and/or water to affect the extraction of water irrigation, industrial, and other consumptive activities.
Design	• Risk assessment: identify risk, quantify consequences, ranking.
Construction	• Potential Failure Mode Analysis: conduct PFMA to assess impact of findings/ design adaptations on long-term safety.
Operation	• Hydrological monitoring of rainfall, temperature, snowpack. • Update reservoir operation rules. • Promote synergy with alternative sources of electricity. • Emergency preparedness: emergency identification, classification, warning, response. • Training dam operators/population at risk. • Decision support systems linked to flood forecast. • Early warning.
Re-engineering	• Adaptation fund: initial estimate at commissioning, annual replenishments, periodic re-evaluation.

Blending of structural and non-structural measures

The Berg Water Project, in South Africa, is an example of efficient blending of structural measures with non-structural ones to face urgent water shortages in the City of Cape Town.

Berg Water Project (South Africa)

The BWP comprise the Berg River Dam, with a storage capacity of 130 Mm3, a weir, an off-channel reservoir, pumping stations and 12 km pipeline. The approval of such structural measures was on condition the City of Cape Town pursued measures to reduce its water demand to reach water savings of 20% by the year 2020. In addition to that, integrated operation rules would seek to minimize system losses through spillage and evaporation with an increase of 18 Mm3/year in the combined yield of individual subsystems.

7.4.   GESTION ADAPTATIVE

Définition

La gestion adaptative (GA) est un processus structuré et itératif de prise de décision robuste face à l'incertitude, visant à réduire cette dernière au fil du temps grâce à la surveillance du système. Ainsi, la prise de décision permet simultanément d'atteindre un ou plusieurs objectifs de gestion et, soit passivement soit activement, d'accumuler les informations nécessaires pour améliorer la gestion future.

L'apprentissage du système à travers la gestion adaptative

La gestion adaptative (GA) est un outil qui devrait être utilisé non seulement pour modifier un système, mais aussi pour en apprendre davantage sur ce système (Holling, 1978). Parce que la gestion adaptative repose sur un processus d'apprentissage, elle améliore les résultats à long terme de la gestion. Le défi de l'approche de la GA réside dans la recherche d'un équilibre correct entre l'acquisition de connaissances pour améliorer la gestion future et la réalisation du meilleur résultat à court terme en fonction des connaissances actuelles (Allan et Stankey, 2009).

La planification et la gestion du changement utilisant la gestion adaptative active

La gestion adaptative apparaît comme la méthode de choix en présence:

    a. d'incertitude,

    b. de complexité,

    c. de conditions changeantes,

    d. de la nécessité d'une action précoce,

    e. d'intérêts diversifiés des parties prenantes,

    f. de la participation du public.

Tous les points ci-dessus concernent directement la planification et la gestion des ressources en eau, et en particulier des projets de stockage à usages multiples. Ainsi, la gestion adaptative (GA) est étroitement liée aux concepts discutés dans les sections précédentes sur "La résilience hydrologique" et "L'incertitude prédictive". La planification et la gestion des ressources en eau avec des critères d'assurance d'approvisionnement prédéterminés, en utilisant les courbes de fiabilité des rendements préliminaires qui caractérisent un système particulier de ressources en eau, permettent d'ajuster facilement les utilisations et les exigences des utilisateurs "à mesure que les économies se développent, que les circonstances changent et que les valeurs sociétales évoluent". Les niveaux de référence de la fiabilité de l'approvisionnement permettent une évaluation des risques en prévision des changements majeurs de dans la demande. Du côté de l'approvisionnement, la révision des caractéristiques du système de ressources en eau est nécessaire lorsque la configuration du système change et/ou lorsque les effets du réchauffement climatique se manifestent.

L'utilisation d'approches probabilistes pour la planification et la gestion des ressources en eau a été appliquée avec succès en Afrique du Sud (Basson et Van Rooyen, 2001), un pays confronté à une pénurie d'eau depuis les années 1980. L'acceptation actuelle de cette approche ne repose pas seulement sur la solide théorie sous-tendant la méthodologie et sur les succès obtenus en termes d'amélioration de l'utilisation des ressources, mais également sur les efforts déployés pour communiquer les résultats aux décideurs et aux parties intéressées et affectées.

7.4.   ADAPTIVE MANAGEMENT

Definition

Adaptive Management (AM) is a structured, iterative process of robust decision making in the face of uncertainty, with an aim to reducing uncertainty over time via system monitoring. In this way, decision making simultaneously meets one or more management objectives and, either passively or actively, accrues information needed to improve future management.

System learning through adaptive management

AM is a tool, which should be used not only to change a system, but also to learn about the system (Holling, 1978). Because adaptive management is based on a learning process, it improves long-run management outcomes. The challenge in using the AM approach lies in finding the correct balance between gaining knowledge to improve management in the future and achieving the best short-term outcome based on current knowledge (Allan and Stankey, 2009).

Planning and management change utilizing active adaptive management

Active adaptive management appears as the method of choice in the presence of:

   a. uncertainty,

   b. complexity,

   c. changing conditions,

   d. early action requirement,

   e. diverse stakeholder interests,

   f. public participation.

All the above points firmly pertain to planning and management of water resources and to multipurpose storage projects in particular. AM therefore closely relates to, and is informed by, the concepts discussed in the previous sections on "Hydrological Resilience" and "Predictive Uncertainty". Planning and management of water resources with certain pre-determined assurance of supply criteria, using the draft-yield reliability curves that characterize a particular water resource system, provides for easy adjustment of uses and user requirements "as economies develop, as circumstances change and as societal values evolve". Reference levels of supply reliability allow for risk assessment in anticipation of major changes in demands. On the supply side, revision of the water resource system characteristics are going to be required when system configuration is changed and/ or effects of global warming may manifest.

Use of probabilistic approaches to planning and management of water resources have been successfully applied in South Africa (Basson and Van Rooyen, 2001), a water scarce country, since the 1980's. Acceptance today is not only due to the sound theory underpinning the methodology and the success achieved with respect to improved resource utility, but also because of efforts to communicate findings to decision makers and interested and affected parties.

Le département de l'intérieur des États Unis a développé des directives pratiques sur la gestion adaptative (William et Brown,2012). Ce guide utilise des études de cas pour illustrer comment la gestion adaptative peut être utilisée à la fois pour la gestion et l'apprentissage. La gestion adaptative y est présentée comme une forme de prise de décision structurée, mettant l'accent sur la valeur de la réduction de l'incertitude au fil du temps afin d'améliorer la gestion.

Au cœur de la prise de décision adaptative se trouve la reconnaissance des hypothèses alternatives sur la dynamique des ressources, ainsi que l'évaluation de ces hypothèses à l'aide des données de surveillance. En reconnaissant ce cadre, le guide identifie les éléments suivants dans la phase de mise en place de la gestion adaptative :

- Implication des parties prenantes,

- Énoncé des objectifs,

- Alternatives de gestion,

- Modèles prédictifs,

- Protocole de surveillance.

La phase itérative de la gestion adaptative comprend les étapes récurrentes suivantes :

- Prise de décision (à chaque étape dans le temps qui reflète le niveau actuel de compréhension et anticipe les conséquences futures des décisions),

- Suivi de la surveillance,

- Évaluation,

- Apprentissage et retour d'expérience,

- Apprentissage institutionnel.

7.5. RÉFÉRENCES

Allan Catherine et George H. Stankey (2009), *Adaptive Environmental Management: A Practitioner's Guide* Pays-Bas : Dordrecht. ISBN 978-90-481-2710-8.

J.A. Allan, " Virtual Water- the Water, Food, and Trade nexus. Useful concept or misleading metaphor? ", JWRA, Eau Internationale, vol. 28, no 1, mars 2003.

M.S. Basson, Van Rooyen, J.A. (2001), " Practical application of probabilistic approaches to the management of water resource systems ", Journal of hydrology, vol. 241, 2001, pp. 53-61.

Hoekstra, A.Y. et P.Q. Hung, " Virtual Water Trade: A quantification of virtual water flows between nations in relation to international crop trade ", Value of water Research Report Series, n° 11, 2002, Delft, Pays-Bas : IHE.

Holling, C. S. (éd.) (1978), *Adaptive Environmental Assessment and Management.* Chichester: Wiley. ISBN 0-471-99632-7.

Marino, Manuel ; Kemper, E. Karin (éditeurs), 1999, *Institutional frameworks in successful water markets - Brazil, Spain, and Colorado, USA,* Document technique de la Banque Mondiale n° WTP 427, Washington, D.C. : Banque Mondiale.

The U.S. Department of the Interior has developed practical guidance on AM (Williams and Brown, 2012). The guide uses case studies to show how adaptive management can be used for both management and learning. Adaptive management is presented as a form of structured decision making, with an emphasis on the value of reducing uncertainty over time in order to improve management.

At the heart of adaptive decision making is the recognition of alternative hypotheses about resource dynamics, and the assessment of these hypotheses with monitoring data. Recognizing such framework, the guide identifies the following elements in the set-up phase of AM:

- stakeholder involvement,

- statement of objectives,

- management alternatives,

- predictive models, and

- monitoring protocols.

The iterative phase of AM consists of the following recurrent steps:

- decision making (at each point in time that reflect the current level of understanding and anticipate the future consequences of decisions),

- follow-up monitoring,

- assessment,

- learning and feedback, and

- institutional learning.

7.5.   REFERENCES

Allan Catherine and George H. Stankey (2009). *Adaptive Environmental Management: A Practitioner's Guide*. The Netherlands: Dordrecht. ISBN 978-90-481-2710-8.

Allan, J.A. "Virtual Water- the Water, Food, and Trade nexus. Useful concept or misleading metaphor?" JWRA, Water International, Vol. 28, No.1, March 2003.

Basson, M.S., Van Rooyen, J.A. (2001) "Practical application of probabilistic approaches to the management of water resource systems" Journal of Hydrology 241 (2001) 53-61

Hoekstra, A.Y, and P.Q. Hung "Virtual Water Trade: A quantification of virtual water flows between nations in relation to international crop trade" Value of water Research Report Series, No.11, 2002, Delft, The Netherlands: IHE.

Holling, C. S. (ed.) (1978). *Adaptive Environmental Assessment and Management*. Chichester: Wiley. ISBN 0-471-99632-7.

Marino, Manuel; Kemper, Karin E. [editors]. 1999. *Institutional frameworks in successful water markets - Brazil, Spain, and Colorado, USA*. World Bank technical paper No. WTP 427. Washington, D.C.: The World Bank.

S. Pfister, J. Baumann, " Monthly characterization factors for water consumption and application to temporarily explicit cereals inventory ", 8e Conférence Internationale sur l'Analyse du Cycle de Vie dans le Secteur Agro-Alimentaire, Rennes, France, 2-4 octobre 2012.

Comité Technique sur l'"Integrated Operation of Hydropower Stations and Reservoirs". Part of the scope of work of the Committee is: "Conflict resolution among different purposes, and the role of decision support systems (DSS)" « Opération Intégrée des Stations Hydroélectriques et des Réservoirs ». Une partie du champ de travail du Comité est : « Résolution des conflits entre différents objectifs et rôle des systèmes d'aide à la décision (SAD) ».

A. Tilmant et al., " Restoring a flow regime through the coordinated operation of a multireservoir system - The case of the Zambezi River Basin ", Water Resources Research, 2010 (DOI : 10.1029).

E. Todini, 2008, *A model conditional processor to assess predictive uncertainty in flood forecasting*" International Journal of River Basin Management,vol. 6, n°2, p. 123-137.

B.K. Williams et E.D. Brown (2012), " *Adaptive Management: The U.S. Department of the Interior Applications Guide* ", Groupe de Travail sur la Gestion Adaptative, Washington DC.

Pfister S, Baumann J. "Monthly characterization factors for water consumption and application to temporarily explicit cereals inventory". 8th Int. Conf. on LCA in the Agri-Food Sector, Rennes, France, 2-4 October 2012.

Technical Committee on "Integrated Operation of Hydropower Stations and Reservoirs". Part of the scope of work of the Committee is: "Conflict resolution among different purposes, and the role of decision support systems (DSS)"

Tilmant A. et al; "Restoring a flow regime through the coordinated operation of a multireservoir system - The case of the Zambezi River Basin". Water Resources Research, 2010 (DOI:10.1029).

Todini, E., 2008 "A model conditional processor to assess predictive uncertainty in flood forecasting" International Journal of River Basin Management, 6 (2), 123-137.

Williams, B.K. and E.D. Brown (2012) "Adaptive Management: The U.S. Department of the Interior Applications Guide". Adaptive Management Working Group, Washington DC.

8. ÉLÉMENTS ESSENTIELS ET TENDANCES ÉMERGENTES

8.1. ÉLÉMENTS ESSENTIELS

L'analyse d'études de cas, la revue de la littérature pertinente et l'expérience des professionnels ayant contribué au Bulletin ont permis d'identifier 11 éléments essentiels concernant la planification et la gestion des projets de stockage d'eau à usages multiples. Les éléments sont énumérés dans le tableau suivant, avec une brève description de leur portée respective.

Élément essentiels	Portée/ Latitude
Gestion adaptative	Modifications dans l'exploitation du réservoir et/ou mise en œuvre de modifications structurelles basées sur la surveillance du système.
Conservation des actifs	Préservation du réservoir par la gestion des sédiments. Approche de gestion des actifs.
Gestion des conflits	Déployer et mettre à jour les systèmes d'aide à la décision pour optimiser l'exploitation du réservoir face à des usages multiples (par exemple, gestion des crues et rendement de l'eau).
Valeur économique	Impact du projet sur la société, y compris les externalités. Utilisation efficace des ressources du pays. Les indicateurs habituels sont la valeur nette, le ratio bénéfice-coût, le taux de rendement interne, etc.
Ingénierie	Conception sûre et fiable des structures du projet, de l'usine et de l'équipement. Réponse rapide aux imprévus nécessitant des modifications structurelles.
Gestion environnementale	Gestion des externalités. Principes de l'Équateur. Engagement des parties prenantes dans l'évaluation des options. Évaluationenvironnementale stratégique. Plan de gestion environnementale.
Viabilité financière	Coûts et bénéfices qui reviennent à l'entité du projet, au développeur et aux investisseurs. Perception du risque.
Gouvernance	Engagement des parties prenantes, aspects institutionnels, approvisionnement.
Réchauffement climatique	Adaptation aux effets potentiels sur la disponibilité des ressources en eau et aux évènements hydrologiques extrêmes.
Planification à long terme	Évaluer l'échelle, la sélection des sites et les caractéristiques opérationnelles en vue d'une durée de vie importante des projets de stockage d'eau à usages multiples. Construction de scénarios. Plan financier pour financer la réingénierie/le remplacement/la retraite des actifs.
Développement social	Promouvoir le développement local en donnant la priorité aux parties prenantes directement affectées (par exemple, le réaménagement). Partage des bénéfices.

Le tableau suivant propose un niveau de criticité des éléments essentiels dans le cadre du cycle de développement et d'exploitation des projets de stockage d'eau à usages multiples. Cette classification est générique et doit toujours être revue et adaptée au cas par cas.

8.   ESSENTIAL ELEMENTS AND EMERGING TRENDS

8.1.   ESSENTIAL ELEMENTS

Case study analysis, review of relevant literature, and experience of the professionals who contributed to the Bulletin have identified 11 essential elements pertaining to planning and management of multipurpose water storage projects. The elements are listed in the following table, along with a brief description of the respective scope/ latitude.

Essential Element	Scope/ Latitude
Adaptive Management (AM)	Changes in reservoir operation and/ or implementation of structural modifications based on system monitoring.
Asset Conservation (AC)	Reservoir conservation by sediment management. Asset management approach.
Conflict Management (CM)	Operationalize and update Decision Support Systems to optimize reservoir operation in the face of multiple uses (e.g. flood management and water yield).
Economic Value (EC)	Project's impact on society, including externalities. Effective use of country's resources for the country's development. Usual indicators are net present value, benefit-cost ratio, internal rate of return, etc.
Engineering (ENG)	Safe and reliable design of project structures, plant and equipment. Rapid response to unanticipated conditions requiring structural modifications.
Environment Management (ENV)	Management of externalities. Equator Principles. Stakeholder Engagement in option assessment. Strategic Environmental Assessment. Environment management plan.
Financial Viability (FN)	Costs and benefits that accrue to the project entity, developer and investors. Risk perception.
Governance (GV)	Stakeholder engagement, institutional aspects, procurement.
Global Warming (GW)	Adaptation to potential effects on water resources availability, and extreme hydrological events.
Long Term Planning (LTP)	Assess scale, site selection and operational characteristics in view the long lifetime of MPWS projects. Scenario Building. Financial plan for funding asset re-engineering/ replacement/ retirement.
Social Development (SD)	Promote local development giving priority to directly affected stakeholders (e.g. resettlement). Benefit sharing.

The following table suggests the level of criticality of the essential elements in the context of the development and operational cycle of MPWS projects. The classification is generic and should always be revised and adapted to the specific case at hand.

Tableau 8.1
Niveau de criticité des éléments essentiels

		Plannification	Conception	Construction	Exploitation	Ré-Ingénierie
CA	Conservation des actifs	Pertinent	Important	Important	Important	Important
DS	Développement Social	Important	Important	Important	Pertinent	Pertinent
GA	Gestion adaptative	Important	Pertinent	Pertinent	Important	Pertinent
GC	Gestion des conflits	Important	Pertinent	Important	Important	Important
GE	Gestion environnementale	Important	Important	Important	Important	Important
GV	Gouvernance	Important	Important	Important	Important	Important
ING	Ingénierie	Important	Important	Important	Pertinent	Important
PLT	Planification à long terme	Pertinent	Important	Pertinent	Important	Important
RC	Réchauffement climatique	Pertinent	Important	Pertinent	Important	Pertinent
VÉ	Valeur économique	Important	Important	Pertinent	Important	Important
VF	Viabilité financière	Pertinent	Important	Important	Important	Important

Pertinent	
Important	

Les éléments essentiels sont présentés ici par ordre alphabétique, car il serait inapproprié de recommander une hiérarchie parmi ces derniers, en plus du niveau de criticité générique montré dans le tableau ci-dessus. Les développeurs de projets et les décideurs doivent adopter une approche spécifique au projet, qui examine les interrelations entre les éléments essentiels dans leur cas particulier. Un outil utile pour cette tâche est l'analyse d'impact croisé (Cross Impact Analysis).

8.2. L'ANALYSE D'IMPACT CROISÉ

Définition

L'analyse d'impact croisé (AIC) est une méthodologie développée en 1966 pour aider à déterminer comment les relations entre les événements affecteraient les événements résultants et réduiraient l'incertitude à l'avenir. Elle est utilisée pour prévoir les développements dans différents secteurs, avec des techniques plus ou moins sophistiquées.

Application pour comprendre la relation entre les « Éléments essentiels »

L'application de l'analyse d'impact croisé pour étudier l'influence mutuelle des "éléments essentiels" identifiés dans la section précédente peut être utile pour la présente étude. Cette attente est fondée sur l'observation que l'importance d'une variable dans un système ne peut pas être déterminée uniquement à partir de la variable elle-même, mais seulement à travers sa relation avec les autres variables. L'analyse d'impact croisé est un outil qui utilise une matrice, offrant un moyen simple d'estimer cette relation entre les variables de manière progressive. L'utilisation de cet outil pour analyser l'influence des "éléments essentiels" est considérée comme importante.

Estimation de l'Intensité de l'Impact et Classification des Variables

L'effet de chaque variable sur toutes les autres est estimé en attribuant à chaque relation une intensité de l'impact avec une valeur comprise entre 0 et 3. La gamme va de 0 (aucun impact) à 3 (fort impact). La question posée est la suivante : si la variable A est modifiée, dans quelle mesure la variable B est-elle affectée (indépendamment de savoir si le changement est positif ou négatif) ?

Table 8.1

Criticality level of essential elements

		Planning	Design	Construction	Operation	Re-engineering
AM	Adaptive Management		▪	▪		▪
AC	Asset Conservation	▪				
CM	Conflict Management		▪	▪		
CM	Economic Value			▪	▪	
ENG	Engineering				▪	
ENV	Environmental Management					
FN	Financial Viability	▪			▪	
GV	Governance					
GW	Global Warming	▪		▪		▪
LTP	Long Term Planning	▪		▪		
SD	Social Development				▪	

Relevant	▪
Important	▪

The essential elements are presented here in alphabetical order as it would be improper to recommend any kind of hierarchy among them, in addition to the generic level of criticality shown in the above plate. Project analysts and decision makers need to have a project-specific approach, which looks into the interrelationships among the essential elements in their specific case. A useful tool for that task is Cross Impact Analysis.

8.2. CROSS IMPACT ANALYSIS

Definition

Cross-impact analysis (CIA) is a methodology developed in 1966 to help determine how relationships between events would affect resulting events and reduce uncertainty in the future. It is used to forecast developments in different sectors, with more or less sophisticated techniques.

Application to understand relationship between "Essential elements"

Application of CIA to study mutual influence of the "essential elements" identified in the previous section may have a value for the present study. Such expectation is based on the observation that the importance of a variable in a system cannot be determined from the variable itself, but only through its relationship with the other variables. Cross impact analysis is a tool that uses a matrix, which provides a simple means to estimate this relationship among variables on a step-by-step basis. Using this tool to analyze the influence of "essential elements" is considered important.

Estimating Intensity of Impact and Classifying Variables

The effect of each variable on all the others is estimated by allocating to each relationship an intensity of the impact with a value between 0 and 3. The range is from 0 (no impact) to 3 (for strong impact). The question is: *if variable A is changed, to what degree is variable B affected (regardless of whether the change is positive or negative)?*

En calculant la somme des lignes (« somme active ») et la somme des colonnes (« somme réactive »), les variables peuvent être classées comme critiques/inertes (selon leur degré de participation aux événements) et actives/réactives (selon leur degré de prédominance). Les résultats peuvent être tracés sur un graphique pour une présentation visuelle. En fonction de leur position dans le graphique, les points représentatifs permettent de classer les variables comme suit :

- Variables actives, elles affectent fortement toutes les autres, mais ne sont pas modifiées par elles ; les variables actives offrent un bon levier au changement dans un système.

- Variables réactives, elles ont peu d'impact sur les autres, mais sont fortement affectées par les changements des autres variables.

- Variables critiques, elles ont un fort impact sur les autres et sont elles-mêmes fortement affectées.

- Variables inertes ou tampon, elles n'ont ni impact sur les autres ni ne sont elles-mêmes fortement affectées ; ce sont des forces stabilisatrices dans le système.

Les variables de plus grand intérêt pour les décideurs sont celles qui sont actives ; les programmes d'action axés sur ces variables actives ont les meilleures chances de succès.

Exemple d'ateliers et conclusions

Un atelier de AIC a eu lieu à Stavanger, lors du congrès de la CIGB le 14 juin 2015, afin:

- D'utiliser les expériences et les points de vue du public pour préparer un guide sur l'AIC à inclure dans ce bulletin,

- De préparer les recommandations sur la manière d'appliquer l'AIC dans le contexte de projets spécifiques.

Au cours de l'atelier, les participants ont examiné chaque élément essentiel, afin de clarifier son influence. Un processus de brainstorming, avec la participation de tous les contributeurs, a analysé plusieurs cas d'AIC. Le tableau suivant nous montre les résultats d'un cas d'AIC.

Tableau 8.2
Résultats en tant que somme pondérée sur toutes les entrées du groupe projet

		Gestion adaptative	Gestion des actifs	Gestion des conflits	Valeur économique	Ingénierie	Gestion environnementale	Financement	Gouvernance	Réchauffement climatique	Planification long terme	Développement social	Sommes actives
GA	Gestion adaptative		0,9	1		1	1	3	2	2	2	3	16,875
CA	Conservation des actifs	1,5		2	2	2	0	0	0	0	0	0	10,5
GC	Gestion des conflits	2	2		2	1	2	1	2	1			18
VE	Valeur économique	1	2	3		2	1	2	1	2	0	0	14
ING	Ingénierie	2	2	3	1		3	3	3	3	3	0	23
GE	Gestion environnementale	1	2	3	2	3		0	0	0	0	0	11
VF	Viabilité financière	2	2	3	3	3	0		1	1	1	1	17
GV	Gouvernance	1	2	3	2	2	0	1		2	2	2	17
RC	Réchauffement climatique	2	2	3	1	2	0	1	2		3	3	19
PLT	Planification à long terme	1	2	3	2	1	0	1	2	2		3	18
DS	Développement social	2	2	3	3	1	0	2	2	3	0		17
	Sommes passives	15,5	18,875	27	18	19	9	13	14	18	15	14	16,5 Moyenne active
											Moyenne passive 16,5		

By building the sum of rows ("active sum") and the sum of columns ("reactive sum"), the variable can be classified as critical/ inert (for their degree of participation in the vents) and active/ reactive (degree of dominance). Results can be plotted in a graph for visual presentation. Based on their position in the graph, the representative points allow classifying the variables as follow:

- Active variables, which affect all the others strongly, but are not changed by them; active variables provide good leverage for change in a system.

- Reactive variables, which leave low impact on others, but are themselves highly affected by changes of the other variables.

- Critical variables, which have a strong impact on other and are themselves strongly affected.

- Inert or buffering variables, which neither have an impact on others nor are they themselves strongly affected; these are stabilizing forces in the system.

Of greatest interest to the decision makers are those variables which are active; programs of action focused on these active variables have the greatest chance of success.

Workshop Example and Conclusions

A CIA workshop was held in Stavanger, during ICOLD's Congress on June 14, 2015, to:

- Make use of the audience experiences and views to prepare a guide on CIA to be included in this Bulletin.

- Prepare recommendations on how to apply CIA in the context of specific projects.

During the workshop, participants reviewed each essential element with the intent of clarifying its scope/ latitude. An elicitation process, with the participation of all attendees, analyzed several CIA cases. The following plate shows the output of one CIA case.

Table 8.2
Results as weighted sum over all entries of the project group

		Adaptive Management	Asset Conservation	Conflict Management	Economics	Engineering	Environment Management	Financing	Governance	Global Warming	Long Term Planning	Social Development	Active Sums
AM	Adaptive Management		0.9	1.0	1.0	1.0	1.0	2.0	2.0	2.0	3.0	3.0	16.875
AC	Asset Conservation	1.5		2.0	2.0	2.0	3.0	0.0	0.0	0.0	0.0	0.0	10.5
CM	Conflict Management	2.0	2.0		1.0	2.0	1.0	2.0	1.0	2.0	3.0	2.0	18
EC	Economic Value	1.0	2.0	3.0		2.0	1.0	2.0	1.0	2.0	0.0	0.0	14
ENG	Engineering	2.0	2.0	3.0	1.0		3.0	3.0	3.0	3.0	3.0	0.0	23
ENV	Environment Management	1.0	2.0	3.0	2.0	3.0		0.0	0.0	0.0	0.0	0.0	11
FN	Financial Viability	2.0	2.0	3.0	3.0	3.0	0.0		1.0	1.0	1.0	1.0	17
GV	Governance	1.0	2.0	3.0	2.0	2.0	0.0	1.0		2.0	2.0	2.0	17
GW	Global Warming	2.0	2.0	3.0	1.0	2.0	0.0	1.0	2.0		3.0	3.0	19
LTP	Long Term Planning	1.0	2.0	3.0	2.0	1.0	0.0	1.0	2.0	3.0		3.0	18
SOC	Social Development	2.0	2.0	3.0	3.0	1.0	0.0	1.0	2.0	3.0	0.0		17
	Passive Sums	15.5	18.875	27	18	19	9	13	14	18	15	14	16.5 Average Activ.

Résultats pondérés de toutes les entrées

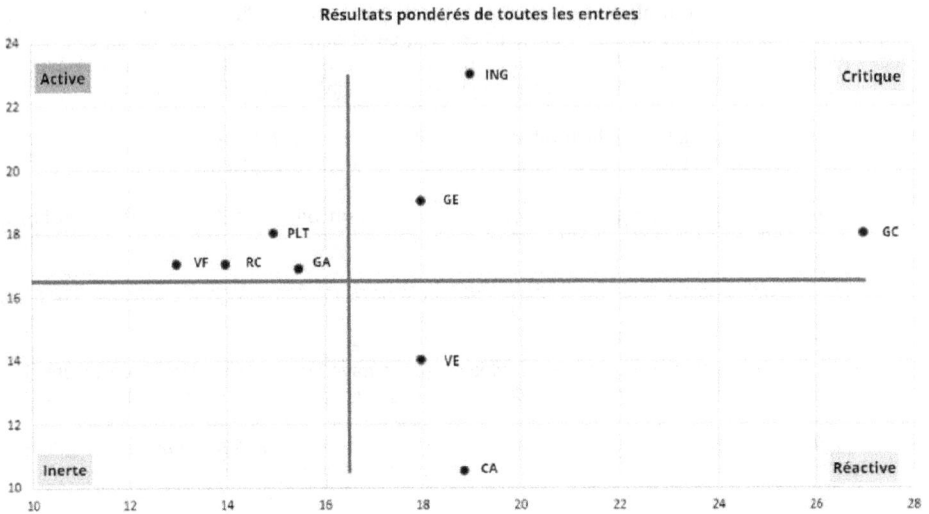

Fig. 8.1
Résultats pondérés de toutes les entrées

L'exemple ci-dessus a identifié :

- Variables critiques : Ingénierie, Réchauffement climatique et Gestion des conflits ;

- Variables réactives : Valeur économique et Conservation des actifs ;

- Variables actives : Gestion adaptative, Gestion environnementale, Viabilité financière, Gouvernance, Planification à long terme, Développement social.

Il serait tentant, mais trompeur, de suggérer une généralisation des résultats. La discussion des résultats a permis de tirer les conclusions suivantes :

i) Les résultats varient significativement selon le contexte du projet, c'est-à-dire que l'application de l'Analyse d'Impact Croisé est spécifique à chaque cas, et aucune conclusion générale sur l'influence mutuelle des éléments essentiels ne peut être tirée.

ii) Les résultats sont également spécifiques à l'instant t, c'est-à-dire qu'ils évoluent au cours de la vie du projet.

iii) Il est souhaitable d'obtenir des exemples d'application provenant de différents pays et projets.

iv) L'outil d'Analyse d'Impact Croisé pourrait ajouter une étape d'analyse supplémentaire au Protocole de durabilité de l'IHA (voir section 3.5 "Durabilité du projet"

Les participants avaient les perspectives suivantes sur l'utilisation potentielle de l'outil AIC :

a. Orientation sur la gouvernance d'un projet par l'identification des variables critiques.

b. Outil pour analyser les perspectives divergentes des « éléments critiques ».

c. Aider à prioriser les dépenses financières en mettant l'accent sur les variables critiques.

d. Comparaison de plusieurs « projets » ou « options » basée sur l'analyse des variables critiques

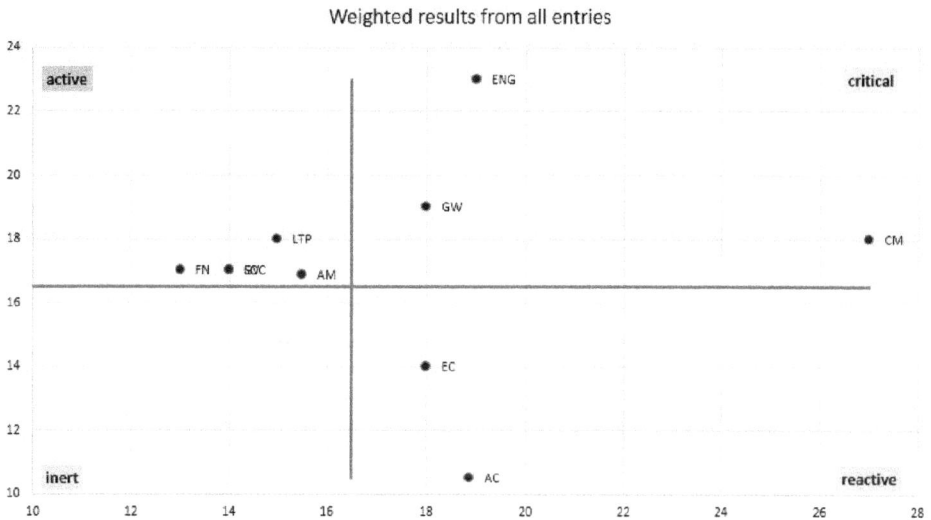

Weighted results from all entries

Fig 8.1
Weighted results from all entries

The example above identified:

- Critical Variables: Engineering, Global Warming, and Conflict Management.

- Reactive Variables: Economic Value and Asset Conservation.

- Active Variables: Adaptive Management, Environmental Management, Financial Viability, Governance, Long Term Planning, Social Development.

It would be tempting, but misleading to suggest generalization of the results. In fact, discussion of the results permitted to draw the following conclusions:

    i. Outcome varies significantly by context of project, i.e. CIA application is case specific and no general conclusions on the mutual influence of the essential elements can be drawn.

    ii. Outcomes are also time-specific, i.e. they change over life of project.

    iii. It is desirable to get examples of application from different countries and projects.

    iv. CIA tool could add a further stage of analysis to the IHA Sustainability Protocol (see section 3.5 "Project Sustainability").

Participants had the following perspectives on potential use of the CIA tool.

    a. Governance guidance for a project(s) through identification of critical variables.

    b. Tool for analyzing differing perspectives of 'critical element'.

    c. Assist in prioritizing financial expenditure with a focus on critical variables.

    d. Multiple 'projects' or 'options' can be compared based on critical variable analysis.

e. Pourrait être utile pour le débat entre experts de différentes disciplines afin de favoriser l'interaction. Les disciplines de base devraient couvrir les éléments essentiels : environnementaliste, économiste, ingénieur, hydrologue, sociologue, gouvernance.

f. Outil éducatif pour comprendre les points de vue des autres.

g. Nouvelles perspectives pour les ingénieurs axées sur la conception – élargir la réflexion – actions et effets.

h. Comparaison des alternatives, début d'une analyse de compromis.

i. Focalisation sur la livraison du projet - pour donner une direction à la gestion de projet.

j. Interaction multi-acteurs incluant des interactions transfrontalières - outil de forum pour l'engagement et le partage des points de vue.

k. Outil de planification précoce – à utiliser pour réajuster les perspectives sur les usages multiples.

l. Peut être réduit pour se concentrer sur l'influence d'un ou deux éléments clés.

m. Outil de coopération multidisciplinaire.

En conclusion, l'application de l'AIC est recommandée lors de la planification de projet et pour réexaminer les enjeux du projet tout au long de sa durée. Étant donné le potentiel de l'AIC à fournir des perspectives sur les tendances futures, cet outil peut être utile dans la gestion des projets de Réservoir Multi-Usages. Cependant, il est toujours important de trouver un équilibre entre obtenir un niveau de détail plus fin en décomposant les catégories de variables et ne pas complexifier excessivement l'analyse.

8.3. TENDANCES ÉMERGENTES

La plupart des éléments essentiels identifiés dans la section précédente sont des concepts bien établis dans la planification et la gestion des infrastructures hydrauliques. Trois de ces éléments sont cependant considérés comme des tendances émergentes :

- La planification à long terme,

- La gestion adaptative des ressources,

- La conservation des actifs (notamment la gestion de la sédimentation).

En plus de ceux-ci, ce Bulletin a identifié des pratiques qui montrent une manière positive ou progressive de piloter des projets. Ces pratiques représentent des tendances émergentes supplémentaires que les planificateurs et gestionnaires devraient prendre en compte dans le contexte des projets de Réservoir Multi-Usages.

Le tableau suivant énumère les tendances émergentes identifiées pour les projets de Réservoir Multi-Usages :

e. Could be useful for debate between different discipline experts to foster interaction. Basic disciplines should cover essential elements = environmental, economist, engineer, hydrologist, social scientist, governance.

f. Education tool to understand perspectives of others.

g. New perspectives for engineers focused on design - broaden thinking - actions and effects.

h. Comparing alternatives, beginning of a tradeoff analysis.

i. Project delivery focus - to give direction for Project Management.

j. Multi stakeholder interacting including cross border - forum tool for engagement and perspective sharing.

k. Early planning tool - use to readjust perspectives on multipurpose.

l. Can be down scaled to focus on influence of one or two key elements.

m. Multi-disciplinary cooperation tool.

In conclusion, application of CIA is recommended during project planning and to revisit project functions during the life of the project. Given CIA's potential in giving insights into future trends, the tool can be of assistance in MPWS management. At the same time, it is always important to balance between getting greater detail by breaking down the categories of variable vs not over-complicating the analysis.

8.3. EMERGING TRENDS

Most of the essential elements identified in the previous section are well-established concepts in water infrastructure planning and management. Three of such elements qualify as emerging trends; they are:

- Long Term Planning,

- Adaptive Resource Management, and

- Asset Conservation (notably sedimentation management).

In addition to those, this Bulletin has identified practices that show a positive or progressive way of doing business. Such practices represent additional emerging trends that planners and managers should take into account in the context of MPWS projects.

The following table lists the identified MPWS emerging trends.

Tendance émergente	Description
Planification à Long Terme	Évaluer l'échelle, la sélection des sites et les caractéristiques opérationnelles en perspective de la longue durée de vie des projets de SEP. Élaboration de scénarios. Plan financier pour le financement de la réingénierie, du remplacement ou du retrait des actifs.
Fiabilité de l'Approvisionnement en Eau	Sécuriser une fiabilité d'approvisionnement adéquate pour les utilisateurs domestiques / industriels, ainsi que certains besoins d'irrigation stratégiquement sélectionnés, sera certainement une tendance dans un avenir proche. Des technologies telles que la désalinisation et la réutilisation joueront un rôle important, mais des questions d'échelle et de multi-usages de l'eau (par exemple, la gestion des inondations) nécessiteront de grandes capacités de stockage. À mesure que les attentes de la société évoluent, en même temps que leur bien-être, le stockage de l'eau devient de plus en plus stratégique sur sa capacité à s'adapter aux besoins de la société.
Nouveaux réservoirs dans les pays développés	Il arrive un temps, dans le schéma de développement d'un pays, où les mesures structurelles sont principalement de nature de réhabilitation et de conservation, et où la construction de nouvelles infrastructures hydrauliques diminue naturellement. C'est ce que nous avons observé jusqu'à présent, par exemple en Europe, en Amérique du Nord et en Australie. Ce que nous avons commencé à observer, mais qui n'a pas encore attiré une attention générale, ce sont des cas où les différentes options d'approvisionnement, négligées depuis trop longtemps, nécessitent des investissements urgents dans de nouvelles infrastructures hydrauliques.
Projets transformationnels dans les pays en développement	Créer de l'emploi et des revenus régionaux étaient les motivations derrière les grands projets d'infrastructure aux États-Unis, en Europe et dans d'autres pays, avec l'attente que les investissements « changeraient la trajectoire des économies régionales ». Le nouveau millénaire voit le même processus se dérouler dans les pays en développement, qui font d'énormes efforts nationaux pour mettre en œuvre des « projets transformationnels », c'est-à-dire des projets conçus pour induire des changements majeurs dans les économies régionales / nationales.
Gestion adaptative	Modifications de l'exploitation des réservoirs et/ou mise en œuvre de modifications structurelles basées sur la surveillance du système.
Incertitude Prédictive	Bien connue en statistiques et en théorie de la décision, c'est seulement au cours des deux dernières décennies que le concept d'Incertitude Prédictive (IP) a émergé dans l'hydrologie et la gestion des ressources en eau.
Écologie des rivières	Deux tendances émergentes, représentant des solutions structurelles, peuvent être mises en évidence : • Prises d'eau multiples et installations de prélèvement, • Gestion des rivières par les débits.
Conservation des Actifs	Alors que le siècle dernier était axé sur le développement des réservoirs, le XXIème siècle devra se concentrer sur la gestion des sédiments ; l'objectif sera de convertir l'inventaire actuel des réservoirs non durables en infrastructures durables pour les générations futures. La communauté scientifique dans son ensemble devrait travailler à créer des solutions pour conserver les installations de stockage d'eau existantes afin de permettre leurs fonctions le plus longtemps possible, voire à perpétuité.
Synergie entre les Énergies Renouvelables	Le développement intensif des énergies renouvelables intermittentes "non programmables" accroît le besoin de centrales de secours, c'est-à-dire de centrales hydroélectriques classiques ou d'installations de stockage par pompage. Il est facile de prévoir un développement rapide de cette tendance au niveau international, l'importance du stockage d'énergie augmentant dans le secteur hydroélectrique. La planification des futurs réservoirs à usages multiples devrait en tenir compte.

Energy Trend	Description
Long Term Planning	Assess scale, site selection and operational characteristics in view the long lifetime of MPWS projects. Scenario Building. Financial plan for funding asset re-engineering/ replacement/ retirement.
Water Supply Reliability	Securing adequate supply reliability to domestic/industrial users, and some, strategically selected irrigation demands us expected be the trend in the near future. Technologies such as desalination and reuse will play an important role, nonetheless, matters of scale and relative multipurpose capability (e.g. flood management) will forcefully require storage. As society's demands evolve, together with their welfare, water storage becomes more and more strategic for capacity to adapt to society's needs.
New storage in developed countries	There will be a time, in a country's development pattern, when structural measures will be mainly of a rehabilitation and conservation nature, and construction of new water infrastructures will naturally diminish. This is what we have observed so far, for example in Europe, North America and Australia. What we have started to observe, but that has not yet attracted general attention, are cases in which supply-side options, for neglected for too much time neglected, require urgent investment in new water infrastructures.
Transformational projects in developing countries	Creating employment and regional incomes were the motivations behind large-scale infrastructure projects in the USA, Europe and other countries, with the expectation that investments would "change the trajectory of regional economies". The new millennium is witnessing the same process taking up in developing countries, which are making huge national efforts to implement "transformational projects", i.e. projects conceived to induce major changes in regional/ national economies.
Adaptive Management	Changes in reservoir operation and/or implementation of structural modifications based on system monitoring.
Predictive Uncertainty	Although well-known in statistics and decision theory, it's only in the last two decades that the concept of Predictive Uncertainty (PU) has emerged in hydrology and water resource management.
River ecology	Two emerging trends, representing structural solutions, can be highlighted: • Multiple water intakes and draw-off facilities, and • Managed river flows.
Asset Conservation	Whereas the last century was concerned with reservoir development, the 21st century will need to focus on sediment management; the objective will be to convert today's inventory of non-sustainable reservoirs into sustainable infrastructure for future generations. The scientific community at large should work to create solutions for conserving existing water storage facilities in order to enable their functions to be delivered for as long as possible, possibly in perpetuity.
Synergie among renewables	The extensive development of intermittent "non-programmable" renewable energy is increasing the need for backup plants, i.e. direct hydro or pumped storage plants. It is easy to forecast a rapid spread of the tendency at international level, with energy storage assuming increasing relevance in the hydropower sector. Planning of future multi-purpose reservoirs should consider such trend

Il est recommandé que les éléments essentiels identifiés à la section 8.2 soient toujours pris en compte dans la planification et la gestion des projets de Réservoir Multi-Usages.

La prise en compte des tendances émergentes identifiées ici devrait :

- Être utilisée à des fins de benchmarking par rapport à l'évolution des pratiques internationales, et

- Toujours être effectuée dans le contexte du cas spécifique, qu'il s'agisse d'une politique, d'un programme ou d'un projet dans lequel le stockage à buts multiples figure comme une composante importante.

It is recommended that the essential elements identified in section 8.2 be always taken in due account in planning and management of multipurpose water storage projects.

Consideration of the hereby-identified emerging trends should:

- Be used for benchmarking purpose with reference to evolving international practice, and

- Always be done in the context of the specific case, being that a policy, a program, or a project in which multipurpose storage features as a prominent component.

ANNEXE : RÉSUMÉ DES ÉTUDES DE CAS

Ce Bulletin a énormément bénéficié de la richesse des informations fournies par les 52 études de cas que l'équipe MPWS a collectées, analysées et synthétisées. Ces études de cas constituent l'épine dorsale des informations et de nombreux messages contenus dans ce rapport.

Le Groupe 1 s'est occupé des études de cas en provenance de la Chine tandis que le Groupe 2 s'est lui occupé des études de cas internationales.

Le Volume II du Bulletin MPWS contient des fiches de données détaillées. La présente annexe au rapport principal présente une synthèse des principales conclusions de chaque groupe de travail.

#	Pays	Projet
	**ÉTUDES DE CAS**	
	Étude de cas de <u>Chine</u> préparés par le groupe 1 :	
1	Chine	Banqiao
2	Chine	Dahuofang
3	Chine	Dajiangkou
4	Chine	Dalong
5	Chine	Feilaxia
6	Chine	Fengman
7	Chine	Guanting
8	Chine	Guxian County
9	Chine	Hongshan
10	Chine	Liujiaxia
11	Chine	Linhuaigang
12	Chine	Longyangxia
13	Chine	Miyun
14	Chine	Nierji
15	Chine	Panjiakou
16	Chine	Sanmenxia
17	Chine	Trois Gorges
18	Chine	Xiaolangdi
19	Chine	Xiangjiaba
20	Chine	Xiluodu
21	Chine	Zipingpu
	Études de cas <u>internationaux</u> préparées par le groupe 2 :	
22	Australie	Hinze
23	Australie	Wivenhoe
24	Cameroun	Lom Pangar
25	Canada	Grand barrage de Keeleyside
26	Égypte	Grand barrage d'Assouan
27	France	Barrage de Serre-Poncon
28	France	Barrage de Villerest
29	Allemagne	Système de réservoir Eifel-Rur
30	Grèce	Tavporos Multipurpose

ANNEX: SUMMARY OF CASE STUDIES

This Bulletin benefited a lot from the wealth of information provided by the 52 case studies that the MPWS Team collected, analyzed, and synthetized. Those case studies are the backbone of the information and many of the messages contained in this report.

Group 1 dealt with case studies from China. Group 2 did the same for international case studies.

Volume II of the MPWS Bulletin contains detailed data sheets. The present annex to the main report presents a synthesis of the main findings from each working group.

CASE STUDIES		
Case Studies from <u>China</u> prepared by Group 1		
#	Country	Project
1	China	Banqiao
2	China	Dahuofang
3	China	Dajiangkou
4	China	Dalong
5	China	Feilaxia
6	China	Fengman
7	China	Guanting
8	China	Guxian County
9	China	Hongshan
10	China	Liujiaxia
11	China	Linhuaigang
12	China	Longyangxia
13	China	Miyun
14	China	Nierji
15	China	Panjiakou
16	China	Sanmenxia
17	China	Three Gorges
18	China	Xiaolangdi
19	China	Xiangjiaba
20	China	Xiluodu
21	China	Zipingpu
<u>International</u> Case Studies prepared by Group 2		
22	Australia	Hinze
23	Australia	Wivenhoe
24	Cameroon	Lom Pangar
25	Canada	Hugh Keeleyside Dam
26	Egypt	Aswan High Dam
27	France	Serre-Poncon Dam
28	France	Villerest Dam
29	Germany	Eifel-Rur Reservoir System
30	Greece	Tavporos Multipurpose

31	Iran	Barrage de Doosti
32	Iran	Barrage et Centrale Hydroélectrique Gotvand
33	Iran	Barrage Karun I
34	Iran	Barrage Karun III
35	Iran	Barrage Karun IV
36	Italie	Ridracoli
37	Japon	Barrage Tokuyama
38	Nouvelle-Zélande	Argyle
39	Nouvelle-Zélande	Coleridge
40	Nouvelle-Zélande	Land and Water Forum
41	Nouvelle-Zélande	Karori
42	Nouvelle-Zélande	Opuha
43	Nigeria	Kashimbila
44	Pakistan	Mangla
45	Pérou	Chira-Piura
46	Pérou	Projet Olmos
47	Russie	Cheboksarskaya HPP
48	Afrique du Sud	Berg River Dam Project
49	Turquie	Ataturk
50	Etats-Unis	Rivière Elwha
51	Etats-Unis	Shasta
52	Etats-Unis	Tennessee Valley Authority

ÉTUDES DE CAS EN CHINE

1.1 Généralités

L'entreprise Yellow River Engineering Consulting a dirigé le Groupe 1 avec pour mission de collecter des études de cas en Chine en utilisant le cadre convenu à Seattle en août 2013. Les résultats ont été assemblés dans deux rapports et une synthèse des principales conclusions a été présentée lors de la réunion annuelle de la CIGB à Bali en 2014. Les deux rapports peuvent être consultés sur le site de la CIGB. Le présent chapitre présente un résumé du processus de l'étude et de ses résultats. Ces derniers sont d'un grand intérêt car ils reposent sur une richesse d'informations et une analyse approfondie provenant du pays leader mondial dans le développement et la gestion des barrages.

1.2 Le processus de recherche

Le processus de recherche a commencé par une longue liste de cas, qui a été progressivement affinée pour répondre aux objectifs de la recherche sur les ouvrages de stockage d'eau à usages multiples. Les informations ont été recueillies à partir d'articles publiés, de la littérature de la CIGB et d'internet. Une coopération efficace a été établie avec les autorités des bassins des fleuves Yangtsé et Rivière des Perles. Le premier brouillon, contenant 8 cas, a pris 5 mois à préparer et était prêt en février 2014. À la suite des commentaires du reste de l'équipe, 13 autres cas ont été préparés avant la fin de mai 2014. L'ensemble du processus a pris environ 8 mois, fournissant un solide point de départ pour les activités du Comité.

31	Iran	Doosti Multipurpose Dam
32	Iran	Gotvand Multipurpose Dam and Hydropower Plant
33	Iran	Karun I Multipurpose Dam
34	Iran	Karun III Multipurpose Dam
35	Iran	Karun IV Multipurpose Dam
36	Italy	Ridracoli
37	Japan	Tokuyama Dam
38	New Zealand	Argyle
39	New Zealand	Coleridge
40	New Zealand	Land and Water Forum
41	New Zealand	Karori
42	New Zealand	Opuha
43	Nigeria	Kashimbila
44	Pakistan	Mangla
45	Peru	Chira- Piura
46	Peru	Olmos Project
47	Russian Federation	Cheboksarskaya HPP
48	South Africa	Berg River Dam Project
49	Turkey	Ataturk
50	United States	Elwha River
51	United States	Shasta
52	United States	Tennessee Valley Authority

CASE STUDIES FROM CHINA

1.1   General

The Yellow River Engineering Consulting Co. took the lead of Group 1 with the task of collecting case studies from China utilizing the framework agreed in Seattle, August 2013. Results were collected in two reports and a synthesis of the main findings was presented during the ICOLD Annual Meeting in Bali, 2014. Both reports may be consulted in ... (ICOLD website). The present chapter offers a summary of the process of the study and of its outcomes. The latter are of high interest because they are based on a wealth of information and thorough analysis, which is coming from the world leading country in dam development and management.

1.2   Research process

The research process started with a long list of cases, which was progressively refined to meet the objectives of the MPWS research. Information was gathered from published papers, ICOLD literature and the internet. An effective cooperation was established with the Yangtze and the Pearl River Basin Authorities. The first draft, containing 8 cases, took 5 months to prepare and was ready by February 2014. Following comments from the rest of the team, other 13 cases were prepared by the end of May 2014. The entire process took about 8 months, providing a strong start to the activities of the Committee.

1.3   Critères de sélection

La sélection des études de cas s'est basée sur les critères suivants :

- Le projet doit comporter au moins trois objectifs, principalement liés au secteur public ;

- Les barrages doivent couvrir de vastes bassins versants et jouer des rôles importants dans les bassins fluviaux respectifs ;

- Les cas doivent être représentatifs en termes d'échelles temporelles et spatiales ;

- Les principaux types de barrages doivent être représentés ;

- Les cas doivent être technologiquement pertinents ;

- Disponibilité des données.

21 réservoirs provenant de 6 bassins fluviaux chinois ont finalement été sélectionnés et analysés. La carte suivante nous montre leur distribution spatiale :

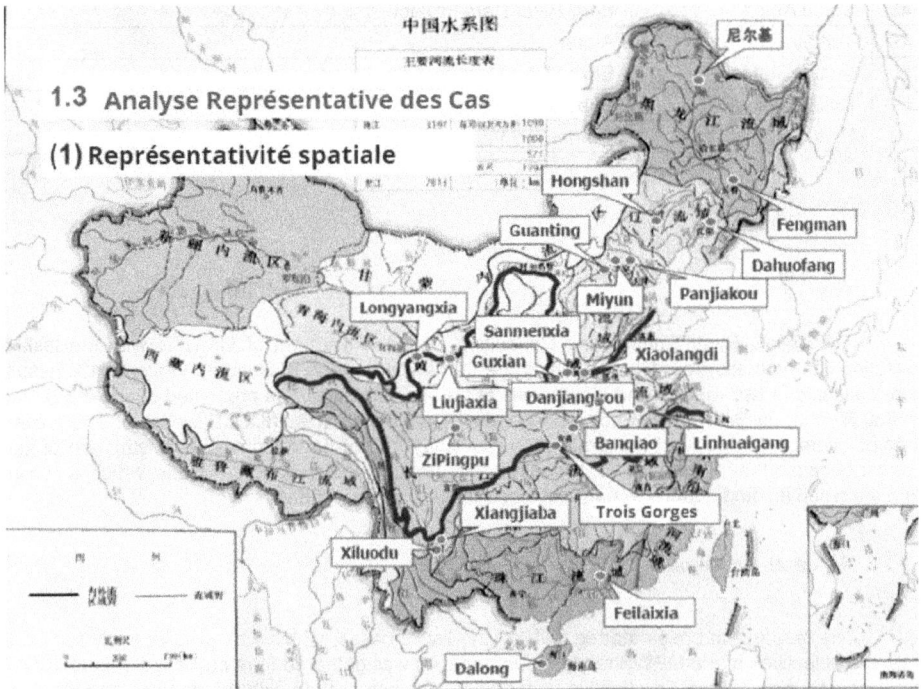

1.3   Selection criteria

Case studies selection was based on the following criteria:

- Project should feature at least three, mainly public sector-related, purposes;

- Dams with large catchment areas and with important roles in the respective river basins;

- Cases are representative in terms of of both time and spatial scales;

- Main dam types should be represented;

- Cases should be technologically relevant;

- Availability of data.

21 reservoirs, from 6 Chinese river basins were finally selected and analysed. The following plate shows spatial distribution.

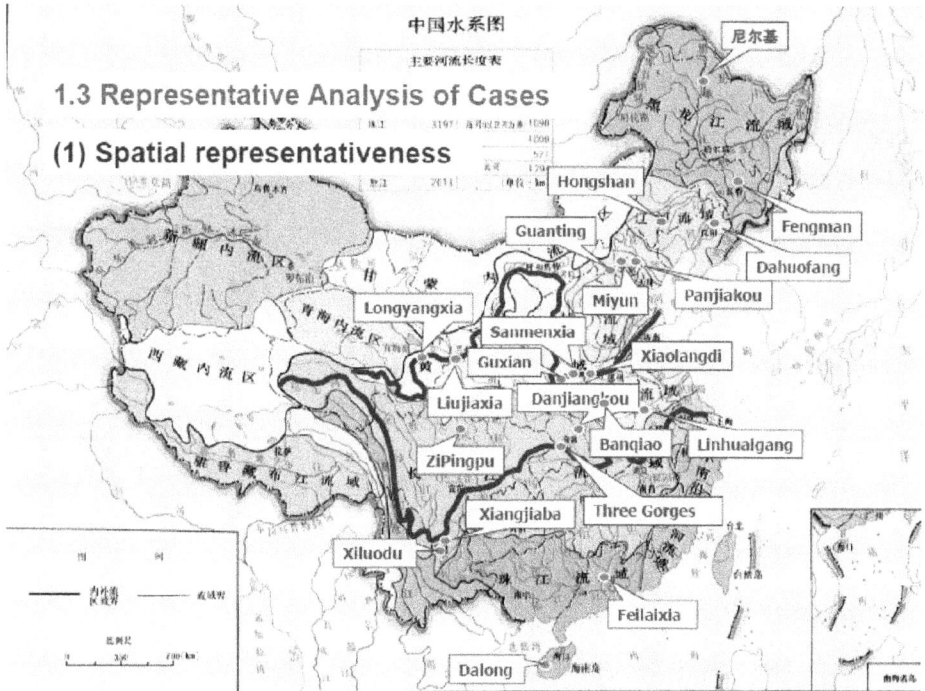

Le tableau suivant résume certaines données des études de cas du groupe 1 :

Barrage	Bassin fluvial	Année d'achèvement	Type de barrage	Hauteur (m)	Capacité de stockage (Mm³)	Crue de projet (m³/s)
Banqiao	Huaihe	1953	Béton + Remblai en terre	51	675	9770
Dahuofang	Songliao	1959	Remblai en enrochements zoné	49	1430	n.d.
Dalong	Pearl River	2007	Remblai en terre zoné	66	468	10000
Danjiangkou	Yangtze	1973	Béton et remblai en enrochements	117	17450	98400
Feilaixia	Pearl River	1999	Poids-béton	49	1870	n.d.
Fengman	Songliao	1942	Poids-béton	91	10800	n.d.
Guanting	Haihe	1954	Remblai en terre zoné	45	2270	11450
Guxian	Yellow	1995	Poids-béton	125	1170	n.d.
Hongshan	Songliao	1960	Remblai en terre	n.d.	n.d.	n.d.
Linhuaigang	Huaihe	2006	n.d.	21	n.d.	n.d.
Liujiaxia	Yellow	1974	Poids-béton	147	5700	8860
Longyangxia	Yellow	1989	Voûte	178	2470	n.d.
Miyun	Haihe	1960	Remblai en terre	n.a.	4370	n.d.
Nierji	Songliao	2006	Enrochement à noyau bitumeux	42	8610	n.d.
Panjiakou	Haihe	1985	Poids-béton	107	2930	n.d.
Sanmenxia	Yellow	1960	Poids-béton	106	16200	n.d.
Three Gorges	Yangtze	2010	Poids-béton	181	39300	98800
Xiangjiaba	Yangtze	2015	Poids-béton	162	4970	41200
Xiaolangdi	Yellow	2001	Remblai en enrochements zoné	160	12650	40000
Xiloudu	Yangtze	2015	Voûte double courbure	285	11570	43700
Zipingpu	Yangtze	2006	Enrochement avec parement béton	156	1112	12700

1.4   Les finalités évolutives des réservoirs

Le développement des infrastructures hydrauliques a commencé en Chine dans les années 1950. Initialement, le but principal était la génération d'électricité et les réservoirs étaient principalement à usage unique. En 1954, le rapport technique et économique sur l'aménagement global et la planification du fleuve Jaune a recensé 46 réservoirs en cascade, dont 42 étaient exclusivement destinés à la production d'électricité. Avec la croissance économique nationale, l'irrigation et l'approvisionnement en eau domestique et industrielle ont été ajoutés. À mesure que les terres étaient de plus en plus utilisées, le contrôle des inondations est devenu un objectif supplémentaire, souvent prioritaire. Depuis les années 1990, une prise de conscience croissante de la protection écologique a conduit à attribuer des fonctions de gestion de l'environnement à certains réservoirs. Par exemple, le réservoir de Xiaolangdi a été conçu pour libérer des débits dans le lit du fleuve Jaune, afin de soutenir les fonctions écologiques.

The following table summarises some data of the Group 1 case studies.

Dam	River Basin	Year completed	Dam type	Height (m)	Reservoir (Mm3)	Design flood (m³/s)
Banqiao	Huaihe	1953	Concrete+Earthfill	51	675	9770
Dahuofang	Songliao	1959	Zoned rockfill	49	1430	n.a.
Dalong	Pearl	2007	Zoned earthfill	66	468	10000
Danjiangkou	Yangtze	1973	Concrete+Rockfill	117	17450	98400
Feilaixia	Pearl	1999	Concrete gravity	49	1870	n.a.
Fengman	Songliao	1942	Concrete gravity	91	10800	n.a.
Guanting	Haihe	1954	Zoned earthfill	45	2270	11450
Guxian	Yellow	1995	Concrete gravity	125	1170	n.a.
Hongshan	Songliao	1960	Earthfill	n.a.	n.a.	n.a.
Linhuaigang	Huaihe	2006	n.a.	21	n.a.	n.a.
Liujiaxia	Yellow	1974	Concrete gravity	147	5700	8860
Longyangxia	Yellow	1989	Arch-gravity	178	2470	n.a.
Miyun	Haihe	1960	Eartfill	n.a.	4370	n.a.
Nierji	Songliao	2006	Asphalt core rockfill	42	8610	n.a.
Panjiakou	Haihe	1985	Concrete gravity	107	2930	n.a.
Sanmenxia	Yellow	1960	Concrete gravity	106	16200	n.a.
Three Gorges	Yangtze	2010	Concrete gravity	181	39300	98800
Xiangjiaba	Yangtze	2015	Concrete gravity	162	4970	41200
Xiaolangdi	Yellow	2001	Zoned rockfill	160	12650	40000
Xiloudu	Yangtze	2015	Arch double curv.	285	11570	43700
Zipingpu	Yangtze	2006	Concrete face rockfill	156	1112	12700

1.4   Evolving reservoir purposes

Water infrastructure development started in China in the 1950s. Initially, the principal purpose was electricity generation, and reservoirs were mainly single purpose. In 1954, the *Technical and Economic Report on Comprehensive Harnessing and Planning of the Yellow River*, listed 46 cascade reservoirs, out of which 42 were exclusively for electricity generation. With national economic growth, irrigation and domestic-industrial water supply added on. As more land became used, flood control became an additional, frequently dominating, purpose. Since the 1990s, increasing awareness of ecological protection brought to the decision to assign environment management functions to some reservoirs. In line with that, for example, Xiaolangdi Reservoir was to release in stream flows to sustain ecological functions of the Yellow River.

Depuis la fin des années 1990, le contrôle des inondations est devenu la principale finalité de nombreux grands réservoirs. Le réservoir de Miyun, principale source d'eau potable de Beijing, est un projet multi-usage à grande échelle intégrant le contrôle des inondations, l'approvisionnement en eau, l'irrigation, la production d'électricité et l'élevage de poissons. Mis en service en 1960, Miyun a fait l'objet de plusieurs extensions et travaux de modernisation pour renforcer sa fonction de protection contre les inondations, devenant ainsi l'un des projets importants assurant cette protection à Beijing.

L'histoire du développement des infrastructures hydrauliques en Chine montre une augmentation progressive et significative des projets à usages multiples. Des systèmes d'aide à la décision de plus en plus sophistiqués sont devenus nécessaires pour réguler les réservoirs, afin de prendre des décisions multi-objectifs soumises à des contraintes complexes et souvent contradictoires.

Xiaolangdi est le réservoir le plus polyvalent en Chine et probablement dans le monde. Conçu principalement pour gérer la sédimentation dans les cours inférieurs du fleuve Jaune, Xiaolangdi assure également la production d'électricité, l'irrigation, l'approvisionnement en eau, la gestion des débits des cours d'eau et d'autres usages. Le projet comprend un système de programmation automatique qui adopte une architecture C/S (Client/Serveur), comprenant l'acquisition et le traitement des données, l'affichage et la recherche des informations, les travaux de planification du réservoir, les alarmes du système et des modules de réservoir en 3D.

Le projet de contrôle des eaux de Danjiangkou a été achevé en 1973. Pendant plus de 30 ans, le projet a joué un rôle important et a généré des avantages économiques significatifs. Avec la croissance économique nationale, la pénurie d'eau dans le nord de la Chine est devenue plus pressante, ce qui a rendu nécessaire le lancement du projet de transfert d'eau sud-nord pour résoudre le problème de pénurie d'eau dans les régions de Beijing et Tianjin. En tant que réservoir amont de la phase 1 - ligne centrale - du projet de transfert d'eau, le réservoir de Danjiangkou a été relevé de 157 à 170 mètres, ce qui a augmenté sa capacité de stockage de 11,6 milliards de mètres cubes. Grâce à une programmation optimisée, la capacité de contrôle des inondations a été améliorée dans les cours moyen et inférieur, et l'approvisionnement annuel en eau a atteint 12 milliards de mètres cubes, ce qui permet de pallier la pénurie d'eau dans le nord de la Chine jusqu'en 2030.

Le système d'aide à la décision de Danjiangkou comprend les modules suivants : requête d'information sur le réservoir, gestion en temps réel des informations sur l'eau et les précipitations, prévision des crues du réservoir, programmation de la production d'électricité et de l'irrigation et maintenance de la base de données hydrologique.

1.5   Durabilité du projet

Gestion de l'environnement

L'impact des infrastructures hydrauliques sur les écosystèmes fluviaux a émergé à l'échelle mondiale dans les années 1970 et de nouveaux concepts tels que les relations homme-rivière et la santé des rivières ont progressivement intégré la conception des projets. Trois Gorges, Xiaolangdi et plusieurs autres réservoirs à grande échelle en Chine intègrent des principes de gestion environnementale en plus de l'optimisation des bénéfices économiques.

Gestion de la sédimentation

Le plateau du Loess occupe une vaste région dans les parties amont du bassin du fleuve Jaune et présente l'un des transports sédimentaires les plus élevés au monde. Environ 1,5 milliard de tonnes de sédiments se déplacent vers les parties inférieures chaque année. En conséquence, le lit du fleuve s'élève d'environ 100 mm par an et, dans de nombreux endroits, le fleuve Jaune coule à l'intérieur de ses propres sédiments, au-dessus du niveau de la campagne environnante. Par exemple, à Kaifeng, le lit du fleuve est à plus de 10 mètres au-dessus de la ville, avec des conséquences désastreuses lorsque les digues cèdent.

Flood control is, since the late 1990s, the main purpose of many large reservoirs. Miyun Reservoir, the main drinking water source of Bei Jing, is a large-scale multipurpose project integrating flood control, water supply, irrigation, electricity generation, and fish farming. Completed in 1960, Miyun has undergone several expansions and upgrading works to enhance its flood protection function, as such it has become one of the important projects that ensure flood protection to Bei Jing.

China's history of water infrastructure development shows progressive and significant increase of multiple purpose projects. Increasingly sophisticated Decision Support Systems became necessary for regulating reservoirs to achieve multi-objective decision making subject to complex, often conflicting, constraints.

Xiaolangdi is the most multipurpose reservoir in China and, probably, in the world. Conceived mainly for managing sedimentation in the lower reaches of the Yellow River, Xiaolangdi also delivers electricity generation, irrigation, water supply, managed river flows and other purposes. The project features an automatic scheduling system, which adopts C/S (Client/ Server) architecture, including data acquisition & processing, information display and inquiry, office works of reservoir scheduling, system alarms and 3D reservoir modules.

The Danjiangkou Water Control Project was completed in 1973. For over 30 years, the project has played an important role and delivered significant economic benefits. With national economic growth, shortage of water in North China became more urgent; therefore, it was necessary to launch the South-to-North water transfer project to solve the water shortage issue in Bei Jing- Tianjijn areas. As the headwater of phase 1 – middle line- of the water transfer project, Danjiangkou Reservoir was raised from 157 to 170m, with an increase in storage capacity of 11.6 billion cubic meters. Through optimized scheduling, the flood control capacity has been improved in the middle and lower reaches, annual water supply reached 12 billion m3, making it possible to mitigate water shortage of North China until year 2030.

The decision support system of Danjiangkou consists of the following modules: reservoir information inquiry, real-time water and rainfall information management, reservoir flood forecasting, power generation and irrigation scheduling, hydrological database maintenance.

1.5   Project sustainability

Environment management

Impact of hydraulic infrastructures on riverine ecosystems has emerged at world level in the 1970s and new concepts, such as human-river relations and river health have gradually entered project planning. Three Gorges, Xiaolangdi and several other large-scale reservoirs in China incorporate principles of environmental management in addition to optimization of economic benefits.

Sedimentation management

The Loess Plateau occupies a vast area in the upstream reaches of the Yellow River basin and has some of the highest silt loads in the world. About 1.5 billion tons of sediment passes to the lower reaches each year. As a result, riverbed raises about 100 mm/year and, in many places, the Yellow River flows inside its own sediments, above the surrounding campaign level. E.g. in Kaifeng, the riverbed is more than 10m above the city with disastrous consequences when dykes break.

La réponse du gouvernement chinois à ce défi a été double :

- Le projet de réhabilitation du bassin versant du plateau du Loess ;

- Le projet à buts multiples de Xiaolangdi

Le projet du plateau du Loess vise à résoudre le problème à long terme du transport de sédiments. Ses principaux objectifs sont :

- Augmenter la production agricole et les revenus sur 15 600 km² de terres ;

- Réduire simultanément les apports de sédiments dans le fleuve Jaune en provenance de neuf bassins versants affluents.

Les actions connexes incluent : (a) remplacement des zones consacrées aux cultures sur les pentes raides ; (b) plantation d'arbres, arbustes et herbes sur les terres en pente ; (c) construction de barrages de rétention des sédiments.

Le réservoir de Xiaolangdi est conçu pour lâcher de l'eau claire (purge) dans les cours d'eau en aval afin d'inverser le phénomène d'aggradation décrit ci-dessus. La première opération de purge à grande échelle a été réalisée en juillet 2002 :

- Durée du lâcher : 11 jours,

- Débit moyen de 2 740 m³/s,

- Volume libéré de 2,61 milliards de m³,

- Le test a concerné une longueur totale de 800 km du fleuve jaune,

- Les vannes de Sanmenxia et Xiaolangdi ont été actionnées 294 fois.

Résultat : 362 millions de tonnes de sédiments ont été déplacées vers l'estuaire dans la mer de Chine orientale (à 900 km en aval). Depuis lors, des opérations de purge annuelles ont continué avec des résultats positifs.

1.6   Analyse économique

Différentes méthodes d'allocation des coûts à chaque objectif des réservoirs à usages multiples sont adoptées. La pratique chinoise est d'utiliser deux ou trois méthodes alternatives et de combiner les résultats en utilisant l'analyse. Dans le cas du projet polyvalent de Xiaolangdi, deux méthodes ont été considérées :

- Proportionnelle à la capacité de stockage allouée à chaque objectif, et

- Méthode des profits déduction faite des frais séparables.

La première méthode a été choisie au niveau de la faisabilité.

Le calcul des bénéfices du projet dans le cas du contrôle des inondations couvre également les dommages dus aux inondations glaciaires et à la maîtrise des marées. Selon la pratique économique, les bénéfices sont basés sur la réduction des pertes et sont dérivés de la différence entre les dommages causés par les inondations avec et sans le projet. Les pertes sont divisées en cinq catégories :

- Dommages corporels et blessures aux personnes ;

- Dommages aux actifs urbains et ruraux, aux installations et aux biens ;

Government of China answer to the challenge has been twofold:

- Loess Plateau Watershed Rehabilitation Project, and

- Xiaolangdi Multipurpose Project.

The Loess Plateau project addresses the long-term issue of sediment yield. Its key objectives are:

- to increase agricultural production and incomes on 15,600 km² of land, and concurrently

- to reduce sediment inflows to the Yellow River from nine tributary watersheds.

Related actions include: (a) replacing areas devoted to crops on steep slopes; (b) planting trees, shrubs and grasses on the slope lands; (c) construction of sediment retention dams.

Xiaolangdi reservoir is conceived to release clear water (flushing) in the downstream reaches to reverse the above-described aggradation phenomenon. The first large scale flushing operation was carried out in July 2002:

- Flushing lasted 11 days,

- Average discharge 2,740 m³/s,

- Volume released 2.61 billion m³,

- The test interested a total length of 800 km of the Yellow River,

- Gates at Sanmenxia and Xiaolangdi were operated 294 times.

As a result, 362 million tons of sediments moved onto the estuary in the N-E China Sea (900 km downstream). Since then, annual flushing operations have continued with successful results.

1.6   *Economic analysis*

Different methods of cost allocation, to each purpose of multipurpose reservoirs, are adopted. Chinese practice is to use two or three alternative methods and using judgement to combine results. In the case of Xiaolangdi Multipurpose, two methods were considered:

- Proportional to storage capacity allocated to each purpose, and

- Separable cost remaining benefits.

The former was selected at feasibility level.

Calculation of project benefits in the case of flood control also covers ice flooding and tide control. According to economic practice, benefits are based on loss reduction and derived from the difference between flood damages with and without project. Losses are divided in five categories:

- Causalities and injuries to people;

- Damage to urban and rural assets, facilities and goods;

- Suspension de l'industrie et de l'exploitation minière, fermeture du commerce, interruption des transports, de l'alimentation électrique et des télécommunications ;

- Réduction de la production agricole, forestière, de l'élevage et de la pêche ;

- Dépenses pour l'atténuation des inondations, les secours en cas de catastrophe et le sauvetage.

Les pertes dues aux inondations sont calculées pour des événements de différentes fréquences, et des courbes de durée sont établies pour relier la probabilité d'occurrence à l'ampleur des pertes.

Selon la pratique internationale, on réalise à la fois des analyses financières et économiques. Les premières calculent les bénéfices financiers et les coûts directement résultant du projet, afin d'évaluer la rentabilité du projet, sa solvabilité et les exigences de balance des changes. Dans les conditions d'une économie orientée vers le marché, le développeur du projet est une entité financière indépendante avec la seule responsabilité de ses profits et pertes.

L'analyse économique calcule la contribution du projet à l'économie nationale, analyse les impacts environnementaux et sociaux, et évalue l'efficacité du projet dans l'allocation des ressources publiques dans le contexte des intérêts économiques nationaux.

La différence entre la performance financière et économique s'accroît avec le nombre d'objectifs du projet. Le tableau suivant résume les indicateurs économiques et financiers du projet polyvalent Xiaolangdi :

Niveau de planification du projet		Pendant l'opération (2002-2013)	
Taux de rendement économique	Taux de rendement interne financier	Taux de rendement économique	Taux de rendement interne financier
20,2 %	3,9 %	11,08 %	4,01 %

La rentabilité financière est faible (environ 4 % de Taux de rendement interne financier) car les fonctions non lucratives (par exemple, la gestion des inondations, la prévention des inondations dues à la glace, la gestion de la sédimentation, la gestion environnementale) ne génèrent pas de revenus, les revenus de l'approvisionnement en eau sont limités, et la fourniture d'énergie électrique constitue la principale source de revenus. En revanche, les indicateurs de performance économique sont assez bons et les bénéfices environnementaux sont remarquables. Depuis le début de son exploitation, Xiaolangdi a permis de récupérer de l'eau douce et des zones humides, les stocks de poissons qui avaient presque disparu dans les années 1980 sont revenus, l'eau du fleuve est devenue claire et limpide, et les frais de traitement pour l'eau potable urbaine sont réduits.

La sélection du taux d'actualisation pour les projets à buts multiples à grande échelle en Chine est basée sur les critères suivants :

- Différents taux d'actualisation sont assignés respectivement à la phase de construction et à la phase d'exploitation ;

- Une valeur plus élevée est utilisée pour la phase de construction (de l'ordre de 8%), et une valeur plus basse (environ 3 à 4%) pendant l'exploitation ;

- Cette dernière valorise à long terme le réservoir, reflétant son importance en tant que ressource rare.

- Suspension of industry and mining, shutdown of commerce, cut-off of transport, power supply and telecommunications;

- Reduction of output from agriculture, forestry, livestock, fishery;

- Expenditure for flood mitigation, disaster relief and rescue.

Flood losses are calculated for events of different frequencies and duration curves drawn to link probability of occurrence to extent of losses.

According to international practice, both financial and economic analyses are carried out. The former calculates financial benefits and costs directly resulting from the project, to assess the project's profitability, solvency, and foreign exchange balance requirements. Under the conditions of market-oriented economy, the project developer is an independent financial entity with sole responsibility for its profits and losses.

Economic analysis calculates project's contribution to national economy, analyses environmental and social impacts, and evaluates project's efficiency in allocating public resources in the context of national economic interests.

The difference between financial and economic performance grows with the number of purposes of the project. The following table summarizes economic and financial indicators of Xiaolangdi Multipurpose.

Project planning level		During operation (2002-2013)	
Economic internal rate of return (EIRR)	Financial internal rate of return (FIRR)	EIRR	FIRR
20.2 %	3.9 %	11.08 %	4.01 %

Financial profitably is low (around 4% FIRR) because non-profit functions (e.g. flood control, ice flooding prevention, sedimentation management, environmental management) generate no income, income from water supply is limited, and electric energy supply constitutes the major source of income. On the other hand, economic performance indicators are quite good and environmental benefits remarkable. Since the start of operation, Xiaolangdi allowed recovering fresh water and wetlands, fish stocks that had almost disappeared in the 1980s swim back, river water has become clear and limpid, and water treatment fees for urban drinking water are reduced.

The selection of discount rate for large-scale multipurpose projects in China is based on the following criteria:

- Different discount rates are assigned to construction and operation phase respectively;

- A higher value is used for the construction phase (in the order of 8%), and a lower one (some 3 to 4%) during operation;

- The latter increases the long-term value of the reservoir, reflecting its importance as a scarce resource.

1.7 Principales conclusions et enseignements tirés :

- En Chine, il est observé une tendance progressive des réservoirs à usage unique – principalement pour la production d'électricité – à évoluer vers des réservoirs polyvalents.

- Après la production d'électricité, l'approvisionnement en eau (domestique, irrigation et industriel) a été développé, puis la navigation et la protection contre les inondations.

- La protection contre les inondations est alors devenue un objectif prioritaire en raison de la très forte densité de population dans les grands bassins fluviaux.

- Les aspects environnementaux sont pris en compte depuis les années 1970 et ont produit des résultats sans précédent, notamment dans la gestion des sédiments et du contrôle de l'érosion des sols.

- L'analyse économique intègre les externalités et établit une différenciation claire entre les performances financière et économique du projet.

- Un taux d'actualisation plus élevé est utilisé pour la phase de construction (de l'ordre de 8%), et un taux plus bas (environ 3 à 4%) pendant l'exploitation pour refléter la valeur à long terme du réservoir.

2. ÉTUDES DE CAS DU GROUPE 2 ET 3

2.1 Généralités

Les groupes 2 et 3 du comité ont élaboré des études de cas sur les membres de la CIGB à l'échelle mondiale, à l'exclusion des contributions de la Chine, qui sont présentées séparément en tant que groupe 1. Les études de cas ont été documentées à partir des pays comme indiqué dans le tableau 1:

Tableau 1:
Pays membres de la CIGB des groupes 2 et 3

Australie	France	Iran	Pérou
Cameroun	Germany	Japan	Afrique du Sud
Canada	Grèce	Nouvelle-Zélande	Russie
Egypte	Italie	Nigeria	Turquie
		Pakistan	États-Unis

En tout,18 pays ont contribué aux 31 études de cas pour alimenter le bulletin et les résultats ont été recueillis dans des rapports individuels sur chaque étude, avec un rapport intermédiaire basé sur les résultats préliminaires des études de cas. Après examen individuel au sein d'études de cas détaillées, la première synthèse des principales conclusions a été présentée lors de la réunion annuelle de la CIGB en Norvège en 2015.

Le présent chapitre offre un résumé du processus de l'étude des Groupes 2 et 3 ainsi que de ses résultats.

1.7   Main findings and Lessons Learnt

- Historical evidence exists in China of a progressive trend from single purpose -mainly electricity generation - to multipurpose reservoirs.

- After electricity generation, water supply (domestic, irrigation and industrial) were added, followed by navigation and flood protection.

- Flood protection has become a dominant purpose due to very high population density in the major river basins.

- Environmental aspects have been addressed since the 1970s and have produced unprecedented results, especially in sedimentation management and soil erosion control.

- Economic analysis incorporates externalities and makes clear differentiation between financial and economic performance of the project.

- A higher discount rate is used for the construction phase (in the order of 8%), and a lower one (some 3 to 4%) during operation to reflect the long-term value of the reservoir.

2.   CASE STUDIES FROM GROUP 2 AND 3

2.1   General

Groups 2-3 of the committee developed case studies from the ICOLD membership globally excluding the contributions of China which are reported separately as Group 1. Case studies were documented from the countries as detailed in table 1:

Table 1:
Groups 2-3 contributing ICOLD member countries to case studies

Australia	France	Iran	Peru
Cameroon	Germany	Japan	South Africa
Canada	Greece	New Zealand	Russia
Egypt	Italy	Nigeria	Turkey
		Pakistan	United States

In total the 18 countries contributed 31 case studies to inform the bulletin and the results were collected within individual case study reports on each scheme, with an interim summary report based on draft case study findings; and finally after review individually within detailed case studies. The first synthesis of the main findings was presented during the ICOLD Annual Meeting in Norway, 2015.

The present chapter offers a summary of the process of Groups 2-3 study and of its outcomes.

2.2 Le processus de recherche

Le processus de recherche a commencé par un appel aux membres du comité pour fournir des études de cas, puis a été étendu aux membres de la CIGB qui ne faisaient pas partie du comité. Ce processus a commencé lors de l'ébauche des études de cas chinoises (Groupe 1), avec un approfondissement substantiel après l'achèvement des études de cas du Groupe 1 et l'intégration de l'expérience de la recherche du Groupe 1 dans la recherche des Groupes 2-3.

Les études de cas ont été rédigées par divers représentants ayant une compréhension du projet allant des propriétaires aux consultants ou aux personnes ayant un intérêt professionnel particulier pour un projet spécifique. Les études de cas sélectionnées ont ensuite été affinées pour répondre aux objectifs de la recherche. Comme pour les études de cas du Groupe 1, les informations ont été recueillies à partir d'articles publiés, d'informations disponibles, de la littérature de la CIGB et d'Internet. Pour chaque analyse, les informations suivantes ont été recueillies et décrites dans l'étude de cas :

- Données principales sur le projet et les objectifs multiples

- Infrastructure du projet, cadre environnemental et social

- Objectifs de planification à long terme du projet ou de l'aménagement

- Description des accords institutionnels et de gouvernance

- Allocation des coûts du projet (objectifs, partage des coûts) et analyse économique (bénéfices directs, indirects, coûts, etc.)

- Modifications techniques (structurales et non-structurales) pour améliorer les usages multiples actuels ou planifiés

- Bibliographie des sources d'information

Les premières ébauches ont pris environ 12 mois à préparer, et elles ont été affinées sur une période de 6 mois pour être prêtes en avril 2016.

2.3 Critères de sélection

Les critères de sélection des études de cas pour les Groupes 2-3 étaient basés sur les points suivants :

- Les projets devaient présenter une représentativité mondiale de localisation.

- Idéalement, les projets devaient inclure au moins trois utilisations actuelles ou prévues dans le futur.

- Les aménagements ou projets devaient être diversifiés dans leurs usages multiples.

- Les aménagements ou projets devaient être diversifiés en termes de taille, d'échelle, de coût, d'impact ou de bénéfices.

- Les barrages avec de vastes bassins versants et jouant un rôle important dans les bassins hydrographiques respectifs devaient être pris en compte.

- Les cas devaient être représentatifs à la fois en termes d'échelles temporelles et spatiales.

2.2   Research process

The research process started with a call for committee members to provide case studies, and this was then extended to ICOLD members not on the board of the committee. The process was started during the draft preparation of the Chinese case studies (Group 1), with substantial detailing after the Group 1 case studies were complete and the experience of Group 1 research incorporated into the Groups 2-3 research.

The case studies were authored by various representative with an understanding of the scheme ranging from owners through to consultants and or persons with a professional interest in a particular scheme. The case studies selected were then refined to meet the objectives of the MPWS research. Like the case studies from Group 1 the information was gathered from published papers, available information, ICOLD literature and the internet. For each analysis the following information was gathered and described in the case study.

- Salient data on the scheme and the multiple uses

- Scheme infrastructure, environmental and social setting

- Long term planning goals of the project or scheme

- Description of the institutional and governance arrangements

- Description of the project cost allocation (purposes, cost sharing) and economic description (direct, indirect, benefits, costs etc)

- Engineering modifications (structural and non-structural) to enhance present multiple use or planned for the future

- A bibliography of information sources

The first drafts took approximately 12months to prepare and these were refined over a 6-month period and were ready by April 2016.

2.3   Selection criteria

Case studies for Groups 2-3 were selected was based on the following criteria:

- Projects should present global diversity of location

- Project should ideally feature at least three purposes now or be planned for future use

- Schemes or projects should be diverse in their multipurpose use

- Scheme or projects should be diverse is size, scale, cost, impacts or benefits

- Dams with large catchment areas and with important roles in the respective river basins should be considered

- Cases are representative in terms of of both time and spatial scales

- Les principaux types de barrages devaient être représentés.

- Les cas devaient être pertinents sur les plans technologique, environnemental, social ou économique.

- La disponibilité des données devait être prise en considération.

Au total, les 31 aménagements étudiés variaient de certains des plus grands projets hydrauliques au monde, comme le barrage d'Atatürk en Turquie, les projets de Kuran en Iran, à des aménagements de taille modeste comme le barrage de Ridracoli en Italie. Des aménagements de renommée mondiale ont été sélectionnés, tels que le haut barrage d'Assouan en Égypte, ainsi que des aménagements moins connus comme le barrage de Tokuyama au Japon. Les aménagements modernes étaient représentés par des exemples tels que le barrage polyvalent de Kashimbila, tandis que des aménagements développés il y a plusieurs décennies étaient également inclus, comme les installations de l'Autorité de la vallée du Tennessee aux États-Unis. Des aménagements offrant une diversité d'usages ont été choisis, comme celui de Cheboksarskaya en Russie, ainsi que des exemples comme le l'aménagement hydroélectrique et d'irrigation Chira-Piura au Pérou.

La carte ci-dessous nous indique la répartition géographique de ces projets :

Le tableau suivant résume diverses données des études de cas des groupes 2 et 3.

- Main dam types should be represented

- Cases should be technologically, environmental, social or economically relevant

- Availability of data should be considered.

In total the 31 schemes which were researched ranged from some of the largest water schemes in the world, the Atatkurk Dam as an example; the Kuran developments in Iran; through to modest size schemes like the Ridracoli Dam in Italy. Schemes with global recognition were selected such as the High Aswan Dam in Egypt, through to schemes with less recognition such as Tokuyama Dam located in Japan. Modern schemes were represented though examples such as the Kashimbila Multipurpose Dam, though to schemes developed many decades ago such as the assets of the Tennessee Valley Authority in the United States. Developments with a diversity of use were selected such as the Cheboksarskaya scheme in Russia, through to examples such as the Chira-Piura Hydro and Irrigation Scheme in Peru.

The following plate shows spatial distribution.

The following table summarizes various data of Groups 2-3 case studies.

Nom de l'aménagement ou du barrage/réservoir	Pays	Pays transfrontalier	Rivière	Hauteur du barrage (m)	Usages multiples
Système fluvial Durance-Verdon	France	Aucun	Durance et Verdon	Variable	Hydroélectricité, agriculture, régulation, loisirs
Autorité de la vallée du Tennessee	États-Unis	Aucun	Tennessee	Variable	Hydroélectricité, navigation, contrôle des inondations, loisirs, refroidissement des centrales
Olmos	Pérou	Aucun	Huancabamba	43	Irrigation, Hydroélectricité
Lom Pangar	Cameroun	Aucun	Sanaga		Hydroélectricité, régulation
Barrage de la rivière Berg	Afrique du Sud	Aucun	Berg	68	Approvisionnement en eau, irrigation, contrôle des inondations, pêche, loisirs, assainissement
Barrage d'Atatürk	Turquie	Aucun	Euphrate	169	Agriculture, hydroélectricité, régulation, loisirs, pêche
Grand barrage d'Assouan	Égypte	Soudan, Éthiopie, Érythrée, Ouganda, Kenya, Rwanda, Burundi, Tanzanie	Nil	111	Agriculture, hydroélectricité, contrôle des inondations, approvisionnement en eau
Barrage de Mangla	Pakistan	Aucun	Jhelum	147	Hydroélectricité, agriculture, navigation, loisirs, pêche
Barrage de Shasta	États-Unis	Aucun	Sacramento	183	Hydroélectricité, agriculture, régulation, loisirs, assainissement
Barrage de Tokuyama	Japon	Aucun	Ibi	161	Approvisionnement en eau, hydroélectricité, contrôle des inondations, régulation
HPP de Cheboksarskaya	Russie	Aucun	Volga	30	Hydroélectricité, contrôle des inondations, navigation, approvisionnement en eau, régulation, loisirs, pêche
Schéma hydroélectrique de Chira-Piura	Pérou	Aucun	Chira et Piura	50	Agriculture, hydroélectricité, contrôle des inondations, approvisionnement en eau, loisirs, pêche
Barrage polyvalent de Doosti	Iran	Turkménistan	Harir Roud	78	Irrigation, contrôle des inondations, hydroélectricité, approvisionnement en eau, recharge artificielle
Projet hydroélectrique de Tavropos	Grèce	Aucun	Tavropos	83	Approvisionnement en eau, hydroélectricité, loisirs, irrigation, contrôle des inondations, régulation, pêche, assainissement

(Continued)

Scheme or Dam/ Reservoir Name	Country	Trans-boundary Countries	River	Dam Height (m)	Multiple Uses
Durance-Verdun River System	France	None	Durance and Verdun	Various	Hydropower, agriculture, regulation, recreation
Tennessee Valley Authority	United States	None	Tennessee	Various	Hydropower, navigation, flood control, recreation, power cooling
Olmos	Peru	None	Huancabamba	43	Irrigation, Hydropower
Lom Pangar	Cameroon	None	Sanaga		Hydropower, regulation
Berg River Dam	South Africa	None	Berg	68	Water supply, irrigation, flood control, fisheries, recreation, sanitation
Ataturk Dam	Turkey	None	Euphrates	169	Agriculture, hydropower, regulation, recreation, fisheries
High Aswan Dam	Egypt	Sudan, Ethiopia, Eritrea, Uganda, Kenya, Rwanda, Burundi, Tanzania	Nile	111	Agriculture, hydropower, flood control, water supply
Mangla Dam	Pakistan	None	Jhelum	147	Hydropower, agriculture, navigation, recreation, fisheries
Shasta Dam	United States	None	Sacremento	183	Hydropower, agriculture, regulation, recreation, sanitation
Tokuyama Dam	Japan	None	Ibi	161	Water supply, hydropower, flood control, regulation
Cheboksarskaya HPP	Russia	None	Volga	30	Hydropower, flood control, navigation, water supply, regulation, recreation, fishery
Chira-Piura Hydro Scheme	Peru	None	Chira and Piura	50	Agriculture, hydropower, flood control, water supply, recreation, fisheries
Doosti Multipurpose Dam	Iran	Iran, Turkmenistan	Harir Roud	78	Irrigation, flood control, hydropower, water supply, artificial recharge
Tavropos Hydroelectric Project	Greece	None	Tavropos	83	Water supply, hydropower, recreation, irrigation, flood control, regulation, fisheries, sanitation
Lake Argyle	New Zealand	None	Branch	15	Hydropower, irrigation, sediment, recreation, fisheries

(Continued)

Nom de l'aménagement ou du barrage/réservoir	Pays	Pays transfrontalier	Rivière	Hauteur du barrage (m)	Usages multiples
Lac Argyle	Nouvelle-Zélande	Aucun	Branch	15	Hydroélectricité, irrigation, sédimentation, loisirs, pêche
Lac Coleridge	Nouvelle-Zélande	Aucun	Rakaia	N/a	Hydroélectricité, loisirs, pêche, irrigation, approvisionnement en eau, régulation
Barrage de Hinze	Australie	Aucun	Nerang	78.5	Approvisionnement en eau, régulation
Barrage de Wivenhoe	Australie	Aucun	Brisbane	59	Approvisionnement en eau, loisirs, hydroélectricité, régulation, irrigation
Barrage multi-usages de Kashimbila	Nigéria	Cameroun	Kashimbila	32	Contrôle des inondations, hydroélectricité, agriculture, approvisionnement en eau
Réservoir de Karori	Nouvelle-Zélande	Aucun	Kaiwharawhara	24	Patrimoine, approvisionnement en eau, loisirs, pêche
Lac Opuha	Nouvelle-Zélande	Aucun	Opuha	50	Irrigation, régulation, contrôle des inondations, loisirs, approvisionnement en eau
Barrage multi-usages et centrale hydroélectrique de Gotvand	Iran	Aucun	Karun	182	Irrigation, hydroélectricité, contrôle de inondations, approvisionnement en eau
Barrage Hugh Keeleyside	Canada	Etats-Unis	Columbia	52	Hydroélectricité, contrôle des inondations, navigation
Projet de restauration de la rivière Elwha	États-Unis	Aucun	Elwha		Loisirs, hydroélectricité
Barrage multi-usages de Karun I	Iran	Aucun	Karun	200	Gestion des sédiments, contrôle des inondations, agriculture, navigation, hydroélectricité, loisirs
Barrage multi-usages de Karun III	Iran	Aucun	Karun	205	Gestion des sédiments, contrôle des inondations, agriculture, navigation, hydroélectricité, loisirs
Barrage multi-usages de Karun IV	Iran	Aucun	Karun	230	Contrôle des inondations, hydroélectricité, loisirs
Système de réservoir Eifel-Rur	Allemagne	Belgique, Allemagne, Pays-Bas	Rur et Maas	12 à 59	Régulation des flux, approvisionnement en eau, hydroélectricité, contrôle des inondations, loisirs
Ridracoli	Italie	Aucun	Bidente	103	Hydroélectricité, approvisionnement en eau, régulation, intrusion saline
Barrage de Villerest	France	Aucun	Loire	70	Hydroélectricité, loisirs, refroidissement des centrales
Forum sur la terre et l'eau de Nouvelle-Zélande	Nouvelle-Zélande	Aucun	N/A	N/A	Irrigation, hydroélectricité, approvisionnement en eau, environnement, social

Scheme or Dam/ Reservoir Name	Country	Trans-boundary Countries	River	Dam Height (m)	Multiple Uses
Lake Coleridge	New Zealand	None	Rakaia	n/a	Hydropower, recreation, fisheries, irrigation, water supply, regulation
Hinze Dam	Australia	None	Nerang	78.5	Water supply, flood control, recreation
Wivenhoe Dam	Australia	None	Brisbane	59	Water supply recreation, hydropower, regulation, irrigation
Kashimbila Multipurpose Dam	Nigeria	Cameroon	Kashimbila	32	Flood, hydropower, agriculture, water supply
Karori Reservoir	New Zealand	None	Kaiwharawhara	24	Heritage, water supply, recreation, fisheries
Lake Opuha	New Zealand	None	Opuha	50	Irrigation, regulation, flood control, recreation, water supply
Gotvand Multipurpose Dam and Hydropower Plant	Iran	None	Karun	182	Irrigation, hydropower, flood control, water supply
Hugh Keeleyside Dam	Canada	Canada, United States	Columbia	52	Hydropower, flood control, navigation
Elwha River Restoration Project	United States	None	Elwha		Recreation, hydropower
Karun I Multipurpose Dam	Iran	None	Karun	200	Sediment management, flood control, agriculture, navigation, hydropower, recreation
Karun III Multipurpose Dam	Iran	None	Karun	205	Sediment management, flood, agriculture, navigation, hydropower, recreation
Karun IV Multipurpose Dam	Iran	None	Karun	230	Flood control, hydropower, recreation
Eifel-Rur Reservoir System	Germany	Belgium, Germany, Netherlands	Rur and Maas	12 to 59	Flow regulation, water supply, hydropower, flood control, recreation
Ridracoli	Italy	None	Bidente	103	Hydropower, water supply, regulation, saltwater intrusion
Villerest Dam	France	None	Loire	70	Hydropower, recreation, power cooling
New Zealand Land and Water Forum	New Zealand	None	N/A	N/A	Irrigation, hydropower, water supply, environmental, social

2.4 Objectifs des réservoirs

Les études de cas examinées présentent les multiples usages diversifiés des barrages et des réservoirs dans le monde entier. En général, les utilisations principales des réservoirs pour les aménagements étudiés peuvent être décrites comme l'hydroélectricité, l'agriculture, le contrôle des inondations et des glaces, l'approvisionnement en eau domestique et industrielle, la navigation, la régulation des flux, les loisirs, la gestion environnementale, la pêche, l'aquaculture et l'assainissement. Les études de cas ont inclus certains usages diversifiés tels que la protection contre les lahars volcaniques fournie par le barrage polyvalent de Kashimbila au Nigéria.

Hydroélectricité

De nombreuses études de cas incluaient ou incluent l'hydroélectricité comme une composante de l'aménagement et une source de revenus. De nombreuses modifications aux aménagements à usage unique ont été réalisées ou sont prévues pour accueillir d'autres usages de l'eau et fournir des avantages supplémentaires aux communautés et aux utilisateurs.

L'élévation du barrage de Mangla au Pakistan est un exemple de l'amélioration de la production avec des améliorations, telles que :

- La protection de la plaine inondable du Jhelum contre les grandes inondations et les sécheresses pouvant durer plusieurs années.

- Le développement d'une industrie de l'aquaculture de poissons.

- Un approvisionnement en eau fiable encourageant les agriculteurs à étendre la surface irriguée et à investir dans des contributions non-liées à l'eau nécessaires pour maximiser les rendements et la production.

- Le remplacement de la capacité de production des centrales thermiques par de l'hydroélectricité.

- Une augmentation de la valeur des propriétés à proximité du réservoir.

Ces améliorations s'accompagnent d'impacts reconnus qui ont été intégrés dans la conception du projet, tels que :

- Les problèmes de sédimentation et d'envasement.

- La propagation des mauvaises herbes aquatiques et des maladies endémiques d'origine hydrique.

- L'augmentation des dégâts d'inondation localisés lors d'événements extrêmes.

- Des impacts sociaux significatifs pour 81 000 personnes.

2.4   *Reservoir purposes*

The case studies researched present the multiple diverse uses of dams and reservoirs globally. In general, the primary uses of reservoirs for the researched schemes can be described as for hydropower, agriculture, flood and ice control, domestic and industrial water supply, navigation, flow regulation, recreation, environmental mitigation, fishery and aquaculture or sanitation. The case studies included some diverse uses such as volcanic lahar projection provided by the Kashimbila Multipurpose Dam in Nigeria.

Hydropower

Many of the case studies had or have hydropower as a component of the scheme infrastructure and revenue earner. Many modifications to sole use schemes have been completed or are planned to accommodate other uses of water and provide additional benefit to communities and users.

The dam raise of the Mangla Dam in Pakistan provides an example to the background to enhancement of generation with improved benefits such as

- protection of the Jhelum flood plain from high floods and droughts that could persist for several years,

- development of a fish aquaculture industry,

- reliable supply of water encouraging farmers to extent irrigated area and invest in non-water inputs needed to maximize yields and output,

- replacement of thermal plant generating capacity with hydropower,

- and an increase in property values near the reservoir.

These benefits have come with recognized impacts which have been incorporated into the project design such as:

- siltation and sediment issues,

- the spread of aquatic weeds and waterborne endemic diseases,

- the increased localized flood damage during extreme events,

- and significant social impacts to 81,000 people.

Agriculture

Pour de nombreux pays, les études de cas ont montré que l'expansion de l'agriculture irriguée est l'un des principaux changements apportés aux aménagements existants pour améliorer leur utilisation ou intégrée dans de nouveaux projets. Le projet Olmos au Pérou, qui a débuté en 2014, est un schéma très moderne conçu comme un projet multi-usage dès le stade de la planification initiale, bien que la perspective de dériver de l'eau de la rivière Huancabamba dans le bassin de l'Amazone pour irriguer les pampas d'Olmos ait été proposée pour la première fois en 1924. Le projet est principalement une infrastructure d'irrigation d'environ 44 000 hectares planifiés, avec une production d'énergie de 100 MW comme développement secondaire. Cependant, le projet présente des problématiques environnementales notables, telles que la transformation de forêts sèches en de nouvelles terres d'irrigation, la détérioration des écosystèmes dans le bassin exploité, et les modifications des débits des rivières. Les impacts sociaux ont inclus la perte de terres communales et la reconnaissance contestée des droits fonciers des agriculteurs, ainsi que le déplacement de 200 personnes dans le bassin aménagé. L'aménageur a cherché à prendre en compte tous ces enjeux dans la conception du projet. Bien que le coût de développement du projet soit de 242 millions de dollars, le bénéfice économique direct de l'aménagement est de 400 millions de dollars par an pour la production agricole, et de 40 millions de dollars par an pour les revenus de la production d'électricité.

Navigation

La navigation n'est pas un usage ou un besoin significatif identifié par la majorité des études de cas. Cependant, dans les régions où le transport fluvial est un moyen principal de transport de marchandises ou de passagers, la nécessité de la navigation et son amélioration, motivées par des changements dans le type de navire (comme le projet des troisièmes écluses du canal de Panama) ou des changements morphologiques des rivières, a été identifiée. Le barrage et projet hydroélectrique de Cheboksarskaya présente une bonne étude de cas pour cette évolution. Le barrage est le cinquième de l'aménagement de la rivière Volga-Kama et est situé près de la ville de Novocheboksarsk dans la République de Tchouvachie en Russie. Il présente un exemple de la façon dont les changements dans les exigences de la navigation fluviale ont nécessité des mises à jour modernes de l'infrastructure pour répondre aux besoins évolutifs et, en conséquence de la mise à jour, l'incorporation d'améliorations aux exigences environnementales et sociales. De toutes les études de cas du Groupe 2, ce projet avec des objectifs de modernisation vise à fournir les plus grands bénéfices d'usages multiples avec la création d'un réseau de canaux en eau profonde dans la partie européenne de la Russie et l'organisation du trafic sur la route du Centre vers le Moyen et le Nord de l'Oural en contournant Nizhniy Novgorod. Les modifications amélioreront la régulation des débits du bassin de la Volga et fourniront un contrôle supplémentaire de la qualité de l'eau du réservoir de Cheboksary pour approvisionner les grandes agglomérations en eau potable. La réalisation de digues et de mesures de protection contre les inondations garantira la protection contre les crues naturelles des zones urbaines dans les basses terres de Nizhniy Novgorod. De manière significative, les changements amélioreront les conditions environnementales par la création de zones écologiquement restreintes et en réduisant les zones avec un niveau d'eau inférieur à 2,0 m de profondeur, en améliorant la qualité de vie des personnes vivant près du réservoir et en augmentant de 820 MW la capacité des centrales électriques dans la partie européenne du système énergétique unifié de la Russie.

Approvisionnement en eau domestique et industrielle

L'urbanisation et l'industrialisation croissantes dans de nombreuses régions du monde, combinées aux changements et à la variabilité hydrologiques, créent un besoin accru de réserves d'eau fiables, conduisant de nombreux anciens réservoirs à être améliorés et mis à niveau pour augmenter leur capacité de stockage et leur débit.

Agriculture

For many countries the case studies showed the expansion of irrigated agriculture as one of the primary changes to existing schemes to enhance their use or integrated into planned new schemes. The Olmos Project in Peru commenced in 2014 is a very modern scheme that was conceived as multipurpose project since the initial planning stage, although the prospect of deriving water from the Huancabamba River in the Amazon basin to irrigate the pampas of Olmos was first proposed in 1924. The project is primarily an irrigation scheme with approximately 44,000 hectares planned, with 100MW or power generation as a secondary development, but the project has notable environmental concerns regards logging of dry forest in favor of new irrigation grounds, the deterioration of ecosystems in the donating basin, and changed river flows. Social impacts have included the loss of communal grounds and debated recognition of the communal land rights of the farmers, and relocation of 200 people in donating basin. The scheme has strived to accommodate all issues in the project design and whilst the project development cost is US$ 242 million, the direct economic benefit of the scheme is agricultural production of US$ 400 million per year, and electricity generation revenue of US$40 million per year.

Navigation

Navigation is not a significant use or need identified by the wider case studies, however in regions where river transport is a prime means of good or passenger transport the need for navigation and enhanced navigation driven by changes in ship type (Panama Canal third locks project for example) or river morphological changes was identified. The Cheboksarskaya Dam and Hydro Power project presented as good case study for this modification. The dam is the fifth in the Volga-Kama river's scheme and which located by the Novocheboksarsk city in the Chuvash Republic or the Russian federation presented an example of how the changes in river navigation requirements have required modern upgrades to infrastructure to cope with changing needs, and then as a result of the upgrade incorporating enhancements to environmental and social requirements. Of all the Group 2 case studies this project with modernization aims to provide the greatest multiple use benefits with creation of a deepwater ways network in the European part of Russia and traffic flow organization on the route from Center to Middle and North Ural bypassing Nizhniy Novgorod. The modifications will improve regulation of Volga River's basin runoff and provide additional water quality control of Cheboksary reservoir for supplying large settlements with drinking water. The completion of levees and flood protection measures will guarantee protection against natural under flooding of urban areas in lowlands of Nizniy Novgorod. Significantly the changes will improve the ecological conditions by creation of ecologically restricted areas and by decreasing area with a water level under 2.0 m deep; **improving** the quality of life for people living near the reservoir; and increasing the capacity of power plants in the European part of Russia's Unified Energy System by 820 MW.

Domestic and Industrial Water Supply

Increasing urbanization and industrialization in many global regions, combined with hydrological change and variability is creating a greater need for stored water supply and reliability and leading many older reservoir schemes to be enhanced and upgraded for capacity storage and enhanced outflow.

Cette tendance est évidente dans les études de cas, en particulier pour les projets hydroélectriques à usage unique où la demande sociale en eau nécessite des améliorations de l'infrastructure et des changements dans les autorisations pour fournir de l'eau au détriment de la production d'énergie. Le barrage N. Plastira sur la rivière Tavropos, situé près du village de Kastania, à environ 350 km au nord d'Athènes, en Grèce, est un exemple moderne des besoins hydrologiques évolutifs nécessitant l'amélioration du transfert d'eau entre bassins pour répondre à la demande croissante et aux changements hydrologiques. La mise à niveau comprend des dérivations interbassinsÉÉ des débits de l'Aspros et de l'Oxoula pour fournir 25 millions de mètres cubes d'eau supplémentaires à un coût de 35 millions de dollars, afin de pallier les sécheresses et les pénuries durant les mois d'été. L'équipe du projet a reconnu que la clarification anticipée des exigences de débit réservé pour les bassins versants doit être respectée pendant les périodes estivales, permettant principalement la dérivation des débits excédentaires hivernaux. En conséquence, la conception ne permet de détourner que 40 % du débit total du cours d'eau Aspros pendant son régime de débit élevé, laissant suffisamment de ressources en eau en aval pour être utilisées pour les besoins écologiques en rivière, les loisirs et la pisciculture.

Contrôle des inondations et des embâcles de glace

Le contrôle des inondations et des embâcles de glace est devenu un évolution majeure dans l'utilisation et les exigences de mise à niveau des barrages et réservoirs dans les études de cas du Groupe 1 présentées dans le chapitre 1. Les études de cas de recherche du Groupe 2 ont présenté le contrôle des inondations comme une fonction centrale des réservoirs à l'ère moderne, en particulier pour les grands aménagements de stockage avec des populations en aval importantes et croissantes, où la prise de conscience des risques d'inondation ou de rupture de barrage a nécessité des changements dans les règles d'exploitation des réservoirs et la mise à niveau de l'infrastructure pour moderniser les barrages selon les meilleures pratiques et souvent pour améliorer le risque de crue maximale. Le barrage de Wivenhoe est le plus grand barrage du sud-est du Queensland, en Australie, et a été développé comme une installation de stockage à double usage qui fournit des approvisionnements en eau urbaine, ainsi qu'une protection contre les inondations dans les zones à risques le long de la rivière Brisbane. Il est classé comme un barrage à risque extrême avec une population exposée de 270 000 personnes.

À la suite des inondations dévastatrices du Queensland de 2010-2011, une Commission d'enquête a examiné les circonstances dans lesquelles les inondations se sont produites et a présenté des recommandations, ensuite approuvées par le gouvernement du Queensland. En 2014, le Department of Energy and Water Supply (DEWS) a publié l'étude d'optimisation des barrages de Wivenhoe et Somerset (WSDOS), qui présentait des options pour la gestion des barrages de Wivenhoe et Somerset en cas d'inondation. L'étude a déterminé que des améliorations à la protection contre les inondations (sans travaux physiques pour augmenter la capacité de stockage) ne peuvent être réalisées qu'en réduisant l'espace réservé à l'approvisionnement en eau ou pour protéger le barrage, mettant en évidence les antagonismes entre l'organisation de l'approvisionnement en eau et la protection contre les inondations assurée par la capacité de stockage. Le rapport a également conclu que la réduction de la part de l'approvisionnement en eau en dessous de sa part actuelle de 37 % menacerait la sécurité à long terme de l'approvisionnement en eau. Une modernisation partielle des déversoirs a permis d'obtenir récemment une capacité de laminage des crues de 1 pour 100 000.

Autres usages

La recherche a montré qu'il existe de nombreuses autres utilisations multiples des réservoirs, telles que celles liées à l'environnement comme décrites dans la section 1.5. La régulation des débits pour des améliorations environnementales et d'autres utilisations était un thème commun parmi les études de cas. Diverses utilisations sanitaires liées à la qualité de l'eau ont été présentées. D'autres utilisations non typiques comprenaient le refroidissement des centrales thermiques, le contrôle des lahars des éruptions volcaniques, le patrimoine, etc.

This trend is evident in the case studies, particularly for single purpose hydropower projects where social demand for water is necessitating infrastructure enhancements and permit condition changes to supply water at time to the detriment of energy production. The N. Plastira dam on Tavropos River is located near the Kastania village approximately 350 km north of Athens, Greece, is a modern example of changing hydrological needs necessitating enhanced inter basin water transfer to mitigate growing demand and hydrological change. The upgrade includes inter catchment diversions from the Aspros and Oxoula streams diversion to provide an additional 25 million cubic meters of water at a cost of US$35M to mitigate droughts and shortages during summer months. The project design has recognized that early clarification of the ecological flow requirements for the watersheds is to be respected during summer periods, mainly allowing diversion of the excess winter flows as a result the design only allows for 40% of the total flow of the Aspros stream to be diverted at its higher flow regime, leaving enough water resources downstream to be used for in stream ecological requirements, recreation, and fish farming.

Flood and Ice Control

Flood and Ice control was a core change in use and upgrade requirement for dam and reservoirs in the Group 1 case studies presented in Chapter XXX. The Group 2 research case studies presented flood control as a core function of reservoirs in the modern era, particularly for large storage schemes with large and growing downstream populations where the awareness or flood or dam break risk has necessitated changes in reservoir operating rules and infrastructure upgrade to modernize dams to best practice and often for enhanced peak flood risk. The Wivenhoe Dam is the largest dam in Southeast Queensland, Australia and was developed as a dual-purpose storage facility that provides urban water supplies, as well as flood mitigation benefits to areas impacted by flood flows along the Brisbane River. It is classified as an extreme hazard dam with a Population At Risk (PAR) of 270,000.

Following the 2010-2011 devastating Queensland floods, a Commission of Inquiry investigated the circumstances in which the flooding occurred and put forward recommendations subsequently endorsed by the Queensland Government. The Department of Energy and Water Supply (DEWS) in 2014 released the 'Wivenhoe and Somerset Dams Optimisation Study (WSDOS)' which presented options for the management of the Wivenhoe and Somerset dams during the event of a flood. The study determined that improvements to flood mitigation (without physical works to upgrade the storage capacity) can only be achieved by either decreasing the space set aside for water supply or to safeguard the dam, highlighting the tension between water supply design and flood mitigation provided by storage capacity, and the report found that lowering the water supply below its current 37 percent share would risk long term water supply security. Partial modernization to the spillways has provided a flood passing capacity of 1 in 100,000 was recently completed.

Other uses

The research showed that there are many other multiple uses of reservoirs such as environmental related uses as described in section XX1.5XX. Flow regulation for environmental and other enhancements uses was a common theme among case studies. Various sanitation uses related to water quality were presented. Other non-typical uses included thermal power station cooling, volcanic eruption lahar control, heritage etc.

2.5   Durabilité du projet

Gestion et amélioration de l'environnement

Les études de cas ont présenté la nature diversifiée des impacts environnementaux, à la fois négatifs et positifs, créés par les différents projets. Elles ont montré qu'il existe à l'échelle mondiale diverses méthodes et pratiques de gestion environnementale, mais avec un thème commun d'amélioration à long terme pour les projets existants, qu'ils soient en cours de modernisation ou de nouveaux projets. Le projet de restauration de la rivière Elwha aux États-Unis constitue un exemple extrême où, après de nombreuses années d'impacts environnementaux et sociaux, la décision de démanteler les barrages a été approuvée et réalisée. Une analyse économique postérieure a montré que les bénéfices totaux estimés de la suppression des barrages s'élevaient à 355,3 millions de dollars en 2001, sans prendre en compte les avantages estimés non liés à l'utilisation directe. En Nouvelle-Zélande, le Land and Water Forum représente une méthode moderne d'engagement du public et de la communauté dans le processus décisionnel, constituant une démarche de pointe pour la prise en compte du développement des infrastructures hydrauliques.

La mitigation environnementale, l'amélioration de la régulation des débits des rivières et de la santé des cours d'eau, ainsi que l'établissement de pêcheries pour le revenu, les loisirs et le tourisme sont tous des aspects maintenant liés aux projets existants et nouveaux, qu'ils aient été initialement prévus ou développés au fil du temps grâce à l'engagement communautaire et intégrés dans de nouveaux projets.

Le développement du système de réservoirs Eifel-Rur en Allemagne, à la frontière de la Belgique et des Pays-Bas, illustre la prise en compte de l'impact environnemental intégrée à la conception du système. Le projet s'est étalé sur 80 ans, avec la construction du réservoir d'Urft de 1900 à 1905, suivi du réservoir d'Olef pour l'eau potable et la protection contre les inondations achevée au début des années 1960, et enfin le réservoir de Wehebach en 1983. La capacité totale de stockage du système est de 300 millions de mètres cubes, avec pour objectifs principaux le contrôle des inondations et le soutien des débits d'étiage, complétés par une allocation de 60 millions de mètres cubes pour l'eau potable desservant plus de six cent mille personnes. L'énergie est produite dans cinq centrales électriques.

La région connaît aujourd'hui des débits d'eau très variables avec de longues périodes de sécheresse persistante et des événements de crues destructrices, ainsi qu'une augmentation de la demande en eau domestique et industrielle à la suite de l'industrialisation, qui avait initialement motivé la construction du système de réservoirs Eifel-Rur. L'exploitation du lignite dans le bassin versant a eu lieu pendant de longues périodes et le drainage des mines à ciel ouvert réduit significativement les niveaux d'eau souterraine et provoque l'assèchement des ruisseaux locaux et des zones humides. Cela augmente à son tour la demande en eau pour l'irrigation et la compensation. Il existe désormais des tronçons de rivière écologiquement précieux clairement définis ainsi que des plaines inondables le long de la rivière, qui ont davantage attiré l'attention ces dernières années avec une prise de conscience environnementale croissante ajoutant de nouvelles considérations de gestion de l'eau. Pour faire face à tous ces défis, la gestion du fonctionnement du système fluvial évolue pour refléter ces nouvelles considérations environnementales afin d'atteindre un équilibre entre les bénéfices et les impacts.

L'ordre dans lequel des objectifs supplémentaires ont été ajoutés au système est indiqué ci-dessous :

Soutien d'étiage ▶ Hydroélectricité ▶ Contrôle des inondations ▶ Approvisionnement en eau ▶ Augmentation des exigences pour le soutien d'étiage ▶ Écoulements environnementaux ▶ (futur – inondation des mines à ciel ouvert)

À la suite de la transition énergétique moderne en Allemagne, des réflexions sur l'utilisation du réservoir Rur pour le stockage par pompage hydroélectrique ont été menées. Les risques liés à la qualité de l'eau pendant la phase de construction et les impacts sur les activités récréatives ont été pris en compte. Malgré une réponse positive des communautés environnantes, les propositions n'ont pas été suivies car les conséquences étaient jugées trop importantes.

2.5   *Project sustainability*

Environment management and enhancement

The case studies presented the diverse nature of the environmental impacts both negative and positive that the schemes have created. The case studies showed that globally there is diverse environmental management methods and practices, but with a common theme of enhancement occurring for long term existing scheme being upgraded through to new modern projects. The Elwha River Restoration Project in the United States is an extreme example where after many years of environmental and social impact the removal of the dams was approved and completed, with post economic analysis showing the total estimated benefits of dam removal was $355.3 million in 2001, without consideration of the estimated non-use benefits. In New Zealand the land and Water Forum are a modern method of public and community engagement for decision making that is a cutting-edge process for water infrastructure development considerations.

Environmental mitigation, improvements to river flow regulation and health, establishment of fisheries for income, recreation and tourism are all aspects related now to exiting projects and new projects whether originally planned for or that have developed over time through community engagement and planned into new projects.

The development of the Eifel-Rur Reservoir System in Germany on the boarder of Belgium and Netherlands reservoir system provides an example of environmental change considerations incorporated into system design. The scheme was built over an 80-year period with the Urft Reservoir constructed from 1900 to 1905 through to the Olef Reservoir built drinking water and flood protection completed in the early 1960's and eventually the system was completed with the Wehebach Reservoir in 1983. The total storage capacity of the system is 300 Mm³, flood control and low flow augmentation are the main purposes, but this is complemented with 60 Mm³ allocated for drinking water serving more than six hundred thousand people. Power is generated in five powerhouses.

The region is now experiencing highly variable flow with long lasting dry spells and destructive flood events along with an increase of domestic and industrial water demand in the wake of industrialization which prompted the construction of the Eifel-Rur Reservoir System originally. Exploitation of lignite in the river basin has occurred for long periods and dewatering of the open pits significantly reduces groundwater levels and causes drying out of local streams and wetlands. This, in turn, increases the demand for water for irrigation and compensation. There are now clearly defined ecologically valuable river reaches and floodplains still along the river and this has gained more attention in recent years with raising environmental consciousness adding new water management considerations. To manage all these challenges the management of the river system operation is changing to reflect these new environmental considerations to achieve a balance between benefits and impacts.

The order in which additional purposes were added to the system is shown below:

Low flow augmentation ▶ hydropower ▶ flood control ▶ water supply ▶ enhanced requirements low flow augmentation ▶ environmental flows ▶ (future - flooding open pit)

In the wake of the modern German energy turnaround, considerations about using the Reservoir Rur for hydro pumped storage were carried out. Notably the risks during the construction phase with regards to water quality and impacts on recreation were considered and despite positive response of communities in the vicinity of the reservoir the proposals were not progressed as the consequences were deemed too high.

Amélioration sociale

Pour les études de cas examinées, cette section ne vise pas à décrire de manière exhaustive tous les aspects sociaux liés à la société et au développement des barrages et des réservoirs. Les conclusions tirées des études de cas indiquent que, pour de nombreuses rénovations de projets existants et la création de nouveaux projets motivés socialement avec des exigences pour les communautés locales, ou directement et indirectement pour les personnes impactées, de nombreux critères décisionnels sont pris en compte pour les réservoirs à usages multiples et/ou pour atténuer les impacts créés par les aménagements.

Un exemple de développement motivé socialement pour la sécurité communautaire est le barrage polyvalent de Kashimbila au Nigeria, initialement proposé pour être construit en cas de rupture naturelle de la digue du lac Nyos ou en cas d'éruption du lac volcanique libérant des gaz toxiques et de l'eau. La dernière éruption a eu lieu en 1986, libérant des gaz toxiques et provoquant des inondations importantes, entraînant la mort d'environ 1 700 personnes, de 4 000 têtes de bétail, de 330 moutons et de milliers d'autres animaux dans les villages de Cham, Nyos et Subum, juste en aval du lac. En anticipation d'une catastrophe environnementale similaire, le gouvernement fédéral du Nigeria a entrepris la construction d'un barrage tampon (Kashimbila) qui pourrait contenir les eaux toxiques.

Bien qu'initialement conceptualisé comme un barrage tampon en cas de rupture de la digue du lac Nyos, le projet a été modifié ultérieurement pour renforcer les avantages sociaux pendant le processus de conception, en incluant l'approvisionnement en eau potable et en eau d'irrigation, ainsi que la production d'hydroélectricité. L'approvisionnement en eau potable a été identifié comme une contribution majeure à l'amélioration de la santé publique dans les communautés environnantes.

2.6 Analyse économique et financière

Les études de cas du Groupe 2 ont présenté une grande variété de détails économiques et financiers, allant d'analyses très détaillées avant et après la construction à des analyses minimales. Le degré de variabilité était clairement défini par le temps écoulé depuis le développement des projets initiaux : certains projets ont plus de 100 ans et aucune donnée détaillée n'était disponible, tandis que pour d'autres projets plus récents, les analyses financières et économiques des impacts et des bénéfices des projets ou de leurs améliorations étaient définies en détail. Il y avait une différence notable dans les données disponibles concernant l'analyse financière et économique, les premières étant disponibles pour la plupart des projets et rénovations, tandis que les exemples de ces dernières étaient moins nombreux.

Un exemple d'analyse économique et financière documentée avant et après la construction moderne est le développement du réservoir et du barrage d'Opuha, achevé en 1998, situé dans l'île Sud de la Nouvelle-Zélande. Les objectifs principaux du projet sont le stockage de l'eau pour la régulation des rivières afin d'améliorer les conditions environnementales dans la rivière et de fournir de l'eau pour l'irrigation, ainsi que des objectifs subsidiaires pour l'approvisionnement en eau industrielle et publique, la production d'hydroélectricité, la pêche et les activités nautiques. Le projet Opuha était un développement privé réalisé par le partenariat du barrage d'Opuha, comprenant Alpine Energy via Timaru Electricity Ltd (50%), Opihi River Development Company (investisseurs privés) via Opihi River Holdings Ltd (36%), South Canterbury Farmers Society Ltd via SCFIS Holdings Ltd (8,6%), et Levels Plains Irrigation Company Ltd via Levels Plains Holdings Ltd (5,4%). En 2007, les irrigants agricoles ont racheté les autres partenaires pour atteindre une propriété à 100 % dans un modèle coopératif avec environ 250 actionnaires irrigants. Le projet fonctionne en régulant les débits de la rivière en aval du barrage, en fonction de tous les captages en aval du barrage. Les règles d'exploitation ont été conçues pour maintenir le stockage pour l'irrigation et les débits environnementaux, préférant ainsi d'autres besoins que la production hydroélectrique. Cependant, les lâchers d'eau sont priorisés pour les débits environnementaux (y compris au niveau de l'embouchure de la rivière), l'approvisionnement en eau, l'irrigation, puis la production d'électricité.

Social Enhancement

For the researched case studies this section is not intended to describe holistically all the social aspects related to society and dam and reservoir development. Conclusions drawn from the case studies indicate that for many redevelopments of existing schemes and creation of new schemes that are socially driven and have requirements for the local communities, or directly and indirectly impacted persons, leading many of the decision criteria for multiple use reservoirs and or mitigation of impacts created by the developments.

An example of socially driven development for community safety, the Kashimbila Multipurpose Dam in Nigeria was initially proposed to be developed in the event of Lake Nyos' natural embankment failing or in the event of the volcanic lake erupting and releasing poisonous gas and water. The last eruption was in 1986 which released poisonous gas and caused extensive flooding, resulting in the death of about 1,700 people, 4,000 herds of cattle 330 sheep and thousands of other livestock in the villages of Cham, Nyos and Subum, just downstream of the lake. In anticipation of a similar environmental disaster the Nigerian Federal Government embarked on the construction of a buffer dam (Kashimbila) that would accommodate the poisonous water.

Although initially conceptualized as a buffer dam in the event of embankment failure at Lake Nyos, it was later changed to enhance the social benefits of the project during the design process to include the supply of potable and irrigation water and the generation of hydropower. The potable water supply was identified as a major contribution to the improvement of public health in surrounding communities.

2.6   Economic and Financial analysis

The Group 2 case studies presented a wide variety of economic and financial detail, from very detailed pre and post construction analysis though to minimal analysis. The degree of variability was clearly defined by the time since development of the original projects, some of the schemes are over 100 years old and no detail was available, to more recent schemes where the financial and economic analysis of the impacts and benefits of the projects or enhancements were defined in detail. There was a notable difference in available data relating to financial and economic analysis with the former being available for most projects and redevelopments, and fewer examples of the latter.

An example of modern documented pre and post construction financial and economic analysis is the Opuha reservoir and dam development, completed in 1998, located in the South Island of New Zealand. The primary purpose of the scheme is the storage of water for river regulation in order to improve the environmental conditions in the river and to provide irrigation water and subsidiary purposes are for the provision of industrial and public water supply, hydropower generation, fishing, boating. The Opuha scheme was a private development by the Opuha Dam partnership comprising Alpine Energy via Timaru Electricity Ltd (50%), Opihi River Development Company (private investors) via Opihi River Holdings Ltd 36%, South Canterbury Farmers Society Ltd via SCFIS Holdings Ltd (8.6%), and Levels Plains Irrigation Company Ltd via Levels Plains Holdings Ltd (5.4%). In 2007, the farmer irrigators bought out the other partners to achieve 100% ownership in a co-operative model by approximately 250 irrigator shareholders. The scheme operates by regulating the river flows downstream of the dam with all abstractions occurring downstream of the dam. The operating rules were designed to maintain storage for irrigation and environmental flows in preference to other needs such as the hydro generation. However, water releases are prioritized for environmental flows (including maintaining river mouth opening), water supply, irrigation and then electricity generation.

Voici un exemple de données financières et économiques pour le projet du réservoir et du barrage d'Opuha :

- Le revenu total est environ 2,4 fois plus élevé pour les fermes irriguées que pour les fermes en terres non irriguées.

- Les dépenses en capital par hectare ne sont pas plus élevées sur les propriétés irriguées que sur les propriétés en terres non irriguées.

- Le projet a augmenté les revenus des fermes de 40 millions de NZ$ par an, avec des augmentations de profits d'environ 3 millions de NZ$ par an (coûts de 2006).

Impacts à l'échelle du projet sur les exploitations agricoles :

- Augmentation des dépenses totales de fonctionnement des fermes : Environ 28 millions de NZ$ par an.

- Augmentation du surplus de trésorerie des fermes : Environ 12 millions de NZ$ par an.

- Augmentation du bénéfice net après impôt : Environ 3 millions de NZ$ par an.

- Impact sur les fermes irriguées : Elles génèrent deux fois plus d'emplois, 2,3 fois plus de valeur ajoutée et trois fois plus de revenus des ménages par hectare que les fermes en terres non irriguées.

- Répartition des impacts : Environ 55 % des dépenses se font dans les zones rurales ou les petites villes, et entre 34 % et 39 % à Timaru, la grande ville voisine.

Les impacts pour l'économie régionale d'Opuha ont été modélisés pour examiner les répercussions en amont et en aval des changements apportés par le projet. Voici les principaux résultats. Pour l'ensemble de l'économie, le district de Timaru et le bassin de Fairlie : Chaque mille hectares d'irrigation ajoute 7,7 millions de NZ$ de production, cela crée 30 emplois à temps plein et ajoute 2,5 millions de NZ$ de valeur ajoutée et génère 1,2 million de NZ$ de revenus pour les ménages. Impact de l'ensemble du projet du barrage d'Opuha : l'augmentation de la valeur ajoutée due à l'irrigation est estimée à 41 millions de NZ$ par an, ce qui équivaut à 3,1 % de la valeur ajoutée totale de la région en 2003/04. Le projet a généré 480 emplois supplémentaires, représentant 2,4 % de l'emploi total. Impacts économiques et sociaux : Les impacts économiques calculés et les entretiens avec les entreprises révèlent que l'image de l'irrigation est associée à une augmentation de la confiance, de l'infrastructure, et permet une meilleure utilisation de la capacité des entreprises en aval.

Les indicateurs sociaux montrent que l'image de l'irrigation est associée à une population agricole plus jeune, mieux éduquée et à un emploi accru. Une proportion significative des dépenses directes des fermes se fait dans les petits centres et les zones rurales, concentrant ainsi les impacts économiques dans ces régions. Ces changements contribuent probablement à des communautés rurales plus dynamiques et durables.

Example financial and economic data indicated some of the following information for:

- Total revenue is approximately 2.4 times for the irrigated farms than the dryland farms

- Capital expenditure per hectare is no greater on irrigated properties than on dryland properties.

- The scheme has increased farm revenue by NZ$40m/annum with profit increases of approximately NZ$3m/annum (2006 costs)

Example scheme wide on farm Impacts:

- An increase in Total Farm Working Expenditure of approximately NZ$28 m per year

- An increase in Cash Farm Surplus of approximately NZ$12 m per year

- An increase in Net Trading Profit after Tax of approximately NZ$3 m per year

- In terms of on farm impacts the irrigated farms generate 2.0 times as many jobs, 2.3 times as much value added, and 3 times as much household income per ha as do dryland farms.

- The location of impacts indicates that approximately 55% of expenditure is in rural areas or small towns, with a further 34% to 39% in Timaru the nearby large city.

Whole Community Impacts have been modelled for the Opuha regionalized economy to investigate the flow on and downstream impacts of the changes. For the entire economy, the Timaru District and the Fairlie Basin, each thousand hectares of irrigation adds NZ$7.7 million in output, 30 full time employees, $2.5 million in value added and $1.2 million in household income. The increase in value added associated with irrigation from the whole Opuha Dam scheme has been calculated at $41 million per year, which is equivalent to 3.1 % of total value added in the region in the 2003/04 year. It generated an additional 480 jobs, which is 2.4 % of total employment. The calculated economic impacts, interviews with businesses have revealed that irrigation is associated with an increase in confidence, infrastructure, and enables better utilization of capacity in downstream businesses.

Social indicators on which data has been collected indicate that younger, better educated farmers, and greater employment are associated with irrigation. In addition, a significant proportion of farm direct spending occurs in small centers and rural areas and therefore flow on economic impacts may be concentrated in these areas. These changes are likely to result in more vibrant and sustainable rural communities.

2.7   Gouvernance

Le Groupe a posé des questions à l'auteur de l'étude de cas concernant la composition de la gouvernance du projet. L'objectif du travail était de comprendre la prise de décision et le contrôle de l'infrastructure et comment la décision concernant l'utilisation des aménagements est prise. En ce qui concerne les grandes infrastructures d'eau, la "gouvernance" de la gestion de l'eau fait généralement référence aux institutions, à la législation et aux processus de prise de décision appliqués pour développer et gérer les ressources en eau par les autorités nationales, binationales et locales. Bien que cet aspect soit vital pour les aménagements et leurs licences d'exploitation, les études de cas ont souligné que la gouvernance d'un point de vue "entreprise", qui a intrinsèquement un ensemble de processus différent de la "gouvernance de la gestion de l'eau", est une considération importante et croissante, car les directeurs d'entreprise ont souvent des devoirs ou des responsabilités différents de ceux des organismes de réglementation chargés de la gestion de l'eau.

De nombreuses études de cas de projets étaient des initiatives gouvernementales, cependant la prédominance du secteur privé dans l'infrastructure moderne de l'eau pour les nouveaux aménagements et l'amélioration des anciens a montré que la composition de la gouvernance des organisations de projets évolue vers des structures de gouvernance public-privé où de nouveaux investissements sont réalisés, ou dans les cas où la privatisation des actifs nationaux par le gouvernement se produit. Couplé à ce changement, il y avait une reconnaissance dans les études de cas du contexte sociétal et environnemental dans lequel les projets opèrent et l'incorporation de la représentation locale soit dans la gestion, soit dans la structure de gouvernance des projets a évolué et continue d'évoluer.

2.8   Principales conclusions et leçons tirées

- Il existe une forte tendance d'évolution à l'échelle mondiale de la production d'électricité à des fins uniques vers des réservoirs à usages multiples.

- Après la production d'électricité, l'approvisionnement en eau (domestique, irrigation et industriel) sont les principaux utilisateurs d'eau, suivis par la navigation, la pêche et la protection contre les inondations.

- Il existe divers facteurs tertiaires pour l'utilisation multiple et des exemples tirés des études de cas comprenaient le refroidissement de centrales électriques, les loisirs, les aspects historiques, le tourisme, etc...

- Comme pour le Groupe 1, la protection contre les inondations est devenue un objectif prédominant en raison de la très haute densité de population dans les principaux bassins fluviaux.

- Les aspects environnementaux et sociaux étaient tous des facteurs sous-jacents pour l'amélioration des aménagements pour les rendre polyvalents, et pour les nouveaux développements.

- Les niveaux de détail de l'analyse économique et financière varient à l'échelle mondiale avec une prépondérance de l'analyse financière pour la prise de décision, et peu d'analyses économiques disponibles.

- La gouvernance des infrastructures est en train de changer pour tenir compte des préoccupations sociales et environnementales, et pour intégrer le secteur privé dans une industrie traditionnellement dirigée par l'infrastructure gouvernementale.

2.7   Governance

The research asked the case study author's questions regards the governance makeup of the project. The focus of the research was an understanding of the decision making and control of the infrastructure and how the decision regards schemes use be made. With regards large water infrastructure water management 'governance' typically refers to the institutions, legislation and decision-making processes applied to develop and manage water resources by either national, bi-national and local authorities. Whilst this aspect is vital to schemes and their licenses to operate, the case studies highlighted that governance from a 'company' perspective which inherently has a different set of drivers to 'water management governance' is an important and grown consideration as company directors often have differing duties or responsibilities to regulatory bodies that are charged with management of water.

Many of the projects case studies were government initiatives, however the preponderance of the private sector in modern water infrastructure for new and enhanced old schemes showed the governance makeup of the project organisations to be evolving to public-private governance structures where new investments are made, or in cases where government privatization of national assets is occurring. Coupled with this change was recognition within the case studies of the society and environmental setting in which the projects operate in and incorporation of local representation in either the management or the governance structure of the projects has evolved and is still evolving.

2.8   Main findings and Lessons Learnt

- Globally there is a strong progressive trend from single purpose mainly electricity generation to multipurpose reservoirs

- After electricity generation, water supply (domestic, irrigation and industrial) are prime water users, followed by navigation, fisheries and flood protection.

- There are diverse tertiary drivers for multiple use and such examples from the case studies included, power station cooling, recreation, historical aspects, tourism etc.

- Like Group 1 Flood protection has become a dominant purpose due to very high population density in the major river basins

- Environmental and Social aspects were all underpinning driver for enhancement to schemes to make them multipurpose, and for new developments.

- Economic and financial analysis levels of detail vary globally with a preponderance to financial analysis for decision making, and few economic analysis available.

- Infrastructure governance is changing to accommodate social and environmental concerns and incorporate the private sector into a traditionally government infrastructure led industry.

For Product Safety Concerns and Information please contact our EU
representative GPSR@taylorandfrancis.com
Taylor & Francis Verlag GmbH, Kaufingerstraße 24, 80331 München, Germany

www.ingramcontent.com/pod-product-compliance
Lightning Source LLC
Chambersburg PA
CBHW060258220326
41598CB00027B/4150